幼儿园艺术教育
活动设计与指导

主　编　卢筱红

副主编　付立芳　　毛淑娟　　白素英

编　委　刘　奕　刘　懿　胡凤平

　　　　范海霞　邹琴香

主　审　杨莉君

北京理工大学出版社
BEIJING INSTITUTE OF TECHNOLOGY PRESS

图书在版编目（CIP）数据

学幼儿园艺术教育活动设计与指导 / 卢筱红主编 . —北京：北京理工大学出版社，2017.9
（2020.7 重印）

ISBN 978-7-5682-4633-0

Ⅰ . ①幼…　Ⅱ . ①卢…　Ⅲ . ①艺术教育 – 学前教育 – 教学参考资料　Ⅳ . ① G613.5

中国版本图书馆 CIP 数据核字（2017）第 199434 号

出版发行 / 北京理工大学出版社有限责任公司
社　　址 / 北京市海淀区中关村南大街 5 号
邮　　编 / 100081
电　　话 / （010）68914775（总编室）
　　　　　（010）82562903（教材售后服务热线）
　　　　　（010）68948351（其他图书服务热线）
网　　址 / http: //www.bitpress.com.cn
经　　销 / 全国各地新华书店
印　　刷 / 定州启航印刷有限公司
开　　本 / 787 毫米 × 1092 毫米　1/16
印　　张 / 18
字　　数 / 417 千字
版　　次 / 2017 年 9 月第 1 版　2020 年 7 月第 4 次印刷
定　　价 / 45.50 元

责任编辑 / 张荣君
文案编辑 / 张荣君
责任校对 / 周瑞红
责任印制 / 边心超

北京理工大学出版社教育类专业系列教材建设

专家委员会

前言

QIANYAN

　　艺术是人类感受美、表现美和创造美的重要形式，也是表达自己对周围世界的认识和情绪态度的独特方式。对于幼儿来说，艺术不仅是其精神生命活动的表现，也是其感性地把握世界的一种方式，是表达对世界的认识的另一种语言，具有促进幼儿向善与益智等作用。幼儿通过艺术活动获得其他领域发展所需的态度、能力与知识，从而获得幼儿身心健康全面、和谐发展。这足以说明艺术在幼儿的成长过程中的重要价值。

　　每个幼儿心里都有一颗美的种子。幼儿艺术领域学习的关键就是教师要为幼儿创造条件和机会，让幼儿在生活中或者大自然、社会中学会用心灵去发现美、感受美，在此基础上再引导幼儿将心中这颗美的种子用多元的艺术方式表现出来，并能创造出更美的事物。然而，在实际生活中，很多时候幼儿对自己身边的美景、美物视而不见，并没有一双善于发现美的眼睛，即便捕捉到了美的事物，倾听到了美的声音或乐曲，也不会表达自己的思想情感，这与幼儿审美情趣的缺失有着重要的关系，当然也与成人对待幼儿在艺术领域学习的态度和评价有关。更多时候成人对幼儿在艺术领域的要求不是会唱几首歌，便是会跳几支舞，要么就是会画几幅画，而且对孩子的表现常站在成人的视角来看待，并未真正走进孩子的世界，也并未真正理解孩子独特的表达方式。在幼儿园艺术教育中此类现象也很多，因此，培养具有现代艺术教育理念，掌握科学有效的艺术教育方法成为当前师资培养和培训的重要任务，基于新理念下的《幼儿园艺术教育活动设计与指导》一书便应运而生了。

　　本书是根据《幼儿园教育指导纲要（试行）》（以下简称《纲要》）和《3~6岁幼儿学习与发展指南》（以下简称《指南》）理念和精神进行编写的，诠释了《纲要》和《指南》中艺术领域的目标、内容及要求；同时也结合《教师教育课程标准》和《幼儿园教师资格证考试大纲》等对艺术领域提出的新要求、新内容进行编写，有利于提高学生的专业实践操作能力，为其将来就业奠定扎实的专业知识。

　　本书内容全面、丰富，主要分为四部分共12章。第一部分两章内容诠释《纲要》和《指南》中幼儿园艺术领域的目标、内容及要求，为后面三部分内容提供了理论引领；第二、三部分共8章内容，分别对幼儿园艺术领域中的音乐、美术教育中不同类型活动的目标制定、内容选择、组织与指导，以及案例与评析进行了翔实的编写，对幼儿园教师进行艺术教育活动设计和组织实施提供了较好的指导；第四部分两章内容分别总结了幼儿园艺术教育与文学教育、艺术教育与科学教育整合的较好做法，值得推广和借鉴。

　　本书主要用于中高职院校及普通高校学前教育学生，编写既注重理论知识与实践运用相结合，又注重职前学历教育与职后岗位胜任相结合；同时也考虑到了学生的实际能力水平，力求做到语言通俗易懂，深入浅出，案例生动有趣，激发学生学习兴趣，努力实现职前学习与职后实践的无缝对接。

本书在编写理念、编写内容、编写结构上体现了以下几个导向。

一是理念先行导向。本书紧紧围绕《纲要》和《指南》中艺术领域的理念和要求进行编写，注重幼儿的感受与欣赏能力的培养，无论是哪种形式的艺术活动均将幼儿的审美情趣的激发和培养放在首位，尊重幼儿的想象和创造，尊重幼儿的表现表达，科学有效地开展幼儿园艺术教育。

二是问题明晰导向。本书每章都是以案例引入、问题导入的方式将本章拟要传递给学生的主要知识引出来，通过每节内容的层层递进、逐步帮助学生厘清、明晰、解决当前艺术领域教育过程中的一些问题、困惑。体现了从现象的提出到揭示问题本质的过程，也使理论成为解决问题的钥匙，有效地引领着学生带着问题自主学习、探究对策。

三是实践运用导向。本书旨在培养符合幼儿园需要的应用型的幼师师资，故非常注重学生的实践能力的培养。不仅从内容结构的设计上体现实践能力的培养，如每章节均有案例分析、技能实践等内容；还从编写队伍人员的遴选方面体现实践运用导向，编写队伍中不仅有高校长年从事艺术领域教育的理论专家，还有长期在一线从事教育教学研究的教研员、园长，既有理论研究经验，也有实践运用特长。本书提供了大量的案例与素材，具有一定的实际借鉴运用价值。此外，每章后还附上实操性的练习，如有案例分析和章节实训作业，切实有效地训练学生的运用理论知识解决实际问题的能力，真正做到学以致用。

四是领域整合导向。本书不仅对当前艺术领域中的音乐、美术教育中不同类型活动的目标制定、内容选择、组织与指导等内容进行了翔实的编写，还结合幼儿园各领域内容相互整合的理念对艺术教育与文学、科学教育的整合进行了很好的梳理和总结，体现了领域整合的精神和理念。与此同时，在艺术领域教育方法、途径等方面也涉及了整合的内容，真正克服了音乐、美术教育各自孤立存在的状态。

五是拓展视野导向。本书内容编写确保了学生进行艺术领域教育的专业知识的获取。此外，我们在编写过程中，每章节均有知识拓展、案例链接及通过二维码扫一扫的资源，这些与本书内容相关的知识、照片、视频等文本和影像资料的补充，达到了丰富学生知识，拓宽学生视野的目的。

本书在编写过程中参考借鉴了国内外专家、学者及同行的研究成果、观点和资料，引用了许多幼儿园的实践案例，对丰富本书内容、提高本书的理论水平和实践指导有很大的作用，在此一并表示感谢！

由于编者的水平和能力有限，书中疏漏在所难免，恳请广大读者批评指正。

编　者

目录

MULU

目录

MULU

目录

MULU

目录

参考文献

第一部分
《纲要》与《指南》解读

第一章 幼儿园艺术领域的目标及内容

引入案例

　　小女惠子自小喜欢画画，尤其是在3岁前特别喜欢自己涂涂画画，尽管有时我们看不明白，但与其交流她总能说出个道道来。我们平时只需提供大量的纸张和蜡笔满足她自由作画的需要，她也每天乐此不疲地画着，并很乐意与你交流自己画面的内容。但自上幼儿园以后，惠子绘画的兴趣再也没以前那么浓厚了，与惠子交流后，她说涂色一点也不好玩。因为她每次的涂色都破坏了画面的整体效果，达不到老师期望的要求，久而久之便对绘画失去了兴趣。之后与班上老师交流，班上老师振振有词地说道："孩子刚上幼儿园，肯定要培养好她们涂色的技能，否则今后绘画技能再好，没有色彩的搭配，那画像什么呀？哪来的美感呀？"我听后陷入了沉思……

　　问题： 在幼儿园艺术活动中，到底是培养幼儿艺术兴趣重要还是培养幼儿的艺术表现技能重要呢？《纲要》和《指南》中幼儿园艺术领域目标到底体现了什么价值取向呢？我们应该如何确定艺术领域教育目标呢？我们应该为幼儿选择哪些适宜的艺术活动内容呢？

学习目标

　　1.充分了解《纲要》和《指南》对艺术领域目标提出的具体要求及其内涵和倡导的价值取向。

　　2.了解幼儿园艺术领域教育目标制定的依据及目标的结构。

　　3.了解幼儿园艺术领域活动内容。

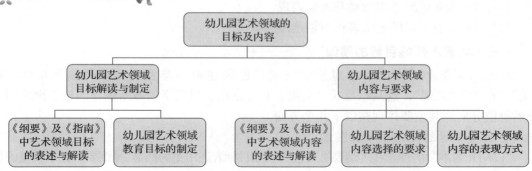

IIIIIIIIII 第一节　幼儿园艺术领域目标解读与制定 IIIIIIIIII

　　艺术是人类感受美、表现美和创造美的重要形式，也是表达自己对周围世界的认识和情绪态度的独特方式。我国高度重视幼儿园艺术教育，它是幼儿全面发展的重要组成部分。无论在 1996 年教育部颁布的《幼儿园工作规程（试行）》（以下简称《规程》）还是 2016 年修订版的《规程》中的幼儿园保育和教育目标均涉及美育的教育目标，其表述为：培养幼儿初步感受美与表现美的情趣与能力。其中，美育方面的教育目标为：培养幼儿初步的感受美与表现美的情趣与能力。而 2001 年教育部颁布的《幼儿园教育指导纲要（试行）》（以下简称《纲要》）则对艺术领域教育目标有了更明晰的表述，也是对《规程》所提出的教育理念做了具体的阐述和延伸。2012 年教育部颁布的《3~6 岁儿童学习与发展指南》（以下简称《指南》）对艺术领域提出的目标及价值取向与《纲要》艺术领域倡导的理念如出一辙、异曲同工，也是对《纲要》中艺术领域的目标、内容具体化和细化了，以便于幼儿园一线教师的理解和实践。

　一、《纲要》及《指南》中艺术领域目标的表述与解读

　　（一）《纲要》中艺术领域目标的表述
　　（1）能初步感受并喜爱环境、生活和艺术中的美。
　　（2）喜欢参加艺术活动，并能大胆地表现自己的情感和体验。
　　（3）能用自己喜欢的方式进行艺术表现活动。
　　（二）《指南》中艺术领域目标的表述
　　《指南》中将艺术领域划分为"感受与欣赏"和"表现与创造"两个子领域，每个子领域中均有两条目标，具体表述如下。
　　子领域一：感受与欣赏
　　目标 1：喜欢自然界与生活中美的事物。

目标 2：喜欢欣赏多种多样的艺术形式和作品。

子领域二：表现与创造

目标 1：喜欢进行艺术活动并大胆表现。

目标 2：具有初步的艺术表现与创造能力。

（三）对艺术领域目标的解读

在《纲要》和《指南》中对艺术领域目标表述中不难发现几个高频字及词，如"美""喜欢""表现"，这足以反映《纲要》和《指南》对艺术领域所倡导的核心理念和追求的价值导向。其主要体现在以下几个方面。

1. 体现"以幼儿为本"的理念

"以幼儿为本"的理念在《纲要》对艺术领域目标表述中更为凸显。《纲要》艺术领域的目标主要体现了幼儿参加艺术活动的态度、情感、体验，而《纲要》中的第 2 条和第 3 条则体现了艺术活动是幼儿的自我表达的重要方式，同时也传递了艺术活动要以"幼儿为本"的理念，即幼儿要用自己喜欢的艺术方式来进行自由表达和创造性表达，成人要尊重幼儿的个人意愿，要给幼儿自己选择表达内容和方式的自由，不予以更多的干涉，更不能强加自己的想法。

> **知识拓展**
>
> 自我表达是儿童本人表现自己想要表露于众、表现于外的内在信息。这样的表达基于自身的内在需求，出于自发的行为倾向，因此只能由主体自己做主而不应受到教师强加的干预和控制。

2. 注重幼儿艺术兴趣的培养

在《纲要》和《指南》艺术领域的 7 条目标中，"喜欢"这个词成为高频词，共出现了 5 次。"喜欢"，我们用一个术语来说，就是艺术兴趣。幼儿艺术兴趣是指幼儿积极参与艺术欣赏与艺术表现的态度。目标中重复出现"喜欢"一词，旨在强调幼儿参加艺术活动的情感、态度的重要性，这种积极的、参与艺术活动的态度也是《指南》中所说的良好的学习品质。

> **知识拓展**
>
> 学习品质：幼儿在活动过程中表现出的积极态度和良好行为倾向是终身学习与发展所必需的宝贵品质。要充分尊重和保护幼儿的好奇心和学习兴趣，帮助幼儿逐步养成积极主动、认真专注、不怕困难、敢于探究和尝试、乐于想象和创造等良好学习品质。

《纲要》及《指南》艺术领域强调幼儿艺术兴趣的养成，其一是因为艺术兴趣是开展艺术活动的内在动力，也是形成艺术感受能力与表现能力的前提与保证；其二是体现了《纲要》和《指南》所提倡的一个基本理念——终身发展、可持续发展的理念；其三是针对当前幼儿园艺术教育活动中"重技能掌握，轻兴趣培养"现象提出的。这就是用高频词"喜欢"来表述目标的三层原因。将兴趣作为艺术领域目标的重点，幼儿只有具备了艺术的兴趣，才能进行个性化的艺术表现与创造。

3. 注重幼儿艺术能力的培养

幼儿艺术能力主要包括艺术感受能力和艺术的表现与创造能力。《纲要》中的 3 条目标体现了幼儿艺术教育目标是培养幼儿审美愉悦，目标层次依次为感受美、发现美和创造性地表现美。而《指南》中将感受与欣赏、表现与创造作为艺术领域的两大重要的核心子领域，其中感受和表现是最主要的。因为欣赏是感受的进一步深入，创造也是更独特的表现，所以它的本质是感受与表现。

1）幼儿的艺术感受

幼儿的艺术感受是指幼儿被周围环境和生活中美的事物或艺术作品所吸引，从感知出发，以想象为主要方式，以情感的激发为主要特征的一种艺术能力，这就是一种审美感受。其主要内涵是主体情感的体验、满足和愉悦，并由情感的愉悦达到精神的自由。幼儿艺术感受体现了 3 个特点：一是幼儿的艺术感受是建立在感知基础上的；二是幼儿的艺术感受是直觉的、想象的、情感的；三是幼儿的艺术感受是不同于成人而富有个性的。

知识链接

幼儿艺术感受的特点

技能实践

案例：小红正捧着她喜欢的《白雪公主》故事在看，一直非常开心，妈妈也就专心做自己的事情去了。忽然，听到小红的抽泣声，妈妈连忙跑出来，此时却又看见小红盯着故事书的画面，开心地笑了起来。请根据艺术感受的特点，对案例中小红的行为进行分析。

2）幼儿的艺术表现与创造

幼儿的艺术表现与创造是指幼儿在头脑中形成审美心理意象，利用艺术的形式语言、艺术的工具和材料将它们重新组合，创作出对其个人来说可能是新颖独特的艺术作品能力。

知识链接

幼儿艺术表现和创造过程中需强调的事项

知识拓展

幼儿艺术表现与创造的特点

（1）自发性：幼儿生来就有艺术潜能，自由哼唱、涂鸦行为都可能发生在每个适龄幼儿的身上，他们时常会自发地以唱歌、跳舞或绘画等方式来进行情感表达或信息交流。

（2）稚嫩性：由于幼儿自身肌肉动作发展的影响，导致幼儿的艺术表现技能不如成人那么娴熟和完美，表现出粗糙、不整齐、不到位的稚拙感，但正是这种稚嫩性可看出幼儿的表现与创造的作品是富有童趣的。

（3）即时性：幼儿的艺术表现与创造有时并不能按原预想和计划进行，而是根据自己的构思和表达不断地调整的，所以有时最后的作品与预先设想的完全不一致，有时甚至打破常规，颠覆常人的思维，这也体现出幼儿表现与创造的作品具有夸张的特点。

总之，《纲要》和《指南》中艺术领域的目标相辅相成，互相促进。积极的艺术学习态度是开展艺术活动的内驱力，是艺术感受能力与表现能力的前提，而艺术感受能力和艺术表现与创造能力的提高又进一步加强了幼儿对艺术的兴趣，为幼儿的发展奠定了基础。

 二、幼儿园艺术领域教育目标的制定

幼儿园艺术领域教育目标的制定是指导幼儿园艺术领域活动设计与实施过程中的关键因素，也是决定活动成败的核心因素。确定明确的活动目标，才能制定行之有效的活动计划来保证活动的顺利进行。

（一）确定幼儿园艺术领域教育目标的依据

1. 社会发展对幼儿艺术教育的要求

社会发展对幼儿艺术教育起着规范的作用，这是一种来自教育外部的制约性。随着社会的进步和发展，现代社会不仅需要掌握一定知识技能的人才，更需要一个身心健康、人格完善的人。这也就意味着更需要热爱生活、精神富足、善于创造和具备审美情趣的人，同时也能达到感性与理性的统一、人与自然统一、人与社会统一的人。这是幼儿园艺术领域教育活动的出发点和归宿点，也与《纲要》和《指南》中提出的把幼儿培养成身心健康和谐、全面发展的人的教育目标是一致的。

2. 幼儿身心发展及认知规律

教育活动的设计与实施，必须遵循人的生理、心理发展规律。为此，在确定艺术领域活动目标时，应先研究和把握幼儿的身心发展规律和认知规律，以及其前期的经验和水平，在此基础上提出对幼儿适宜的、合理的期望和要求。例如，从生理上看，幼儿的手、眼协调，肌肉动作的发展遵循着从大肌肉动作→小肌肉动作→精细动作的发展规律；从心理上看，幼儿的审美行为表现为对具有鲜明的形式美，特征的、强烈的视听感，事物的趋向探究和自我表现的涂涂画画、手舞足蹈，体现了艺术审美和艺术创造的需要。这些规律都为确定好幼儿园艺术领域活动目标提供了充足的理论依据。

3. 艺术活动本身的特点

艺术活动对于尊重幼儿的自然天性，发展幼儿的个性和创造力，促进幼儿多元智能发展，提高幼儿社会性发展等方面起着至关重要的作用，同时也是对幼儿进行情感教育和审美教育的重要方法。美和独创是艺术活动的根本特征。幼儿艺术教育能够有效地促进幼儿美好情感的萌发，使幼儿获得具体感知和认识美的形态，能进一步深化幼儿的审美认识，让幼儿具有初步表现美和创造美的愿望，能潜移默化地影响幼儿的思想品质和性格，从而陶冶幼儿的艺术情操，使幼儿的美感和认识得到深化和发展，激发幼儿积极向上和善良美好的心理品质，为幼儿健全的审美心理结构打下良好的基础。此外，幼儿艺术活动有其独特的艺术语言，如通过线条、色彩、节奏等，通过视、听形象的塑造，表达幼儿对周围生活的认识的情感感受。因而，其技能目标中应包含幼儿需了解艺术活动工具和材料的使用方法，需通过艺术符号系统的学习，掌握一定的艺术活动技巧，从而表达自己的审美感受等要素。

（二）幼儿园艺术领域教育目标的结构及其分析

幼儿园艺术领域教育目标结构主要指幼儿园艺术领域教育目标较为稳定的组织形式。它主要包括幼儿园艺术领域教育总目标、分类目标、各年龄阶段目标和具体的教育活动目标。

1. 幼儿园艺术领域教育总目标

幼儿园艺术领域活动总目标是对幼儿园艺术领域教育活动目标的总体概述，是确定其他层次目标的重要依据。在《规程》《纲要》《指南》3 个文件对艺术领域目标的阐述中可充分体现我国幼儿园艺术教育改革发展的趋势，也可窥视出幼儿园艺术领域活动目标日趋细化和丰富化，以及当前艺术活动中应把握的几方面的核心理念和价值取向。

1）注重幼儿对美的感受和体验，体现以审美为核心的价值取向

幼儿艺术教育应是"审美"的，幼儿艺术教育还应是"快乐"的，应让幼儿在音乐、美术等艺术活动中大胆创造和表现，获得应有的自我愉悦与审美享受。过于刻板和理性的艺术知识学习是很不足取的。但受功利主义的影响，许多时候艺术活动缺失审美体验，只注重知识技能的掌握。虽然有部分教师意识到在幼儿艺术教育中应重视审美体验。然而，教师的教学实践与教育理念往往存在"两张皮"现象，对于幼儿艺术情感体验、情感培养的目标也只能是停留在表面上，艺术的审美功能常游离于教师的视野之外。

2）注重幼儿个性化的表达和创造，体现尊重幼儿个体差异的价值取向

幼儿对事物的兴趣、理解、观察点及表达方式都是有差异的。艺术教育是允许这种差异，并尊重幼儿个人的感受、理解和不同的表现方式的。《纲要》和《指南》中反复强调要尊重每个幼儿的想法和创造，肯定和接纳他们独特的审美感受和表现方式，成人应为幼儿提供一个自由的空间，创造宽松的活动环境，给予他们自由表达的机会，支持和肯定幼儿的富有个性的自我表达，保护和挖掘他们的创造潜能，只有坚持这样的理念，幼儿园艺术领域活动才会是充满乐趣、艺术感受、富有个性和成效的创造活动。在艺术活动中教师如果一味地强调幼儿简单的模仿，一味地强调技能的训练，显然是与《纲要》和《指南》的要求背道而驰的。

2. 幼儿园艺术领域教育的分类目标

目前在幼儿园教育领域中，普遍采用了布鲁姆的目标分类方式。布鲁姆以人的身心

发展的整体结构为框架，将教育目标分为认知、动作技能、情感3个领域，被人们广泛采纳。

1）认知目标

认知目标主要由知识的掌握与理解及智力发展诸目标组成。在幼儿园的教育活动中主要指掌握某些词汇、某种事实、基本概念等。幼儿园艺术领域活动认知目标主要包括以下几点。

（1）初步了解不同艺术种类、名称及其表现形式，能初步感受与欣赏到艺术作品中艺术语言所表现的基本特征。

（2）认识有关艺术的工具、材料、动作和它们的名称及其操作技能或活动过程中所产生的艺术效果。

（3）获得和积累各种进行艺术活动的经验或审美经验，并能够迁移到非艺术活动中，初步体验艺术作品中节奏、韵律、线条、色彩等所表达的情感，从而发现或初步感受、享受美的丰富性。

（4）了解艺术活动需要美的规则、艺术规则的建立，并在活动中自主遵守。

2）技能目标

技能目标主要是指基本动作、解决问题能力或其他借助感官或肢体进行观察、操作而获得技术上的知觉经验。幼儿园艺术领域活动技能目标主要包括以下几点。

（1）能对应艺术种类和要表现的内容正确把握节奏、韵律、速度、形状、线条、色彩等。

（2）能用与艺术形式相匹配的表情、动作等表现出自己的情感体验。

（3）能自主选择某种艺术语言表达自己的感受和想象，能用各种象征性符号或工具与材料进行变化、重构、组合、创编、创造出新形象。

（4）能将获得的艺术能力迁移到生活中去，解决遇到的实际问题。

（5）能用简单的艺术标准或艺术直觉，评价艺术活动或艺术作品，能对美丑做知觉或直觉判断。

3）情感态度目标

情感态度目标主要指幼儿在活动中的兴趣、态度、适应性等方面的发展。幼儿园艺术领域活动情感目标主要包括以下几点。

（1）养成对艺术活动的兴趣，喜爱不同形式、不同风格的艺术作品和表达方式。

（2）积极投入到欣赏、评价他人或自身艺术活动或艺术作品中去，逐步形成健康的审美态度。

（3）在活动中与他人建立健康、正常的交往关系。

（4）养成热情开朗、积极自信的性格特征与文明、优美、高雅的气质，形成良好的个性心理品质。

3. 幼儿园艺术领域教育的各年龄阶段目标

年龄阶段目标是幼儿园艺术领域活动分类目标在幼儿各个年龄阶段的具体分解和落实，即教师根据幼儿各个年龄阶段的身心发展特点和认知学习特点，对不同年龄段的艺术领域活动提出不同层次的要求，既要考虑幼儿最近发展区，又要考虑幼儿长远发展。同时也为单元或主题活动目标及每个具体活动目标指明了方向。《指南》艺术领域中对3~6岁

不同年龄阶段幼儿在"感受与欣赏、表现与创造"两个子领域4条目标下都有相应的、具体的典型表现，这也为教师把握好3~6岁各年龄阶段幼儿艺术领域目标提供了很好的参照。由于这部分目标在第二部分、第三部分的不同类型的音乐、美术活动中均有翔实的阐述，因此在此不进行赘述。

　　4. 幼儿园艺术领域教育活动目标

　　教育活动目标是指一个教育活动或一类教育活动所期望达到的成果，是课程目标和各年龄阶段目标在每日教育过程中的具体反映，是实现课程总目标的最小单位，它必须与总目标、各年龄阶段目标一致，应体现具体化、清晰化和可操作性。

（三）制定幼儿园艺术领域教育目标应注意的事项

　　1. 注重目标的整合性与全面性

　　目标的综合性、全面性和整合性主要体现为情感、态度、价值观，过程与方法，知识和技能三维度目标的整合。这样通过艺术教育不仅能使幼儿的智力、情感、意志和社会性等素质得到全面提升，而且能培养幼儿感受、理解、表现、鉴赏、创造美的能力，通过陶冶幼儿情操，美化心灵，促进其自身各种因素的平衡和协调，从而实现个性全面和谐的发展。

　　制定目标时还应把握好《纲要》和《指南》这两个文件中对目标表述的"艺术兴趣、艺术感受、艺术表现和创造"等几个关键词，要凸显情感态度在艺术活动中的重要性，这样才能实现幼儿全面和谐、健康快乐地发展。每一次具体的艺术活动目标的选择，要在《纲要》和《指南》艺术领域总目标的基础上根据幼儿、资源、环境、教师等的具体情况进行确定。

　　2. 长远目标与具体实时目标相结合

　　《纲要》和《指南》中的总体目标，对每一次具体的艺术活动来说过于宽泛。因而，每一次活动可以设计一个长远的目标，但必须要有具体的有关知识、技能、行为、情感、态度、过程、方法等方面的目标，这不仅符合幼儿最近发展区的要求，便于教师进行活动指导，而且也便于对活动的效果进行评价。

|||||||||||||　第二节　幼儿园艺术领域内容与要求　|||||||||||||

一、《纲要》及《指南》中艺术领域内容的表述与解读

　　（一）《纲要》中艺术领域内容与要求的表述

　　（1）引导幼儿接触周围环境和生活中美好的人、事、物，丰富他们的感性经验和审美情趣，激发他们表现美、创造美的情趣。

（2）在艺术活动中面向全体幼儿，要针对他们的不同特点和需要，让每个幼儿都得到美的熏陶和培养。对有艺术天赋的幼儿要注意发展他们的艺术潜能。

（3）提供自由表现的机会，鼓励幼儿用不同艺术形式大胆地表达自己的情感、理解和想象，尊重每个幼儿的想法和创造，肯定和接纳他们独特的审美感受和表现方式，分享他们创造的快乐。

（4）在支持、鼓励幼儿积极参加各种艺术活动并大胆表现的同时，帮助他们提高表现的技能和能力。

（5）指导幼儿利用身边的物品或废旧材料制作玩具、手工艺品等来美化自己的生活或开展其他活动。

（6）为幼儿创设展示自己作品的条件，引导幼儿相互交流、相互欣赏、共同提高。

（二）《指南》中艺术领域内容的表述

《指南》中的艺术领域将3~6岁儿童艺术学习与发展划分为"感受与欣赏、表现与创造"两个子领域。子领域也是这个领域中最重要、最基本的内容，也就是说"感受与欣赏、表现与创造"是艺术领域中最核心、最基本、最重要的两部分内容。众所周知，艺术教育有两个重要的学科——音乐和美术，此次艺术领域未将这两门学科作为子领域，也是传递了一种新的价值理念，即要改变当前艺术领域小学化、学科化倾向，这和《纲要》提出的五大领域理念也相吻合。

知识拓展

为什么《指南》艺术领域中没有将音乐和美术作为子领域，而是分为"感受与欣赏"和"表现与创造"两个子领域呢？

解答：这正是《指南》所要传达的一种价值理念，即改变幼儿园艺术教育领域的小学化、学科化倾向，改变重技能训练、轻感受表现的幼儿园艺术教育现状。因为幼儿的艺术学习还没有达到按音乐、美术的学科逻辑来专门进行知识技能训练的阶段，而艺术的审美感受和审美表现则是音乐、美术教育共同指向的目标。况且幼儿审美教育还不仅仅局限于音乐和美术活动。

"感受与欣赏"和"表现与创造"这两个子领域之间的逻辑结构，主要就在于"感受"与"表现"的关系上。因为欣赏也是一种感受，是更深入的感受，而创造也是一种表现，是更独特的表现。"感受与欣赏"是"表现与创造"的前提，艺术教育就应该从"感受与欣赏"入手，在此基础上进行"表现与创造"。

（三）对艺术领域内容的解读

《纲要》中艺术领域6条内容与要求主要包括了艺术领域的学习内容、方法和路径，强调了幼儿园艺术教育的幼儿化、整体化、生活化，同时敏锐地抓住了艺术的审美与独创等特点，提出了"审美感受与创造表现"并重的幼儿艺术教育观。而《指南》中艺术领域中提出的"感受与欣赏"和"表现与创造"两个子领域内容则是对《纲要》艺术领域内容的高度概括，与其传递的艺术教育价值导向是相得益彰的。同时，《指南》艺术领域又以典型表现的方式来呈现 3~4 岁、4~5 岁和 5~6 岁不同年龄阶段幼儿在不同子领域不同目标下艺术领域学习与发展的程度，这也是为我们了解不同年龄阶段幼儿掌握不同艺术内容提供很好的参考和借鉴。

知识链接

《指南》中艺术领域不同目标下不同年龄的典型表现

1. 感受与欣赏的内容

《指南》中明确指出：每个幼儿心里都有一颗美的种子。幼儿艺术领域学习的关键在于充分创造条件和机会，在大自然和社会文化生活中萌发幼儿对美的感受和体验，丰富其想象力和创造力，引导幼儿学会用心灵去感受和发现美，用自己的方式去表现和创造美。美的基本形态有 3 种，相对应的感受与欣赏的内容也包括三方面，即自然美、生活美和艺术美。

1）对自然美的发现

自然美是指自然事物的美，如我国壮丽山河，大自然中的各种花草、动物等，它们都以美的形态呈现在人类的视野中。而幼儿生活在大自然中，自然界中的事物和现象给了他们美感的源泉，教师应利用周围的自然环境，引导幼儿观察、发现、感受和欣赏美的事物，与幼儿一起观赏蓝天白云、花草虫鸟等；一起倾听自然中各种好听的声音，如鸟叫声、虫鸣声、流水声等。同时教师还应引导幼儿感知、欣赏、观察和发现这些美的事物，关注其色彩、形态的特征，帮助幼儿提高感受、欣赏和发现美的能力。

知识链接

大自然的风景

2）对生活美的学习

生活美是指社会生活中的美，如那些经过人类加工过的建筑或园林、名胜古迹等人文景观和风土人情；还有生活中一些好人好事等。幼儿是在社会生活中不断学习从而达到身心全面发展的，教师可以提供多种途径，让他们接触社会生活中的人文景观、风土人情，形成热爱祖国的积极情感。例如，可通过电视、网络、图书、图片或是直接带幼儿实地观赏一些有名的建筑、园林；还可通过故事形式给幼儿讲一些历史故事、传奇人物、小知识等，丰富幼儿对生活中的美事、美景、美人的感性认识，在幼儿幼小的心灵中播撒一颗美的种子。

3）对艺术美的追求

艺术美是指艺术家们通过塑造典型形象来反映社会现实的一种社会意识形成，如音乐、舞蹈、绘画、雕塑、文学、电影等。欣赏艺术活动对开启幼儿智慧有着重要的作用，欣赏形式多样的艺术形式和作品，能够促进幼儿多感官协调活动，同时也能促进幼儿思维的发展。为此，教育工作者应尽可能地带领幼儿接触多种多样、丰富多彩的艺术形式和艺术作品，提高幼儿的审美情趣。例如，带幼儿去剧院、音乐厅欣赏文艺表演，去美术馆欣赏美术作品，随时抓住机会和幼儿一起欣赏身边的艺术作品等。

2. 表现与创造的内容

《纲要》中艺术领域第 3 条至第 6 条内容均是从幼儿在艺术领域的表现和创造提出的，

不仅强调了要给予每个幼儿充分的自由表现机会，还要鼓励幼儿大胆运用不同的艺术形式来表达自己的情感、理解和想象；同时，能利用身边物品或废旧材料制作玩具、手工艺品来美化自己的生活，与同伴相互交流、相互欣赏，共同提高。然而，这些内容是相对笼统的，但具体到各个年龄阶段的幼儿其表现与创造能达到何种水平，应该达到何种程度，在《指南》不同目标的典型表现中有较清晰的阐述。

艺术表现与创造内容和形式强调符合幼儿年龄特点，鼓励幼儿运用多元的艺术形式来进行表现与创造，且要重视幼儿自身特定的生活经验、愿望和情趣，尊重幼儿具有个性的表现与创造，体现创造的独特性。

二、幼儿园艺术领域内容选择的要求

基于对幼儿园艺术领域目标和内容的认识，我们要正确认识儿童艺术与儿童艺术教育的价值；认识到儿童的艺术活动是他们内在的生命活动，是一种感性地把握世界的方式；认识到儿童艺术教育既要关注其作为手段的"辅德与益智"等价值，更要关注其本体性的审美感受与艺术创造的价值。幼儿园艺术领域教育目标最终是通过内容来实现，所以如何选择艺术教育内容来实现目标是一个非常重要的环节。为此，幼儿园艺术领域教育的内容选择应遵循以下几个原则。

1. 生活化原则

幼儿园艺术领域教育内容的选择应关注艺术学科内容与幼儿已有生活经验的契合，因为《纲要》和《指南》中艺术领域内容多次提及与幼儿生活相关的周边环境、事物、人、人文景观、风土人情、作品等。所以，要选择那些既有文化内涵，又符合幼儿自身特定的生活经验、愿望与情趣的作品，尤其要让幼儿关注周围自然环境和生活中美的事物并欣赏与感受。幼儿的创造往往是源于生活的，幼儿的学习也是建立在与周边环境相互作用及生活经验基础之上的，生活不仅是幼儿重要的学习途径，也是幼儿重要的学习内容，故幼儿的艺术活动离不开生活，我们应该在生活中培养幼儿感受美和欣赏美的兴趣和能力，陶冶幼儿的审美情趣，使其养成表达和创作的习惯。

2. 个性化原则

艺术领域中的表现与创造特别强调尊重幼儿自发的、个性化的表现与创造，倡导幼儿用自己创造的艺术作品来表达思想情感、美化生活，通过对艺术的参与形成对艺术活动热爱的态度。尊重幼儿的学习与心理发展特点也是活动内容选择的基础，艺术活动应以幼儿为主体，根据每个幼儿的兴趣、需要、情感和个性来选择活动内容。在设计活动时也需充分考虑幼儿的生活经验和心理发展特点，以及幼儿的个体差异，满足每个幼儿表现创造的需要。

3. 整合性原则

《纲要》中明确指出："各领域的内容相互渗透，从不同角度促进幼儿情感、态度、能力、知识、技能等方面的发展。"首先，将艺术领域学习内容进行整合，即将艺术领域内部内容进行整合。例如，所谓诗中有画，画中有诗，建筑是凝固的音乐，音乐是流动的建筑，雕塑是静止的舞蹈，舞蹈是活动的雕塑，生动地表明了各艺术门类之间是相通的，是可以整合的。同时也可将艺术欣赏、艺术创作及艺术评价整合起来，通过融合各种艺术的共性，实现幼儿在艺术领域情感、态度、知识、技能、方法、创作、表达等多方面的发展。其次，艺术领域内容也可与科学、文学、健康等其他领域进行整合。例如，艺术可以成为语言活动的背景音乐，艺术也可渗透在科学探究过程中，当然艺术也可成为健康领域活动中调节气氛的"兴奋剂"，甚至还可渗透在社会活动中进行艺术创作。这种整合式的艺术活动，使幼儿能够在相对自然的情境中感受艺术潜移默化的教育功能。（第四部分有较好的诠释）

4. 多元化原则

选择内容时既要注重民间传统文化的传承，又要彰显现代优秀艺术的先进理念，这两者可互相补充。本土的民间艺术源于生活，经过世世代代人传承、修正、积淀而来，是融合了千万人智慧的文化，具有审美性、趣味性、生活性、综合性及历史悠久性，如傩舞、花灯、京剧脸谱、青花瓷等。而现代优秀艺术的形式及创作很多源于西方，可选择符合幼儿年龄特点及艺术表现、创作形式的内容来补充本土艺术的不足，有助于开阔幼儿的视野，提高幼儿的审美眼光。

 ## 三、幼儿园艺术领域内容的表现方式

1. 儿童音乐

所谓儿童音乐，是指儿童所从事的音乐艺术活动。它反映了儿童对音乐的感受、体验、表现及创造，也表现出儿童对周围世界的认识、情感和思想。

对于学龄前儿童而言，他们所从事的音乐活动从内容上可以分为歌唱活动、随音乐动作表现活动（韵律动作、打击乐和音乐游戏）、音乐欣赏活动；从形式上可以分为欣赏、表演和创作活动。

2. 儿童美术

儿童美术是指儿童所从事的造型艺术活动。它反映了儿童对其周围世界的认识、情感和思想。它是儿童感知世界的一种方式，也是儿童自我表达的一种语言。他们所从事的美术活动大致可以分为绘画、手工、美术欣赏。其中绘画、手工活动因使用的工具、材料及表现形式不同而有所不同。

美术欣赏活动则是对各种造型艺术作品和具有美学特征的环境的观赏。

3. 综合艺术教育

综合艺术教育是将音乐、美术、文学、戏剧等艺术中共同的审美要素，通过审美直觉、通感、情感同构而相互迁移、渗透和沟通，以不同的艺术形式使儿童获得美的熏陶，实现对儿童发展整体促进。幼儿园可根据自身的教育特点，在开展综合艺术教育时既抓住音乐、美术、文学、戏剧等不同艺术形式的审美要素，也可根据学前儿童的兴趣与经验，选择某一主题来设计组织系列活动，将各种艺术形式通过主题线索进行有机整合，从而使儿童产生更加整体、深刻的审美体验。这种综合艺术教育活动主要分为两大类：一是不同

艺术形式有机同构的综合艺术活动；二是主题性综合艺术教育活动。（此内容在第四部分有具体案例阐述）

 知识拓展

不同艺术形式有机同构的综合艺术活动的类型

（1）音乐与美术有机同构的综合艺术教育活动。它主要包括音乐与美术作品欣赏的有机结合、雕塑与舞蹈的有机结合。

（2）文学与音乐、美术有机同构的综合艺术教育活动。它主要包括文学与音乐的有机结合，以文学作为对象与美术、音乐、舞蹈的同构。

（3）戏曲与音乐、美术有机同构的综合艺术教育活动。

（4）民间游戏与音乐、美术有机同构的综合艺术教育活动。

（5）动画与音乐、文学有机同构的综合艺术教育活动。

 思考与实训

一、思考题

1. 简述如何培养幼儿艺术能力。

2. 结合实践，论述你对《指南》艺术领域总目标的理解。

3. 论述幼儿艺术领域教育目标的三维目标内容。

二、案例分析

材料：

"教"还是"不教"

在一次美术教学以后的教研活动上，大家从执教老师的教学效果评价开始，谈到幼儿绘画作品中的几个技能没有掌握好，如遮挡和大小比例问题，于是开始对执教老师的范画和演示方法进行了讨论。突然，有一个老师对此提出了疑义："我认为这些技能不必教，《纲要》认为艺术是幼儿表达认识和情感的另一种语言，并没有提出要教这些技能，《纲要》还特别指出'不要把艺术教育变成机械的技能训练'。"她的话音一落，便引来一阵反对的声音，主要观点如下。

（1）如果不教，幼儿没有掌握这个艺术的语言，用什么来表达？

（2）《纲要》说到了培养表现美的情趣和能力，而这个能力应该包含技能，绘画技能越好，表现的能力越强。

（3）《纲要》没有说不要技能，而是反对机械的训练，我们要做的是如何用游戏的方式来传递技能。

（教育部 2012 年 10 月举行的《指南》培训讲义稿）

问题：请你根据对《指南》艺术领域目标的理解，对以上几个观点进行分析，并阐述你自己的想法和建议。

三、章节实训

根据上述材料进行小组讨论练习

实训要求

（1）学生分为 4 组，各选择《指南》艺术领域中一条目标与小组同学进行交流并阐述自己的理解。

①每组选好一条目标。

②组员进行各自分工，要有牵头人、计时员、记录员和中心发言人。

③牵头人组织本组同学进行讨论。

（2）各组推选本组中心发言人将组内同学的理解进行概括和综合，代表本组在班级中交流，并请组内其他同学补充。

（3）其他组同学也可表达自己的观点。

（4）由任课老师进行小结和提升。

第二章 幼儿园艺术领域活动的组织与实施

　　自从学习《指南》艺术领域内容中的教育建议之后，许多教师在组织艺术活动时都知道尽量不给幼儿提供"范画"，甚至认为提供"范画"是犯了大忌，可在组织活动过程中教师便纠结不已。例如，一次在幼儿园里看到一位教师正在组织小班绘画活动《热带鱼》，她先给小朋友讲述了海底世界的故事，然后出示了一幅"热带鱼"的范画，请幼儿仔细观察热带鱼的外形特征，之后请小朋友开始进行绘画。可此时却有几个小朋友坐在那一动不动，老师走到他们面前，他们似乎很委屈地对着老师说："老师，我不会。"于是老师便赶紧上前抓住一位小朋友的手，手把手地教他进行画热带鱼的外形轮廓，帮了一位又帮一位……教师几乎没有一点空闲时间，郁闷地说："还不如我先示范一遍，免得我一个一个手把手地来教呢！"

　　问题：看了这位教师的教学行为，让我们想到幼儿园艺术活动到底该如何组织，绘画活动是不是需要范画？如果不提供范画或是教师不进行范画，幼儿的绘画能力水平该如何提升呢？当前的艺术领域活动该如何组织呢？又该如何对幼儿的艺术作品进行评价呢？

学习目标

1. 了解组织开展幼儿园艺术领域活动的基本途径。
2. 了解组织开展幼儿园艺术领域的集体教学活动中的主要方法。
3. 了解幼儿园艺术领域活动实施过程应遵循的原则和主要指导要点。

知识结构

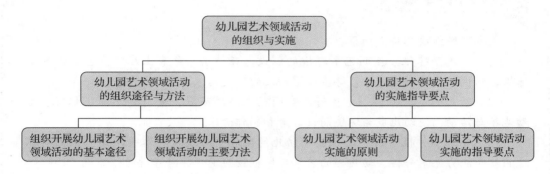

```
                    幼儿园艺术领域活动
                    的组织与实施
          ┌─────────────────┴─────────────────┐
   幼儿园艺术领域活动                    幼儿园艺术领域活动
   的组织途径与方法                      的实施指导要点
     ┌──────┴──────┐                  ┌──────┴──────┐
组织开展幼儿园艺术   组织开展幼儿园艺术   幼儿园艺术领域活动   幼儿园艺术领域活动
领域活动的基本途径   领域活动的主要方法   实施的原则          实施的指导要点
```

‖‖‖‖‖ 第一节 幼儿园艺术领域活动的组织途径与方法 ‖‖‖‖‖

《纲要》艺术领域指导要点中指出："艺术是美育的主要途径，应充分发挥艺术的情感教育功能，促进幼儿健全人格的形成。"为此，要实现《规程》中保育教育目标中的美育目标，幼儿园艺术领域活动显得尤为重要。我们该如何来组织与实施艺术领域活动呢？《指南》艺术领域中的教育建议给我们启示很大，提出许多具体的组织途径和实施方法。

知识链接

《指南》艺术领域不同
子领域目标的教育建议

一、组织开展幼儿园艺术领域活动的基本途径

幼儿园组织开展艺术领域活动主要通过环境创设、区域活动、集体性教学活动、社会活动、节庆活动及游戏活动来实现，在这些活动中渗透着艺术教育。

（一）环境创设中的艺术教育

《指南》艺术领域教育建议中指出："和幼儿一起用图画、手工制作等装饰和美化环境；展示幼儿的作品，鼓励幼儿用自己的作品或艺术布置环境。"这说明教师和幼儿共同创设富有审美情感色彩的一日生活环境和教育环境尤为重要。教师除了保证幼儿有足够的活动空间，以及安全原则和满足其生活需要之外，还应注意室内外的装饰与布置，色彩搭配要和谐、内容要有情趣，贴近幼儿学习的主题，符合幼儿的审美趣味。能通过色彩、造型、空间布局的营造等对幼儿进行艺术的熏陶与感染，充分发挥空间环境对幼儿的艺术教育价值。同时，还可在幼儿进餐、起床或是自由活动环节经常播放些悦耳的音乐作为背景音乐，并允许幼儿随着音乐自由表现，不仅培养幼儿对音乐的敏感性，还可帮助幼儿舒缓身心、安定情绪。正如《指南》艺术领域教育建议中提到的：经常让幼儿接触适宜的、各种形式的音乐作品，丰富幼儿对音乐的感受和体验。

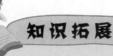知识拓展

美术环境创设的特点如下。

（1）艺术趣味性。空间艺术环境的创设，在造型、色彩上应注意艺术性和趣味性，强调积极的审美意义，尊重理解幼儿的审美需求。

（2）幼儿的参与性。一个良好的空间艺术环境布置，要有利于幼儿积极、主动地参与活动，使幼儿成为环境的设计者和制作者。

（3）年龄差异性。由于幼儿园中幼儿的生理、心理发展水平不同，他们对环境的接受能力也不一样，幼儿园的艺术环境创设应考虑年龄差异性。

（4）教育渗透性。由于幼儿年龄小，认知能力有限，对他们不能进行空洞抽象的理论教育，应该运用具体的形象，启发他们在看、听、摸、做的过程中建构知识，形成概念。

（5）经济安全性。有些空间艺术环境的布置具有一定的周期性，所以，大可不必追求高档制作材料，重要的是构思巧妙，形式新颖。

此外，教师可经常组织幼儿走出幼儿园，到大自然环境与周边环境中引导幼儿感受、发现和欣赏自然环境和人文景观中美的事物，发现大自然美的变化，让幼儿置身其中，自然地接受艺术的熏陶和陶冶。

（二）区域活动中的艺术教育

《指南》艺术领域教育建议中指出："在幼儿自主表达创作过程中，不做过多干预或把自己的意愿强加给幼儿，在幼儿需要时再给予具体的帮助。"而幼儿园的区域活动正是给了幼儿更多的自主表达创作的机会。为此，教师对艺术领域活动的组织指导还可从区域入手。尤其是在美工区、音乐表演区。教师可在美工区为幼儿投放充足的、丰富的、具有层次性的材料供幼儿自由作画、自由创作，满足幼儿美术兴趣和需要，并鼓励幼儿大胆表现。同时还应为幼儿提供一个陈列其作品的空间，让幼儿在同伴和教师面前有机会展示和陈列自己创作的作品，并组织幼儿共同欣赏同伴的作品；音乐表演区教师可为幼儿投放供其自由操作、自由摆弄的各种乐器、道具及服饰，幼儿可按照自己的意愿、兴趣及自己的学习进度去自由使用、操作这些丰富多彩的音乐材料和道具，让每个幼儿都有大胆表现的机会。这些做法也正是体现了《指南》艺术领域中所提及的教育建议——"提供丰富的便于幼儿取放的材料、工具或物品，支持幼儿进行自主绘画、手工、歌唱、表演等艺术活动。"

知识链接

幼儿园美工区活动照片

知识链接

音乐表现区"装扮秀"

（三）集体性活动中艺术教育

集体性活动是指教师有目的、有意识地设计与组织，全体幼儿共同参与的教育活动。此处说的集体性活动主要指集体教学活动，除了有音乐集体教学活动、美术集体教学活动外，还包括美术、音乐整合的教学活动，以及艺术领域与其他领域整合的集体教学活动。这种艺术教育活动也可看作是一种手段性的艺术教育，它更强调服务性功能，它可以在语言、健康、社会、科学领域或是生活活动中利用绘画、唱歌、舞蹈甚至是戏剧等艺术的方式来表达自己对该领域的探索及其探索结果的理解。成人也可以通过艺术教育的方式激发幼儿参加活动的兴趣，巩固对事物的进一步的理解。例如，教师组织体育活动热身环节时常会选择较激烈欢快的音乐，让幼儿随着音乐的节奏做各种热身动作、舒展全身动作，且激发幼儿参加体育活动的兴趣。而当活动快结束时，教师则会选择舒缓柔和的音乐，让幼儿随着音乐做放松运动，达到真正的全身心的放松。

（四）社会活动（日常生活）中的艺术教育

近些年来，随着艺术传播手段的不断扩展，艺术与日常生活日趋贴近。人们的日常生活中充满了艺术气息，处处能感受到艺术氛围，随时都可接受艺术的熏陶。教师可组织幼儿或让家长带幼儿参观园林、名胜古迹等人文景观，讲讲有关的历史故事、传说，与幼儿一起讨论和交流对美的感受，培养幼儿的审美情趣；或者带幼儿到户外参观大自然美景、开展远足活动、看看菊展或灯会，在这些社会活动中渗透艺术教育，引导幼儿通过艺术手段将所感知的对象和体验自由地表现出来。当然，教师还可建议家长有条件的情况下，带幼儿去剧院、美术馆、博物馆等欣赏文艺表演和艺术作品，让幼儿感受到艺术作品的美，并能自由地想象和思考，学会观察、理解继而发现美的存在，积极地参与到艺术创作活动中，激发内在的潜力。

（五）渗透在游戏和节庆中的艺术教育

幼儿园活动以游戏为最基本的活动。艺术也是幼儿的游戏，艺术的材料和工具是幼儿的玩具，他们把玩这些材料和工具时的肢体动作、声音和图形进行想象，表征不在眼前的事物，反映他们的所见、所闻、所感，象征性地实现在现实中不能实现的愿望，在游戏中大胆地进行艺术表现与创作。同时，幼儿园里许多游戏本身也渗透着艺术教育，如在表演游戏中，幼儿不仅自由摆弄着道具和服装，不停地装扮自己，让自己更美，更符合想要表现的人物形象，然后又随着音乐节奏按照自己的兴趣和意愿大胆地进行表演，这也正是音乐和美术艺术教育的很好融合。幼儿在游戏中不知不觉地运用了艺术手段进行了情感的表达与交流。

此外，节庆活动在幼儿园也是屡见不鲜的，教师不仅要通过环境的创设营造节日的气氛，还应选择一些幼儿平时学习过的歌曲、舞蹈、打击乐等音乐内容，让幼儿有亲切感，能在节庆活动时大胆表现。同时庆祝幼儿节日的活动尽可能丰富生动，以营造节日的欢乐气氛，增强幼儿对艺术活动的兴趣，抒发幼儿的快乐情感为主要目的，注重全体幼儿参与，千万不要以片面追求艺术效果而搞突击，增加幼儿的负担，更不能成为少数幼儿表现的机会。

（六）随机的艺术教育

艺术活动是幼儿精神生命活动的表现，也是幼儿的一种精神成长性需要的满足。它是一种没有直接功利性的、是以活动过程本身为目的需要的满足。幼儿一日生活中都有可能随机生成自发性的艺术活动。例如，午后散步或是外出春游或远足活动时，幼儿看到路边的小花会情不自禁地哼着小曲或唱出已学过的相关的歌曲；待停留休息时，幼儿会不由自主地去欣赏路边的花、草、树、木等自然风景；看到柳树，会对着同伴说："你看这多像妈妈长长的头发呀！"有的孩子甚至会拿出笔和纸进行绘画……面对幼儿这种艺术表现，教师要为幼儿提供愉悦、宽松的表现和创造氛围，尊重幼儿的想法，激发幼儿发挥想象，鼓励幼儿大胆表现。

 二、组织开展幼儿园艺术领域活动的主要方法

尽管组织开展幼儿园艺术领域活动途径很多，但在幼儿园实践艺术领域活动还是以环境创设、区域活动和集体性活动为主要途径。下面重点说说集体性艺术领域活动中主要运用的教育方法。

（一）以激发兴趣为主的方法

《纲要》和《指南》中都反复强调幼儿艺术兴趣的养成。这意味着教师在组织艺术领域活动过程中所有的环节均要以激发幼儿艺术兴趣为主要目标，如导入环节可以有情境导入法、问题导入法、游戏导入法等。教师有目的地以情境、提问或游戏的方式将幼儿引入或创设具有一定情绪色彩、以形象为主体的生动具体的场景，然后以艺术欣赏、歌表演或是音乐游戏等活动方式引起幼儿进行认知活动和情感体验，并将教学内容融入具体形象的情境中，为幼儿更好地理解教学内容做好准备，从而激发幼儿积极参与艺术活动的兴趣。

（二）以语言传递信息为主的方法

语言传递信息为主的教学是指教师以语言向幼儿传递信息和指导幼儿参与艺术学习的教学方法。在艺术领域活动中，语言是教师与幼儿之间进行信息、情感交流的主要媒介，是幼儿园艺术领域活动中必采用的教学方法之一，主要包括讲解法、谈话法、讨论法、提问法等。教师可通过讲解法或谈话法向幼儿传递艺术教育活动的有关信息，从而获得相关艺术知识，了解初步的艺术表现技能。同时，教师通过提问，组织幼儿进行讨论交流，引导幼儿自由大胆交流自己对艺术作品的感受和理解，或者自己讲述对艺术作品表现与创造的想法。

（三）以直接感知为主的方法

幼儿是用感官和双手来探索世界的，是通过颜色、声音和形状来认识事物并激发情感的，教师在开展艺术领域活动时，要充分利用幼儿这一学习特点，顺应幼儿这一天性，运用直接感知的教学方法培养幼儿感官的敏锐性，培养对周围美好的事物、人、景的敏感性，丰富幼儿审美的感知经验，提高他们的艺术表现能力。直接感知的方法主要包括直观演示法、观察法。直观演示法是教师在传递信息的过程中，向幼儿展示直观教具、演示艺术创作的过程，也是幼儿对事物现象的感性认识的一种教学方式。例如，音乐教学活动中教师可运用直观演示法展示各种实物、图片、图谱及视频等帮助幼儿直观形象地感受与理解音乐情境、歌词内容、动作表现及演奏方案等。

又如，美术活动是视觉艺术活动，在美术活动中教师应启发幼儿运用观察法，学会主动观察事物的形状、颜色、结构及事物间的空间位置、相互关系等，获得对事物的感性认识。正如《指南》中提出的：让幼儿观察常见动植物及其他物体，引导幼儿用自己的语言、动作等描述它们美的方面，如颜色、形状、形态等。

知识链接

如何看待"范画演示"

（四）以感受欣赏为主的方法

感受欣赏是艺术领域最重要的内容，也是为幼儿的艺术表现与创造奠定基础的内容。以感受欣赏为主的教学方法主要是让幼儿通过对艺术作品、自然景物、社会生活中美好的事物的感受和欣赏，获得美好的艺术感受和审美情趣，提高其表现创造能力及审美能力的教学方法，主要包括音乐欣赏和美术欣赏。运用这种教学方法特别强调教师要定好自己的角色，不能越俎代庖，更不能强制要求，强调幼儿"千篇一律"，要尊重幼儿个人意愿和想法，理解和支持幼儿独特的感受，给予幼儿宽松愉悦的心理环境，给予每位幼儿有同等的机会来表达自己的感受和理解，关注幼儿在感受与欣赏过程中的情绪体验。

案例链接

大班艺术活动：炫动心情

设计意图

在完成了第一次欣赏世界名曲《野蜂飞舞》之后，乐曲急促、紧张的鲜明特点已经为孩子们所感知，为进一步满足孩子利用各种感知通道来对音乐进行"全方位""多层面"的探究需要。在第二次欣赏活动时，加入一段风格完全不一样的乐曲，让孩子们能够就乐曲节奏、风格上的鲜明对比，进一步感受《野蜂飞舞》的音乐性质和特点。在生活中，每个人对颜色的感觉是不一样的，孩子们喜欢用自己喜欢的颜色和线条来大胆地表达自己的心情。本次活动试图以语言、音乐与美术相结合的方式，激发幼儿的想象，使其在活动中自主选择、自主绘画、自主表达，从而更好地感受世界名曲的魅力，进而提高对音乐的欣赏能力。

活动目标

（1）感受音乐的不同节奏，并根据音乐节奏的不同大胆进行表现。

（2）用自己喜爱的颜色和线条，大胆表达自己的心情及对音乐作品的理解。

（3）感受音乐和美术活动结合带来的愉快体验。

活动重点

感知音乐《猫和老鼠》（A）和《野蜂飞舞》（B）节奏、风格上的不同，并能用语言进行描述与表达。

活动难点

运用色彩大胆表现自己对音乐的理解。

活动准备

（1）欣赏过乐曲《野蜂飞舞》（B）和《猫和老鼠》（A）片段音乐的乐曲一段。

（2）颜料、滚筒、刷子、大白纸两张、滴管、牙刷、小纸16张等。

活动过程

一、复习乐曲《野蜂飞舞》（B）

（1）教师弹奏《野蜂飞舞》，引出课题，并提问：这首曲子的节奏是怎样的？你听上去的感觉怎么样？

（2）师：我们再来听一遍，这次小朋友们闭上眼睛听，除了小蜜蜂，你还会想到什么？请小朋友来表现一下。教师播放《野蜂飞舞》（B）。

（3）教师小结：你们想到的都是快速的东西，跟《野蜂飞舞》的节奏是非常吻合的。

二、引入新曲《猫和老鼠》（A）

（1）师：我们再来听一次，这次请小朋友们用耳朵仔细听，看看能不能听出有什么变化。[教师完整播放《猫和老鼠》（A）和《野蜂飞舞》（B），引导幼儿感受出两段音乐节奏、风格上的不同，（A）段慢且悠闲、（B）段快且急促。]

（2）师：对了，老师给音乐加了一段慢的音乐，你听到这段音乐，你会想到什么动物？心情是怎样的？[教师再次播放《猫和老鼠》（A）段，请幼儿说说自己的感受，并用肢体进行表现。]

（3）师：今天老师请大家来做小画家，在听音乐的时候，你会想到用什么色彩来画出你的心情？为什么？（请幼儿自由想象并回答）

（4）播放《猫和老鼠》（A），并让幼儿尝试用色彩进行表现。

①师：你在画的时候，动作是怎样的？（教师可以学一学孩子画画的动作）

②教师小结：原来，当音乐节奏比较慢的时候，我们会用弧线、直线慢慢地来表现。

（5）同样的，《野蜂飞舞》（B）的节奏是完全不一样的，你会用什么颜色来表达你的心情？为什么？你会怎样去画？[教师播放《野蜂飞舞》（B），让幼儿尝试用色彩进行表现。]

教师小结：当音乐节奏比较快的时候，我们会用短线、点快速地来表现。

三、炫动心情

（1）师：今天老师将《猫和老鼠》（A）和《野蜂飞舞》（B）这两首曲子拼接在了一起，现在老师播放音乐，请小朋友们边听音乐边用你们喜欢的颜色画出更大更美的图画。（播放音乐，幼儿作画，感受音乐活动和美术活动结合带来的愉快体验。）

（2）教师小结：小朋友们，你们觉得你们今天的画漂亮吗？原来颜色不仅可以美化我们的生活，还可以表达我们的心情，今天，听着音乐画了一幅这么美丽的心情画，现在我们就用这幅画来装扮我们的教室吧！

（江西省八一保育院　熊文婷）

（五）以引导探究为主的方法

探究法是在教师指导下，由幼儿自己发现问题、探索问题和解决问题的教学方法。《纲要》和《指南》中都明确指出：教师的作用应主要在于激发幼儿感受美、表现美的情趣，丰富他们的审美经验，使之体验自由表达和创造的快乐。教师在组织艺术领域活动过程中，可以采用启发式提问、小组讨论交流、尝试体验等方法引导幼儿自主探索对艺术作品的感受、理解，充分发挥自己的想象和创造，大胆进行艺术表现和创作，体验表现与创造带来的快乐。

（六）以实际练习为主的方法

教师应根据幼儿的发展状况和需要，对表现方式和技能技巧给予适时、适当的指导。《指南》中强调了：让幼儿用自己喜欢的方式去模仿或创作，成人不做过多要求，幼儿绘画时，不宜提供范画，特别不应要求幼儿完全按照范画来画。这些教育建议特别强调要注重幼儿的艺术兴趣、艺术感受和艺术表现与创造，不能过多地追求表现技能。而在进行艺术表现和创造过程中最基本的一些艺术表现技能和方法还是需要掌握的。例如，音乐活动中，幼儿对节奏的感知能力、歌唱的方法及演奏的最基本要求等；美术活动中进行绘画和手工制作的最基本的技能，如线条、构图及动手操作能力等。只是要将艺术表现技能与游戏融合，让幼儿有兴趣地、自觉地、有目的地进行一些技能的练习，从而增强幼儿的熟练程度，进而帮助幼儿提高表现与创造的能力和自信。

IIIIIIII 第二节 幼儿园艺术领域活动的实施指导要点 IIIIIIII

《纲要》中第二部分教育内容与要求中艺术领域部分的第三点指导要点内容，以及《指南》中的各子领域不同目标下的教育建议都为幼儿园艺术领域活动实施提供了很好的指导意见。

 知识拓展

《纲要》中艺术领域的指导要点

（1）艺术是实施美育的主要途径，应充分发挥艺术的情感教育功能，促进幼儿健全人格的形成。要避免仅仅重视表现技能或艺术活动的结果，而忽视幼儿在活动过程中的情感体验和态度的倾向。

（2）幼儿的创作过程和作品是他们表达自己的认识和情感的重要方式，应支持幼儿富有个性和创造性的表达，克服过分强调技能技巧和标准化要求的偏向。

（3）幼儿艺术活动的能力是在大胆表现的过程中逐渐发展起来的，教师的作用应主要在于激发幼儿感受美、表现美的情趣，丰富他们的审美经验，使之体验自由表达和创造的快乐。在此基础上，根据幼儿的发展状况和需要，对表现方式和技能技巧给予适时、适当的指导。

一、幼儿园艺术领域活动实施的原则

1. 审美性原则

审美性原则是指幼儿教师在组织幼儿艺术活动时，无论是教学目标的制定、教学内容的选择，还是活动方法的运用和活动过程的实施都应是将审美性放在首位，即活动目标应以幼儿审美心理结构的建构为主。活动的内容是有潜在的审美价值，活动实施中应注意审美环境的创设，审美对象的感知、理解与创造，审美情感的陶冶。

2. 参与性原则

在幼儿园中，教师应鼓励每位幼儿积极参与不同形式的艺术领域活动，将自己心中所想的、想做的用不同的艺术方式表现出来，积极主动地、全身投入地参与到艺术感受、艺术表现与艺术创作活动过程中来，在活动过程中获得艺术审美的愉悦体验，进而培养幼儿对艺术的兴趣与爱好，提高他们的艺术审美能力。

3. 愉悦性原则

教师将艺术教育与游戏结合起来，用游戏的方式设计、组织活动，这就使得原本枯燥的技能、技巧的学习变得更容易掌握，从而唤起幼儿参与活动的兴趣。愉悦性原则一方面表现为在活动过程中教师与幼儿都处于一种愉快的状态，获得美感满足，且都感到意趣盎然；另一方面表现为教师利用与幼儿共鸣的情感，利用艺术的魅力吸引、感染幼儿，使其自觉自愿、主动积极并富有创造性地在无拘无束、轻松愉快的氛围中参与艺术活动，在个性的空前释放中获得极大的享受和愉快。

4. 融合性原则

融合性原则是指在幼儿园艺术教育活动中运用各种教育与艺术形式所提供的手段与方法，把各种艺术形式巧妙地融合在一起，把同一种艺术形式的各个方面融合在一起，把艺术学科和五大领域其他相关学科适当地融合在一起，极大地丰富活动内容，拓宽幼儿的艺术视野与审美空间，增强活动的艺术趣味，激发幼儿的艺术学习兴趣，全面提高其艺术修养。

5. 赏拙性原则

赏拙性原则要求教师能用欣赏的眼光来看待幼儿在艺术活动中稚拙的表现。幼儿用自己的思维方式和理解方式去看待周围的一切，解释周围的一切，尽管在成人看来这些理解往往是稚气的。教师要了解幼儿的这一特点，当他们大胆地表现时，要以欣赏的态度鼓励、肯定一切稚拙的表现，增强幼儿的自信心，激励幼儿的自信心，激励他们创造、表现的欲望，并把幼儿的体验、经验放在首位，让幼儿自己去发现和理解，培养他们独立学习的习惯和能力。

 二、幼儿园艺术领域活动实施的指导要点

（一）感受与欣赏的指导要点

1. 提供审美感受的机会

所谓的幼儿审美感受，就是幼儿在对象审美属性（如色彩、节奏等）直接刺激下，可不受现实生活中各种常规的约束，自由地展开想象，产生一种以情感愉悦为主调的心理状态。它的主要内涵是主体情感的体验、满足和愉悦，并由情感的愉悦达到精神的自由。作为成人应结合身边的资源、环境多为幼儿提供能刺激其感官、丰富其感知、激发其情感的审美元素和对象，来满足幼儿审美的需要。正如《指南》中提出的：让幼儿多接触大自然，感受和欣赏美丽的景色和好听的声音；经常带幼儿参观园林、名胜古迹等人文景观，讲讲有关的历史故事、传说，与幼儿一起讨论和交流对美的感受；支持幼儿收集喜欢的物品，并和他一起欣赏。成人应通过上述方式，让幼儿从小就多接触大自然，以及社会生活、艺术场馆中美的事物和艺术作品，让幼儿在美的熏陶下有更多的机会去体验和欣赏美的事物和艺术作品，为其表达表现与想象创造而奠定基础。

2. 尊重幼儿独特的感受

幼儿的审美感受是具有知觉的、想象的、情感的而富有个性的。但在实际生活中，许多成人偏偏会忽视幼儿在审美过程中的独特感受，以自己的标准或意愿强加给幼儿，导致幼儿不敢表达自己真实的感受或是不知所措，只能跟随教师的想法，说出同样的话或是画出千篇一律的画面。例如，我们偶尔会看到这样的场景：教师组织大班音乐欣赏活动《狮王进行曲》时，让幼儿听了一遍音乐便问幼儿："小朋友们，你们听了这个音乐后有什么感受？"此时一位幼儿便举手说："我听了好高兴。"另一位幼儿说："我听了好害怕""我听了音乐后好舒服……"许多幼儿都说出了自己的感受，教师对于幼儿的回答不做任何回应，就不停地问："我还想听听看还有其他不同的感受吗？"此时，一位幼儿终于鼓起勇气举手，胆怯地说道："老师，我听了后想睡觉？"教师马上回应道："这么好听的音乐，你怎么会想睡觉呢？你再好好想想。"此时，班上其他幼儿也哄堂大笑起来，这位幼儿只有默默地坐下来低着头。其实，这位教师不满最后一位幼儿的回答是因为她心中已有答案，大多数幼儿的感受与她心中的答案接近，唯有最后一位幼儿与她心中的答案相差甚远，所以给予了及时的否定。这是典型不尊重幼儿独特感受的表现，教师面对这种情形，应因势利导地问幼儿："你听了音乐后怎么会想睡觉呢？"给予幼儿一个表达自己内心真正感受的机会，或许教师能读懂这位幼儿的感受，他也不至于遭到同伴们的嘲笑了。

3. 支持幼儿的审美、情趣和爱好

对于幼儿的审美情趣、审美爱好教师要爱护有加，要大力地支持甚至是积极地参与。《指南》中提到：让幼儿观察常见动植物及其他物体，引导幼儿用自己的语言、动作等描述它们美的方面，如颜色、形状、形态等；让幼儿倾听和分辨各种声响，引导幼儿用自己的方式来表达对音色、强弱、快慢的感受；理解和尊重幼儿在欣赏艺术作品时的手舞足蹈、即兴模仿等行为；当幼儿主动介绍自己喜爱的舞蹈、戏曲、绘画或工艺品时，要耐心倾听并给予积极回应和鼓励。看到这些建议的表述，让我们深刻地认识到教师在幼儿进行审美、感受、欣赏时要确定好自己的角色，教师不能越俎代庖，也不能强加意愿，更不能直接否定，教师更多的应是幼儿审美欣赏时的支持者、合作者和引导者。教师可以和幼儿共同欣赏，也可以引导幼儿学会如何审美，更应支持幼儿在审美情趣、感受和欣赏时的兴趣爱好和独特的感受。例如，对幼儿收集的糖纸、瓶盖、果核、石子等行为成人应给予鼓励，教师应是持积极鼓励、大力支持的态度，支持幼儿从小在美的环境和事物中得到美的熏陶。

（二）表现与创造的指导要点

1. 尊重幼儿自发的表达与表现

成人对于幼儿的自由涂画和随意唱跳行为要给予认同，且要尊重幼儿的学习方式和学习特点。不要刻意地让幼儿去模仿，要让幼儿用自己喜欢的方式去表达与表现，如听到音乐就会手舞足蹈等。幼儿的体验性和表现性是儿童艺术的特点，艺术教育要顺应儿童发展的这种特点，通过建构儿童的审美心理结构达到人格的健全与完善。而对于有些幼儿成天喜欢哼哼哈哈唱着小调，但又听不清他在唱着什么，成人也不可给予干预，要支持他这种通过哼唱方式来表达自己心情的行为。

2. 创设幼儿表现与创造的机会和条件

艺术是幼儿表现自我、创造世界的一种语言形式，诠释着幼儿的情感体验。为了满足幼儿这种表现自我、表达内心世界的需要，我们需为幼儿提供充足的表达表现时间和空间，同时提供充足的供幼儿自由表现与创造的材料和艺术作品也是必不可少的，由此引发幼儿自发模仿、自由涂画和随意唱跳的行为表现。例如，在音乐表演游戏区中，教师除了为幼儿准备一些音乐或歌曲外，还需准备一些供幼儿装扮自我的服装及道具，既简单又可变的材料最好，如纱巾、背心、马夹、自制的草裙、纸裙、披风，以及不同款式的帽子、眼镜等。幼儿可以自由选择喜欢的服装道具来装扮自己，自由地跟随音乐唱唱跳跳，每位幼儿都陶醉于大胆想象，自信表现，彰显个性。

同时，在集体艺术活动中我们也提倡给予每位幼儿富有个性化表现的机会和条件。又如，在美工区或美术室，教师可为幼儿提供丰富的表达创造材料，以满足幼儿多元化表达表现的需要及不同能力差异幼儿表达表现的需要，如为了满足小班幼儿玩色的需要，激发幼儿通过七彩颜色来表达创造美丽世界的需要，教师可提供滚珠、拓印、手掌画等不同的材料。此外，即便在集体活动中我们也要鼓励每位幼儿有个性化的表现，这也需要教师为幼儿提供充足的表达表现材料。例如，在大班美术活动"美丽的花瓶"中，教师为幼儿提供生活中废旧的不同造型的玻璃瓶，同时还有供幼儿装饰花瓶的纸浆、线描笔、蜡笔、橡皮泥、各种色纸、皱纹纸等不同材料，甚至还为幼儿准备了一些小树枝，幼儿可根据自己的喜好，选择不同造型的玻璃瓶，再按照自己的方式和意愿大胆地选择不同材料对玻璃瓶进行创意装饰，将自己即时的灵感付诸实践，体验着美术创作的乐趣。最后呈现在教师面前有各式各样装饰好的花瓶，它们也构成了教室里一道亮丽的风景线。而这些作品不仅可供观赏，还能起到真花瓶的作用，真是集实用性和艺术性于一身。

3. 营造利于幼儿表现与创造的宽松的心理环境

宽松的心理环境是人们发挥创造性的前提，而3~6岁幼儿想象力极其丰富，其对任何新鲜事物都具有强烈的好奇心。为满足幼儿强烈的好奇心，激发幼儿表现与创造的兴趣，我们应为幼儿提供一个宽松的心理环境。

一是要对幼儿的艺术表现与创造行为给予肯定和支持，不仅是言语的肯定（如表扬和鼓励），还应有行为上的支持，如在材料的提供方面应减少过多、过细、过于整齐划一的限制，以及干预影响幼儿想象创造的行为。

二是为幼儿提供一定的自由表现与创造的活动时间，成人不介入幼儿的表现创造活动，让幼儿真正可以天马行空地发挥自由想象、自由表现、自由创造。

三是明确成人在幼儿表现与创造活动中的角色。成人应该是幼儿表现与创造活动中的欣赏者、支持者和合作者。当幼儿完成作品的创造时，成人应以一种赞赏的眼光去欣赏；当幼儿在表现与创造作品过程中遇到了困难而不知所措甚至要放弃时，教师应为其提供一定的支持和帮助，甚至是参与到幼儿表现与创造活动中去，和他们一起去探索解决问题的方法，激发幼儿再度表现与创造的愿望，而不是给幼儿提供直接而又明确的解决问题的途径，必要时可提供一定的技术支持。

　　四是改变评价方式，鼓励幼儿积极创造。正如《指南》中指出的：了解并倾听幼儿艺术表现的想法或感受，领会并尊重幼儿的创作意图，不简单用"像不像""好不好"等成人标准来评价。幼儿自由表现时，成人也不可轻易给予否定的评价，而应注重评价的发展功能与内在的激励机制，激发每位幼儿都有主动表达表现与创造的意愿，只有幼儿积极主动地参与到艺术表现与创造活动中来，才能在原有水平上有不同程度的提高。

（三）评价艺术领域活动的指导要点

　　当前艺术领域活动评价主要存在"审美成人化、肯定性评价泛化、不适当的否定性评价及重结果轻过程"的问题，严重影响了幼儿的艺术表现力和创造力的发挥，也导致了幼儿对艺术活动失去兴趣。而在组织开展艺术领域活动过程中，教师若能发挥评价对活动的导向功能，真正的进行科学有效的评价，并保持和增进幼儿对艺术活动的激情和兴趣，促使其表达个性，挖掘其潜能。那么便可保持幼儿今后参加艺术活动的积极性，也可让其在艺术活动中轻松自由地表现，有利于其身心健康发展。为此，我们应该做到以下几点。

1. 树立正确的儿童观和教师观

　　教师对幼儿在艺术活动中的评价应凸显幼儿的主体地位，尊重幼儿独特的想法，站在幼儿的角度去读懂他们的艺术表现与创造；同时要尊重幼儿的个体差异，不能用统一尺子去衡量所有幼儿，要注重幼儿在创作过程中的个性化差异和发展及在活动中的不同体验与感受，强调幼儿能否表现出自己的内心感受和独特的想法。

2. 丰富评价内容

　　以往评价更多关注艺术作品的内容本身及艺术表现过程中运用的技能，这样易导致教师一味地强调艺术表现技能，并进行机械训练强化技能掌握的教学，这是违背此年龄阶段幼儿艺术学习的特点。为此，要不断丰富评价内容，要从以前只注重作品内容、表达技能到逐步关注幼儿的情绪、创造性、经验的表达及动作的表现等。

3. 改变评价方式

　　一是注重过程性评价。尤其要以激励性评价贯穿于整个艺术活动过程，不同阶段关注不同内容的评价，改变以往只关注幼儿艺术活动结果而忽视幼儿艺术活动过程的评价方式。例如，在幼儿创作过程中，教师可从幼儿的兴趣性、主动性、创造性、专注性、独立性、坚持性等学习品质，从幼儿对材料的探索与操作过程及艺术活动的行为习惯等方面进行评价；而在艺术创作结果的评价上，则重点可放在作品或表演上创造的独特性，或者相对自身的进步上，而不是"像不像、好不好"的标准，只要发现幼儿在上述方面有点滴进步，都可给予他们鼓励和表扬，让他们产生一种成功的体验，增强自信，对艺术活动产生更大的兴趣和更强的创造愿望。

二是注重评价主体多元化。评价方式体现以幼儿评价为主，小组评价、个人评价、教师评价3种方式相结合。这样更有针对性、多元化，更注重个体差异，更客观合理，更注重每位幼儿的个性和能力的发展。

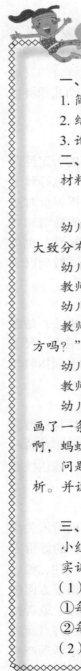

思考与实训

一、思考题

1. 简述在环境创设过程中应该如何渗透艺术教育。

2. 结合实例，简述艺术教育活动中主要运用的教育方法。

3. 论述如何运用评价手段激发幼儿参与艺术活动的兴趣。

二、案例分析

材料：

黑夜的灯

幼儿用红色和黄色用心地在楼房的边上点了20多个点，用黑色画了十几个点，大致分布在红色和黄色点的周围。

幼儿："楼房里有灯光，灯光也是彩色的。"

教师："怎么还会有黑色的灯光呢？"

幼儿："这是小虫子。有灯的地方就有小虫子。"

教师："我看到画面上有树、有灯光、有酒店，可以告诉我树和酒店在什么地方吗？"

幼儿："在西安。"

教师："树长在哪里？"

幼儿："在路上。我画条路啊（用黑色画了一条线），路有两条线（又用红色画了一条，接着又蘸取了一些黑色，在两条线上画下了许多点）。好多好多的蚂蚁啊，蚂蚁被压死了，就在路上。我看到过好多蚂蚁被压死了。"

问题：通过教师与幼儿的对话，请对以上幼儿的绘画作品及绘画过程进行分析。并说说教师是如何支持幼儿的表现与创造的。

三、章节实训

小组讨论练习

实训要求

（1）学生分为4组，教师拿出4幅幼儿作品，请每组学生完成以下任务。

①每组学生分别对4幅幼儿作品进行分析和评价。

②每组派代表来阐述本组对幼儿作品的分析和评价，组员进行补充。

（2）执教教师进行小结和提升。

第二部分

音乐教育活动

第一章 幼儿园音乐欣赏活动的设计与指导

引入案例

活动开始，教师请中班幼儿欣赏一段音乐，引导幼儿仔细听，并说说：这段音乐听上去感觉怎么样？幼儿茫然地看着教师。只有一位幼儿说："我感觉像在跳舞。"教师连忙肯定地说："对！这段音乐听上去是欢快的。"然后，教师请幼儿再次听音乐，鼓励幼儿根据音乐的旋律和节奏，用身体动作来表现音乐。幼儿听着音乐不知该怎么跳。尽管教师不断地启发、引导，但幼儿还是不知所措。教师只好自己示范跳了几个动作，幼儿跟着教师纷纷跳了起来。①

问题：美国音乐教育家穆塞尔曾提出："音乐教育就是欣赏教育，是为了欣赏而进行的教育。"但音乐欣赏教学在幼儿园音乐教学中是比较有难度的课程之一，这个问题一直让许多幼儿教育工作者为之困扰并且努力寻求突破。本案例就是一个典型的教学实践的写照，幼儿为什么茫然？究竟幼儿园的音乐欣赏活动应该怎样设计和指导呢？

学习目标

1. 了解音乐欣赏活动的教育内容。
2. 学会如何为幼儿选择音乐欣赏作品。
3. 理解多通道参与音乐欣赏活动的理论及其方法。
4. 学会设计幼儿园音乐欣赏教育活动。
5. 掌握音乐欣赏活动过程中各环节指导策略及方法。

---

① 缪仁贤，赵银凤. 幼儿教育技艺：280 个适宜与不宜案例评析［M］. 上海：上海科学技术文献出版社，2004.

知识结构

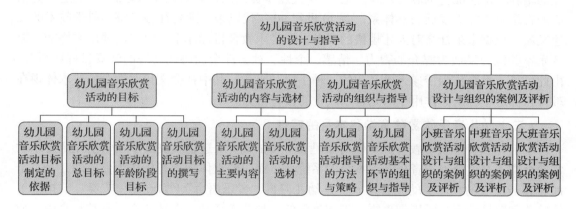

|||||||||||| 第一节 幼儿园音乐欣赏活动的目标 ||||||||||||

音乐欣赏是一门听觉的艺术，是幼儿园音乐教育不可缺少的一个重要组成部分。音乐欣赏是欣赏者以具体音乐作品为对象，通过聆听的方式和其他辅助手段（如运动觉、视觉、语言知觉等）来感受、理解、鉴赏、品评和领悟音乐艺术作品的真谛，从而得到精神愉悦、启示或寄托的一种审美活动。① 在音乐欣赏活动中，幼儿是欣赏者，教师以具体音乐作品为对象，幼儿通过倾听音乐，进而对音乐进行感受、体验、理解、创造与表现，与此同时，幼儿还有机会接触更多的优秀音乐作品，以开阔其音乐眼界，丰富音乐经验，养成对音乐的喜爱之情。

一、幼儿园音乐欣赏活动目标制定的依据

制定幼儿园音乐欣赏活动目标的依据主要是幼儿音乐欣赏发展的特点和规律、社会对幼儿音乐欣赏的要求及幼儿音乐欣赏教育学科本身的特性。

（一）幼儿音乐欣赏发展的特点和规律

幼儿音乐心理、音乐能力的发展有着其自身的特点和规律，它能从艺术表现的角度反映出幼儿的认知、情感和社会化技能发展的水平。同时，幼儿作为一个独立的个体，也有着与众不同的个性、兴趣和需要。只有依据幼儿音乐发展的实际水平、需要和可能性，才能构建起真正适合幼儿发展的音乐欣赏教育目标。

---

① 吴文艳. 谈幼儿园音乐欣赏活动的指导策略［J］. 音乐天地，2013（1）：24-25.

（二）社会对幼儿音乐欣赏的要求

新中国成立初期至 20 世纪 70 年代对于音乐教育的目标，强调的是基本知识、基本技能的培养和思想品德的教育；20 世纪 80 年代逐步提出以音乐素质（音乐感）、创造力为核心的音乐审美能力发展目标体系；而 20 世纪 90 年代以来，随着社会经济和科学技术的飞速发展，根据未来社会对人才规格的要求，在音乐教育目标体系中更突出强调并增加了以音乐审美能力发展为媒介的智力、情感、个性、社会性全面协调发展的教育目标体系等。由此可见，教育作为传递人类文化的一种手段和媒介，其中社会文化对教育的要求体现在教育目标之中，从而作用于幼儿音乐欣赏的教育目标。

（三）幼儿音乐欣赏教育学科本身的特性

学前儿童音乐欣赏教育的具体对象是 3~6 岁的幼儿，这也就决定了在学前儿童音乐欣赏教育中不必过分追求音乐知识本身的系统性，而应着重体现把音乐作为促成幼儿身心全面、和谐发展的载体。幼儿音乐欣赏是幼儿习得"音乐语言"（如旋律、节奏、节拍等），体验并创造性地表达对周围事物认识和感受的一种艺术活动。在幼儿音乐欣赏教育中，如何既充分地让幼儿享受音乐活动过程的快乐，又顾及音乐技能技巧的学习；如何既尊重幼儿对音乐的探索和创造，又要把幼儿的音乐表现活动逐渐纳入到符合音乐审美创作原理和规律的轨道上等问题，都将与幼儿园音乐欣赏活动目标的制定产生密切的联系。

 二、幼儿园音乐欣赏活动的总目标

音乐欣赏是提高幼儿艺术素养和审美认知、审美情感的重要途径。幼儿园音乐欣赏活动的目标是提高幼儿对音乐的兴趣，增强对音乐的感受力和理解能力，陶冶情操，获得审美情趣。它主要包括音乐欣赏教育的总目标、年龄阶段目标、单元目标和具体的教育活动目标等几个层次。其中，总目标是幼儿园音乐欣赏教育总的任务和要求，它体现了《幼儿园工作规程》中关于美育的精神，即"培养幼儿初步的感受美和表现美的情趣和能力"，它是幼儿园音乐欣赏教育活动目标最概括的表述。具体内容如下。

（一）情感目标

（1）乐意参与音乐欣赏活动，有积极的欣赏态度。

（2）体验并享受音乐欣赏过程的快乐。

（二）认知目标

（1）能够感受、体验音乐欣赏作品所表达的内容和情绪。

（2）能够理解音乐作品最基本的表现手段。

（3）能够再认和区分已欣赏过的音乐作品。

（三）技能目标

（1）初步学习运用文学、美术、韵律动作等各种艺术表现手段来表达自己对音乐作品的想象和情感体验。

（2）能够在音乐欣赏的过程中尝试与同伴交流与配合，共同协作来表达对音乐的感受和理解。

三、幼儿园音乐欣赏活动的年龄阶段目标

年龄阶段目标是幼儿音乐欣赏教育总目标在幼儿各个年龄阶段的具体分解和落实，即分别以小、中、大班这样的逻辑顺序来分别加以描述音乐欣赏活动的目标。这种表述有利于教师把握住幼儿的年龄特点，选择具体的教育活动材料、教育活动内容、教育活动模式及教育活动的组织与实施的方法。《指南》中将艺术领域分为感受与欣赏、表现与创造两个子领域，而第一个子领域中两条目标分别是"喜欢自然界与生活中美的事物"和"喜欢欣赏多种多样的艺术形式和作品"，同时也描述了在此条目标下 3~4 岁、4~5 岁、5~6 岁 3 个年龄阶段末期幼儿的典型表现，这不仅为我们观察不同年龄阶段幼儿在感受欣赏方面的学习和发展提供了重要抓手，同时也为我们制定不同年龄阶段幼儿音乐欣赏活动的目标提供了科学的依据。

（一）小班（3~4 岁）目标

1. 情感目标

乐意参与集体的音乐欣赏活动，并积极尝试和体验音乐欣赏过程的快乐。

2. 认知目标

能初步感受性质鲜明、结构短小的歌曲或有标题的乐曲的形象、内容和情感，并产生一定的外部动作反应。

3. 技能目标

喜欢倾听与感知周围生活中的各种声音，并用自己喜欢的方式（嗓音、动作等）来表达。

（二）中班（4~5 岁）目标

1. 情感目标

乐意参与集体的音乐欣赏活动，并积极尝试和体验音乐欣赏过程的快乐。

2. 认知目标

（1）能感受性质鲜明、结构短小的歌曲或乐曲的形象、内容、情感，并产生一定的联想，用外部的动作加以反应。

（2）能初步了解并辨别进行曲、舞曲、摇篮曲等不同风格音乐的基本性质。

3. 技能目标

（1）喜欢倾听周围生活中的各种声音，并能大胆地用自己喜欢的方式（嗓音、动作等）来表达。

（2）初步学习运用不同的艺术表演形式（如文学、美术、韵律动作等）来表达对音乐的感受和理解。

（三）大班（5~6岁）目标

1. 情感目标

能主动、积极地参与集体的音乐欣赏活动，享受并体验音乐欣赏过程的快乐。

2. 认知目标

（1）能较准确地感受性质鲜明、结构适中的歌曲或乐曲的形象、内容和情感，并产生一定的联想，用外部的动作加以反应。

（2）能进一步丰富并加深对进行曲、舞曲、摇篮曲等不同风格、性质音乐的认识。

3. 技能目标

（1）喜欢倾听周围生活中的各种声音，并能用嗓音或动作表现等方式进行创造性的表达。

（2）能够运用不同的艺术表演形式（如文学、美术、韵律动作等）来大胆表达对音乐的感受和理解。

 案例链接

《梁祝》是我国脍炙人口的民族乐曲，其中的《化蝶》片段优美舒缓，令人回味无穷，在不同的年龄阶段解读，可以让幼儿有不同的感受。小班可以通过PPT演示，让幼儿感受蝴蝶翩翩起舞的情景，并通过模仿蝴蝶飞的动作感受乐曲优美的意境，在动静交替中达到欣赏的目标；中班重点在于引导幼儿感受音乐中两只蝴蝶相知相伴、相亲相爱的情感，并通过欣赏活动感受乐句的起始；大班则重点引导幼儿展开丰富的想象，通过语言、动作来表达和表现对音乐的理解和感受。

音乐欣赏活动还涉及单元目标和具体的教育活动目标，这两类目标均以年龄阶段目标为指导，需和总目标保持一致，是因不同活动内容而制定不同的目标，也是最具体、具有可操作性的目标。

四、幼儿园音乐欣赏活动目标的撰写

目前幼儿园音乐欣赏活动往往忽视音乐教育本身的审美特点，忽略对幼儿音乐欣赏能力的培养，音乐教育目标的确定过于偏重技能的获得，只注重表现、创作，轻视感受、欣赏；偏重单一的模仿，忽视了音乐欣赏活动本身对促进幼儿身心发展的价值，使得音乐教育课程产生了结构上的缺陷。幼儿园音乐欣赏活动目标撰写的要求如下。

（1）注重挖掘音乐欣赏活动的核心教育价值。

（2）重视激发幼儿对音乐的审美情趣，体验审美愉悦，丰富他们的音乐经验。

在幼儿音乐欣赏活动中，我们不能仅仅关注音乐知识和技能的传授，更应重视幼儿审美情绪和积极愉悦的情绪情感的培养。

案例链接

　　《金蛇狂舞》是一首民族管弦乐曲。乐曲的旋律昂扬、热情洋溢，主要渲染节日的欢腾气氛。欣赏时，教师应强调欢快的节日气氛，也可以为幼儿设定一定的情景来欣赏，如让幼儿回想过年时与家人团聚的场景，其中的锣鼓声像爆竹声，唢呐声像孩子们欢快的笑声，这样幼儿对乐曲的感受就比较深刻。

　　（3）在促进幼儿音乐表现力与创造力发展的同时，培养幼儿对音乐的喜爱之情。
　　音乐的想象空间极大，这就决定了音乐欣赏活动绝对不是仅限于作品本身的内涵，而应是一个极具开放性的过程。为此，教师在理解作品的基础上拓展幼儿的思维和想象空间，引发幼儿的想象力。

案例链接

　　小班音乐欣赏活动《小老鼠和泡泡糖》，乐曲的原意是表现小老鼠在偷吃泡泡糖时脚被粘住，在逃跑的过程中被泡泡糖的弹性反弹回原处的情景。但小班幼儿的思维特点是跳跃的、零散的，在欣赏过程中，也许会有幼儿说："是小老鼠在滑滑梯呢！"有的幼儿说："是小老鼠在溜冰呢！"幼儿的想象脱离了作品的本身，却与幼儿的生活经验紧密相连，这时，教师应顺势引导幼儿模仿小老鼠快乐地滑滑梯或溜冰的动作，使整个欣赏活动在幼儿自己的想象中开展，体验想象和创造的快乐。

　　（4）音乐欣赏活动目标的表述必须遵循行为化原则。必须陈述可见的行为，必要时还可补充说明该行为发生的附加条件和行为反应水平的限定语。

案例链接

大班音乐欣赏活动：《匈牙利舞曲第五号》

活动目标
（1）听辨乐曲，并大胆运用肢体动作表现乐曲。
（2）初步感知乐曲的结构式 A–B–A，并感受音乐速度快、慢的变化。
（3）体验集体表演的快乐。

第二节 幼儿园音乐欣赏活动的内容与选材

一、幼儿园音乐欣赏活动的主要内容

（一）幼儿倾听声音能力的培养

幼儿对周围环境中的各种声音特别的敏感。音乐欣赏最重要的是倾听，倾听是幼儿必须具备的一个非常重要的基本能力，是对幼儿实施音乐教育的基本出发点，也是开展音乐欣赏的前提和基础。教师可以利用日常生活和周边环境对幼儿进行倾听能力的培养，也可引导幼儿多倾听、感受大自然的声音和欣赏优秀的音乐作品，从而培养幼儿倾听习惯，提高幼儿倾听能力。

培养幼儿倾听能力的主要策略

首先，教师利用日常生活和周边环境对幼儿进行倾听能力的培养，是最自然和最直接的一条捷径。例如，听听人体的声音，听听活动室的声音，听听厨房中有哪些声音，再听一听不同的交通工具所能发出的声音。又如，孩子们在公园游玩时，又有哪些声音呢？动物园里各种动物不同的声音有什么不同吗？利用这些来培养孩子的倾听和模仿能力。同时，激发幼儿通过倾听自己感兴趣的声音而将这些声音进行归类，并将节奏与声音有效地结合在一起，更加促使幼儿倾听能力的提升。

其次，引导幼儿多倾听、感受大自然的声音。大自然有各种美妙的声音，这些不同的声音在孩子们的耳里是神奇又美妙的。刚进幼儿园的孩子情绪很不稳定，当孩子在哭闹时，有什么能转移他们的注意力呢。在活动中，教师可以有意识地引导幼儿去寻找大自然中的各种声音，如水龙头没关紧，有"滴答滴答"水声；钢琴上的台钟会发出"滴答滴答"的声音；音乐区的小铃，会发出"叮～叮～"的声音；刮风了，会发出"呼～呼～"的声音……这些奇妙的声音在幼儿的耳中都是那么美妙。通过寻找声音，幼儿对自然界的观察兴趣浓了，时不时听见幼儿轻轻地说："我听见××声音喽。"经常在活动中引导幼儿寻找不同的声音，使幼儿对声音产生了强烈的敏感。

最后，引导幼儿欣赏优秀的音乐作品。例如，优秀的中外少年儿童歌曲，由歌曲改编的器乐曲，或者是专门为孩子们创作的简单的器乐曲、儿童的音乐童话片段、中外著名的音乐作品和片段等，都可以作为音乐欣赏的活动内容。

（二）音乐欣赏的简单知识技能

音乐欣赏的简单知识技能包括了解音乐作品的名称、主要内容和常见表演形式；了解常见乐器的名称；能听出并理解作品的主要情绪、内容、形象及作品的主要结构；能分辨常见人声和乐器的音色；能根据音乐作品的音响展开想象、联想；能运用一定的媒介表达对音乐的感受等。

音乐欣赏能力包括倾听、理解、创造性表达和个人音乐趣味倾向。理想的音乐欣赏活动能够促进这些方面的发展，使幼儿形成有关的初步意识和能力。

（三）音乐作品

在音乐欣赏活动中，幼儿能接触更多、更丰富的音乐作品，除专门为幼儿创作的歌曲外，幼儿还可以接受优秀的中外少年儿童歌曲、由歌曲改编的器乐曲、专门为儿童创作的简单器乐曲、专门为儿童创作的音乐童话的片断、中外著名音乐作品或其中的片断。

二、幼儿园音乐欣赏活动的选材

（一）音乐欣赏作品的选择

好的选材是开展音乐欣赏活动的基石，能带给幼儿不同的情感共鸣。选择恰当的作品是幼儿进行音乐欣赏活动的一个重要环节，究竟该如何为幼儿选择音乐欣赏作品呢？主要考虑的因素有以下几方面。

1. 音乐对幼儿的可感性和可接纳性

音乐对幼儿的可感性和可接纳性主要体现在：音乐的形式特点是否鲜明突出、结构是否工整、长度是否适宜、可参与性是否充分等。总之，在选材时要关注幼儿的年龄特点、能力水平、兴趣点等，并提出适宜的活动目标。

不同的音乐会带给幼儿不同的感受。例如，在音乐活动中，教师让幼儿欣赏《小燕子》这首曲子，幼儿都说很好听，是小鸟飞来了，大多女孩立刻做出优美的小鸟飞的动作，而有些男孩则乱蹦乱跳，有的女孩便说道："不能这样，小燕子要飞得很漂亮的、轻轻的"；当教师播放到热情奔放的音乐时，幼儿个个扭头扭腰，跳起了欢快的动作，而且还在大声说笑，尽情发泄，就连平时不怎么言语的小朋友也在活动室中蹦跳起来……我们可以从幼儿的动作、表情中完全感受到他们对音乐性质的理解和表现。

2. 幼儿的年龄特点

幼儿的好奇心强，喜欢具体、鲜明的事物，因此，教师应尽量选择那些贴近幼儿生活的、形象生动鲜明、结构清晰的各种优秀音乐作品作为幼儿园的音乐欣赏教材。教师也可选用那些音乐形象突出、旋律生动、角色分明、节奏鲜明、有一定情节、形式工整、短小活泼的音乐作品供幼儿欣赏。具体内容如下。

（1）幼儿喜欢听的歌曲（如即将要学习的歌曲、童谣、外国儿童歌曲、民歌等）。

（2）一些有标题的、性质鲜明、结构适中，且有一定内容、情节的器乐曲。

（3）各种具有"音乐性"的自然声音，如动物的叫声、风雨声、落叶的沙沙声等，以及结合生活专门创编的,可供感知音的高低、节奏与速度、音的强弱及音色的乐曲与歌曲。

此外,还需根据不同年龄阶段幼儿的倾听能力、感受能力、认知能力和理解能力的差异,为之选择与本年龄相符的音乐欣赏作品。

 案例链接

音乐欣赏:《狮王进行曲》

幼儿是音乐欣赏的主体,因此选择和提供的音乐素材必须与幼儿的认知经验、情绪体验相吻合,符合不同年龄段幼儿的发展水平。例如,《狮王进行曲》曲子的引子是两架钢琴从弱转强的和弦颤奏,表现狮王出场的威武,幼儿虽未看到狮子的身影,但已经听到它的咆哮声。接着音乐的速度加快,两架钢琴模仿军号的合奏,这种合奏作为王公贵族出场的信号我们都已熟知,但是狮王居然也讲究这样的排场。随后这只狮王便在威武的进行曲中出现了,狮王的出巡由主题的反复进行来表现,它的仪仗队(军号合奏的模仿)经常跟在它的身旁,狮王也不时用吼叫声(低音弦乐器的半音乐句)来显示它的威风。小班幼儿欣赏时可以让他们跟着音乐模仿狮王吼叫的声音;中班幼儿欣赏时可通过长短不一的旋律来联想代表哪种小动物,然后选择自己喜欢的角色进行表演,模仿狮王出行的情景;大班幼儿欣赏时可引导他们表演动物间是如何交流的,想象还有什么小动物参加狂欢节,拓展幼儿的思维。

知识链接

《狮王进行曲》图谱

3. 思想性和艺术水平

音乐是没有国界的,它具有以情动人、以情感人的艺术魅力,通过情感的抒发和表达来打动人、感染人。幼儿年龄小、好想象、爱幻想,因此,生动形象、富于变化的音乐旋律与节奏能激发幼儿的想象;同时,由于儿童情感易外露,因而富有情绪感染力的音乐不仅能唤起儿童的内心感受,还能使他们情不自禁地手舞足蹈。因此,为幼儿选择的音乐作品必须具有较强的思想性、艺术性,具有鲜明的风格特征,这样音乐所表达的内容、形象、情感,就会被幼儿所喜爱、理解、接受,并能唤起他们的兴趣。

席勒的"审美至善"理论,使我们清醒地认识到艺术和德育之间应该存在着互融互补、相互促进的关系。基于此,"美善相谐",追求幼儿园艺术教育的美善价值取向,践行以美载德、以美启智、以美育人的教育理念,推行艺术、德育双轨并行的教学模式,探索"美善相谐"的活动组织形式和教学方法策略,由此促进幼儿艺术修养、道德品质的同步发展。

例如,中班民乐欣赏《茉莉花》《牧童短笛》有效萌发了幼儿爱祖国、爱家乡的美好情感;大班民乐欣赏《金蛇狂舞(赛龙舟)》《赛马》帮助幼儿真实感知并真切体验到了公平竞争、团结合作的竞技精神。

案例链接

小班音乐欣赏:《小树叶》

　　有些乐曲歌词看似平凡，但含义深刻，如果不帮助幼儿充分地理解歌词所蕴含的丰富内涵或深刻的教育意义，幼儿就不能准确把握音乐作品的内涵。

　　小班音乐欣赏《小树叶》是一首非常优美的歌曲，在幼儿欣赏歌曲前，教师先让幼儿认识秋天，认识树叶，了解树叶，培养对树叶的感情。教师出示了两片树叶，一片是枯黄的，一片是绿中带黄，教师请幼儿说出它们的区别，幼儿从树叶的颜色判断枯黄的树叶先落下，绿黄的树叶刚刚落下。"它们为什么会落下？落下的小树叶会怎么想？"幼儿众说纷纭，想象非常丰富，小树叶怕冷了掉下来了；小树叶帮大树妈妈焐脚呢；小树叶变成了营养，让大树妈妈春天长出更多的树叶……接着我又深情地讲了小树叶的故事，幼儿被深深地吸引了。科学的真实性和艺术的想象力，使幼儿对小树叶产生了浓浓的兴趣，他们了解了小树叶对大树妈妈深厚的感情和勇敢坚定的品质。通过这样的过程，不但让幼儿获得了知识和技能，还唤醒了幼儿内心感受音乐美的能力，培养和发展了幼儿的音乐审美能力和健全的人格。音乐欣赏是一种美的教育，不但可以提升幼儿对音乐的理解感受能力，还能够使幼儿的审美情趣得到提升。理想的音乐欣赏教学，需要在内容选择、途径手段、组织形式等方面，表现出多元化、多通道化，这样，才能有效促进幼儿的可持续发展。

知识拓展

《小树叶》

4. 内容、形式的丰富性和多样性

　　幼儿音乐欣赏作品的内容、形式、风格应是多种多样的，从内容上看，它有反映社会生活、自然界的作品，也有反映幼儿生活和内心世界的作品；从形式上看，它有不同形式的歌曲、器乐曲等；从风格上看，它有进行曲、摇篮曲、圆舞曲等，同时还包含了不同时代的中外优秀作品和优秀的民间音乐。题材广泛、形式多样而富有艺术美的音乐欣赏作品，能扩大幼儿的艺术视野，丰富他们音乐欣赏的知识与经验。教师要从培养幼儿的兴趣入手选择欣赏作品，音乐素材要广泛，不要拘泥于教材，可以是带有民族特色的也可以是经典的，如黄怀海的二胡曲《赛马》、圣·桑的《动物狂欢节》等。

5. 结构的工整性和合理性

　　在为幼儿选择音乐欣赏活动作品时，还要考虑到该作品的比例结构是否合理。一般而言，形式简单、结构工整，且长度适中的音乐作品比较适于幼儿欣赏。而在选择作品的过程中，经常会发现一些优秀的中外著名作品，或者是为幼儿专门创作的音乐童话，在结构或长度上有时很难符合这些要求，这就需要教师将作品与幼儿的实际情况相结合，认真分析和节选，选择作品中比较常见的乐段或节奏变化明显的音乐进行提炼，使之符合或接近幼儿的认知水平和接受能力。例如，大班音乐欣赏活动《金蛇狂舞》，它原本的结构为"引子—A—B—A—B—A"，经过教师的思考和节选，将作品压缩成为"引子—A—B—A"

的单纯的三部曲的结构，这样既尊重了作品的本身，又符合了教育的要求。

6. 贴近幼儿的生活和符合幼儿的兴趣

音乐欣赏作品选择恰当与否，是幼儿感受、表现和创造的前提，因此为幼儿选择音乐作品时，应当考虑到他们的兴趣爱好，并善于把幼儿生活中熟悉的内容引入音乐活动，以便让他们联系实际生活加以想象并用动作进行表现。当幼儿有了切身的体验，他们才能对音乐产生表现的欲望。

例如，《勤快人和懒惰人》的音乐作品讲的是厨房劳动，是幼儿比较熟悉的，结合幼儿实际生活和"娃娃家"的经验，为欣赏活动打下了非常好的基础。活动中教师适当的启发和引导，可以唤起每位幼儿参与欣赏活动的热情和积极性，自然而然地联想和感受到：有的音乐好像是妈妈在洗菜、择菜；有的音乐好像是妈妈在切菜；还有的音乐好像是妈妈在炒菜，等等。渐渐地，孩子们在浓郁的兴趣中，愉快地欣赏了音乐，同时将日常生活中的劳动和与之相符合的音乐形象结合，起到了真正欣赏音乐的目的。

不难发现，生活中很多孩子对一些流行音乐非常感兴趣，经常能够随口哼唱几句。从幼儿的生活和兴趣出发，成人世界的流行音乐同样可以作为幼儿音乐欣赏的一个题材，但需要教师结合幼儿的认知水平，进行认真的思考、推敲、提取和升华，对作品进行筛选和过滤。例如，前几年非常流行的歌曲《老鼠爱大米》《两只蝴蝶》，孩子们特别喜欢，将歌曲中成人化的歌词进行幼儿化的理解，将歌曲中描写爱情的情感转化为友情的情感，这样经过升华后的作品更适合幼儿欣赏，也更容易被幼儿理解和接受，走出了"流行音乐不适合幼儿欣赏"的误区。

7. 紧密联系主题活动，点面结合

目前，幼儿园主题教育活动正被各级幼儿园广泛采纳和实施。在主题活动的开展过程中，教师选择音乐欣赏作品时，也可以根据主题背景下幼儿已有的知识经验，选择具有典型代表的作品来进行欣赏。例如，在大班主题《中国娃》之《多彩的民族风情》活动的开展过程中，幼儿对民族特色鲜明的蒙古族产生了浓厚的兴趣，特别是在参观了"内蒙古风情园"后，他们探索蒙古族的兴趣更加浓厚，美丽的大草原、热闹的那达慕大会、激烈的赛马比赛都是他们近期关注的话题。因此，结合主题活动的经验及幼儿对赛马这一民族风俗保持的兴趣，教师选择了《赛马》这首具有典型蒙古风情的二胡独奏曲，通过欣赏作品，让幼儿初步了解二胡的音色及表现力，感受乐曲所表现的蒙古族热烈、欢腾的赛马场面，培养幼儿对音乐的理解和感受力。这样，单一的幼儿音乐欣赏活动紧密融入主题活动之中，做到了点面结合。

知识拓展

音乐欣赏以优秀的音乐作品为基础，幼儿的情绪体验是在欣赏作品的过程中呈现出来的，因此，教师可以选择以下几类作品让幼儿欣赏。

（1）古典音乐。古典音乐结构单纯、旋律明显，较为活泼欢快或优美舒缓，适合幼儿的心理发展，并有助于安定情绪。例如，《胡桃夹子进行曲》是芭蕾舞剧

《胡桃夹子》的一个选段，这个舞剧是根据童话故事《胡桃夹子和鼠王》改编而来，具有强烈的儿童音乐特色。剧情是圣诞节时，一个叫玛丽的女孩得到了一只胡桃夹子。夜晚，她梦见这只胡桃夹子变成了一位王子，领着她的一群玩具兵同老鼠大军作战。后来又把她带到糖果王国，受到糖果仙子的热烈欢迎和盛情款待，享受了一次玩具、舞蹈和盛宴的快乐。该音乐的进行曲部分是圣诞节宴会上孩子们一个个登场的音乐，轻快活泼的旋律描绘着孩子们吹着喇叭，昂首挺胸，神气十足的神态，同时也表现了孩子们活泼敏捷的特点。欣赏时，除了引导幼儿理解这个场面外，其余的完全可以让幼儿发挥自己的想象，想象自己在这样的一场宴会中想要扮演一个什么样的角色，幼儿之间相互交流。

（2）单一的器乐曲。例如，小提琴独奏曲、钢琴曲等。有了这样的基础，再去听编制较多的曲目。例如，肖邦创作的《小狗圆舞曲》，源于妻子养了一条小狗，这条小狗有追逐自己尾巴团团转的"兴趣"。肖邦依照妻子的要求，把"小狗打转"的情景表现在音乐上，创作了这首乐曲。乐曲以很快的速度进行，在很短的瞬间就终止了，因此又被称为《瞬间圆舞曲》或《一分钟圆舞曲》。在欣赏这首乐曲时，可以让幼儿自己感受这首乐曲听起来有什么样的感觉，适时引导幼儿跟随乐曲尝试做旋转或追逐的动作。

（二）音乐欣赏辅助材料的选择

音乐是表演的艺术，尤其对幼儿来说，通过借助一定的辅助材料表达对音乐的理解具有重要的价值。一方面，借助辅助材料的音乐表演可以锻炼幼儿的身体协调性，促进幼儿身体的发展；另一方面，音乐表演能丰富幼儿的感情体验，提高其对音乐的感受力，进一步促进其神经系统的发育。此外，音乐表演时加入一些服装、道具，幼儿表演的积极性和生动性会大大提高，而趣味性正是提高幼儿参与活动兴趣的重要因素。

辅助材料的选择一般可考虑以下几种类别。

1. 动作材料

动作材料是指能符合音乐的性质，能反映音乐的节奏、旋律、结构、内容和情感的身体动作。它可以是节奏动作、舞蹈动作、模仿动作甚至是滑稽动作等。在选择动作辅助材料时，需要注意与音乐的性质相符，但不必太强调具体动作的统一性；另外，动作必须简单，使幼儿比较容易地表现和做出的，切忌太复杂和烦琐。

2. 视觉材料

视觉材料是指形象具体地反映音乐的形象、内容、结构及节奏特点的可视材料。它可以是图片、幻灯、录像或教玩具等。在选择视觉辅助材料时，需注意提供的视觉材料本身的线条、构图、造型、色彩、形象等必须与音乐的性质相吻合。例如，欣赏贺绿汀作曲的《森吉德玛》音乐的 A 段时，提供的图片是一幅色彩淡雅、安谧宁静而辽阔的草原风光图，而进入 B 段音乐时，展现的则是一幅色彩热烈、画面富有动感而热闹的草原赛马图。

3.语言材料

语言材料是指富有音乐所表达的意境的形象性的有声文字材料。它可以是故事、散文、谜语、诗歌或儿歌、童谣等。在选择语言辅助材料时，同样要注意能体现出与音乐的一致性。其"一致"指的是文学作品本身的内容、形象和情感及表现手法，都要与欣赏的音乐作品相一致，真实而贴切地烘托出音乐所要表达的意境和气氛。例如，柴可夫斯基作曲的《洋娃娃的葬礼进行曲》是一首充满悲伤而低婉的乐曲，幼儿欣赏时，可以借助于一个与音乐的沉重、伤感气氛相吻合的童话故事《鼹鼠和他的小花们》，通过故事中的人物、情节，以及朗诵者的语气、语调所传达出的哀伤和无奈来恰如其分地衬托出音乐所要展现的特殊内容和意境。另外，选择语言辅助材料还需注意文学材料本身的审美性，并能为儿童所熟悉、理解和喜爱。

总之，幼儿园应成立优质音乐素材资源库，动员教师收集、整理、筛选并剪辑适宜、适切的音乐素材纳入资源库，为幼儿园音乐欣赏活动的顺利开展奠定物质基础。每一部音乐欣赏作品都是一个用声音编织起来的艺术品，让孩子用心去聆听，用情感去体验，努力实现素质教育的艺术教育目标，让音乐成为孩子人生中最大的快乐。

|||||||| 第三节 幼儿园音乐欣赏活动的组织与指导 ||||||||

幼儿园的音乐欣赏活动是幼儿通过倾听音乐，对作品进行感受、理解和初步鉴赏的一种审美教育活动，其实质就是情感的审美。音乐欣赏活动过程中，教师首先应根据孩子的基础水平和现有的生活经验，从内容、情绪情感等方面对欣赏的作品进行分析；然后在分析到位的基础上，为孩子们制定合适的发展目标，进行相应的活动准备；最后，按照活动过程的导入环节、基本过程环节和结束环节组织与指导，最终实现让幼儿在音乐欣赏的过程中如何用心去感受美、发现美和创造美的目标。

一、幼儿园音乐欣赏活动指导的方法与策略

在音乐欣赏活动过程中，教师常让幼儿熟悉整首音乐，以帮助幼儿掌握乐曲的旋律，为此教师应采用一定的教育方法和策略，以使教学活动更富有艺术的"韵味"，让幼儿在活动中享受艺术之旅。

（一）图谱法

图谱法是指教师根据乐曲的内容、音乐的结构，采用图画形式，以生动、活泼的图像直观、形象地表现音乐作品，将图形与乐谱相结合的一种方法。图谱的特点直观、形象、简洁、变化与乐曲结构匹配，用图谱的方式将音乐作品呈现出来，实现音画沟通，给幼儿一种直观形象的感觉，帮助幼儿理解和记忆旋律。这种方法符合幼儿的年龄特点，有助于幼儿对音乐特点的理解。

例如，在《赶花会》的欣赏中，在音乐的引子处，标示出鸭子睡觉、起床、整理的动作；在 A 段音乐处标示出合拍的鸭子走路的动作；在 B 段音乐处标示出每一乐句做一次花开的动作，并能在乐句的最后一个音上做一个花朵的造型。简洁明了的图谱能有效地帮助幼儿感知音乐，并能加以表现。

对于小班幼儿，教师可以直接提供图谱；对于中、大班幼儿，教师可以和孩子一起进行图谱的创作。例如，在欣赏民族音乐《采茶舞曲》时，根据音乐的旋律，教师和幼儿可以设计采茶、炒茶、品茶的情节；在采茶动作上，设计上下、左右采茶；在制茶中，可以通过观看录像，让幼儿知道炒茶有揉、翻、抖、搓等基本动作；在泡茶过程中，有放茶、放水、摇杯、品尝等环节。这些过程通过不同的图片来展示，可以更好地帮助幼儿感受作品从采茶的轻快到制茶的热闹最后到品茶的柔和的变化，从而促使幼儿更好地理解音乐。

技 能 实 践

《狮王进行曲》图谱设计

请根据音乐《狮王进行曲》设计一个适合孩子感受、理解的图谱。

（二）故事法

故事法是将音乐作品所要抒发的感情内涵及欣赏重点，通过故事展现给幼儿，让复杂的旋律简单化。富有情景的故事易激发幼儿对音乐欣赏的兴趣。根据音乐特点，教师可选择幼儿熟悉、自编的故事，且内容要短小，角色与情节不宜过多；帮助幼儿在音乐和故事情节、角色间建立一定联系，实现幼儿对音乐的感受。故事特点情节与音乐特点相融，角色与音乐节奏相对应，便于幼儿感受和了解。

例如，欣赏《狮王进行曲》时，教师根据音乐的特点，编撰了狮王巡视的故事情节，引导幼儿回忆列队欢迎、狮王巡视的画面，激发幼儿的原有经验并让幼儿简单的模仿。整个故事简单明了，突出的情节与音乐的结构特点相吻合，在故事的启发下幼儿很快听辨出音乐的变化与不同。再通过幼儿集体听音乐进行表演，进一步感受音乐的特点，为幼儿下一阶段的自主表现积累相关经验。

 案例链接

《玩具兵进行曲》

《玩具兵进行曲》是一个典型的"ABA"三段体音乐，音乐有鲜明的进行曲的变化特点。在欣赏前，教师可以根据音乐的变化创编贴近幼儿生活的、运动会走队列的故事：第一段乐曲雄壮有力，创编成小运动员排着整齐的队伍进行队列练习的情节；第二段音乐轻快、活泼，创编成小运动员开始进行各种运动比赛项目的情节；第三段音乐又回到与第一段相同的雄壮有力的进行曲风格。

（三）表演法

1. 动作表演

音乐欣赏不仅是听觉活动，肢体动作的配合对于幼儿感受作品也相当重要。在教学中教师可以尝试运用肢体语言来引发幼儿学习兴趣，引起幼儿对音乐形象的关注与感受。例如，在《啄木鸟》中，让幼儿用"啄木鸟抚摸树干——啄木鸟捉虫——树叶重新长出来"的动作进行表演；在《单簧管波尔卡》中用剁馅、煮饺子、放水等动作帮助幼儿对欢快、流畅乐段交替变化特征的理解，并在此基础上鼓励幼儿举一反三，赋予音乐多种情节。

2. 歌唱表演

演唱也是一种表现音乐欣赏感受的途径，对于一些适合幼儿演唱的歌曲欣赏，可以尝试让幼儿通过演唱的方式进行呈现。例如，贝多芬的《欢乐颂》是一首音域较窄的歌曲，在幼儿欣赏的过程中，可以考虑让幼儿通过演唱的方式参与到欣赏的过程中去。

3. 打击乐表演

打击乐演奏也是再现幼儿音乐欣赏的一种表现方式，在这个过程中教师可以更多地关注幼儿对音乐节拍、节奏的感知。例如，《瑶族舞曲》是一首节奏变化比较明显的乐曲，而且其变化比较适合幼儿采用打击乐的形式进行呈现，教师就尝试让幼儿根据节奏谱进行演奏，效果也非常好。

（四）律动法

律动法就是根据音乐的旋律编排一些简单的律动，带领幼儿边律动边欣赏音乐。音乐欣赏不仅是听觉活动，肢体动作的配合对于幼儿感受作品也有一定的作用。幼儿通过聆听引发感受和想象，配合音乐做即兴的、带有简单情节的表演动作。例如，在欣赏旋律、结构等比较复杂，不易被幼儿理解的乐曲时，教师在引导幼儿表达对乐曲内容的理解后，应引导幼儿用他们可以理解的入场、鼓掌、吆喝、谢幕等律动动作来了解音乐、感受音乐、表达音乐，同时在律动中感受音乐旋律复杂的特点，帮助幼儿突破欣赏的难点。

例如，在《单簧管波尔卡》欣赏中，第一遍听赏，让幼儿发表自己的感受。有的说，音乐像一个小姑娘在拉小提琴，其他人在跳舞；有的说，是森林里在开一场音乐会，小动物们都参加了；有的说，像一队小汽车在按喇叭，等等。在听赏第二遍时，有的幼儿说，好像听到上楼梯的声音；有的说，好像小动物在做游戏，看见怪兽来了，大家打怪兽；有的说，有一个乐队在演奏。当幼儿听赏了三四遍后，他们的语言开始重复，有些开始打蔫，有些甚至开始游离活动。紧接着进行肢体动作的创造和尝试，幼儿感觉到眼前一亮，兴趣一下被调动起来，随着音乐的旋律开始尝试即兴创作。这时，幼儿可以自由发挥想象，用肢体语言表达自己当下的感受。他们的表现更加丰富多样，有的还即兴地做出了小树苗慢慢长大、滑滑梯的动作。可见，肢体动作的运用能够帮助幼儿进一步理解、感受音乐，调动幼儿主动参与的兴趣，使幼儿对音乐的感受更加完整，对乐曲的理解更加生动，把音乐作品表现得更淋漓尽致，给幼儿带来更多的愉悦感受。

（五）节奏法

在进行音乐欣赏时教师要结合儿童的特点，先易后难，从简单的节奏入手，以语音、动作、舞蹈、表演、音乐游戏等方式训练儿童的音乐节奏感，引导儿童用自己的身体动作去解释、再现音乐，用自然、随意的方式将儿童带入音乐的旋律中。例如，在欣赏史真荣配乐童话故事《龟兔赛跑》时，教师先讲述童话故事的梗概，使幼儿对情节有大致的了解；然后，运用课件和朗诵结合欣赏，边播放音乐边讲解，激发儿童的想象，感受音乐所描绘的形象、情绪、意境。看到他们个个跃跃欲试、手舞足蹈的样子，教师可不失时机地组织小朋友做模仿"龟兔赛跑"的游戏，让幼儿分成两队在生动、形象的单簧管、大管吹奏声中游戏、模仿、翻滚、跳跃，增强了他们对音乐曲目欣赏的兴趣。通过欣赏这类作品，既提高了幼儿对音乐的感受能力，又为幼儿从感官欣赏进入到感情欣赏起了铺垫作用。

（六）评价法

评价是对幼儿感知、表现的一种评议，可以让幼儿明白自己的优缺点。建议采用的方式有教师评议、同伴评议、自我评议、给予幼儿评议、引导幼儿评议。采用自评式、互评式评价策略，将评价音乐欣赏表现力的主动权交还给幼儿，鼓励幼儿根据自己或同伴的艺术表现进行客观评价，使幼儿在教师和同伴的认可与表扬中感受音乐欣赏、表演的乐趣，体验参与音乐欣赏活动带来的愉悦与成功，激发幼儿继续参与音乐欣赏活动的兴趣与欲望。

（七）游戏法

在音乐欣赏活动中，用游戏帮助幼儿获得相关经验也是一个有效的方法。趣味浓厚的游戏容易调动幼儿主动参与音乐欣赏的积极性。教师把音乐内容设计成一个游戏，布置游戏场地与制作游戏道具，幼儿在游戏过程中熟悉旋律、风格、形象等，不仅能增强幼儿对音乐的敏感性，而且还有助于幼儿美好情感的发展，有助于培养幼儿良好的注意倾听习惯，有助于丰富幼儿的表象，促进其想象力的发展。音乐欣赏活动游戏化符合幼儿的生理心理特点，能促进幼儿身心和谐、健康成长。

案例链接

《拨弦》音乐欣赏活动中游戏法的运用

在欣赏乐曲《拨弦》中，教师把全班幼儿分成两组，一组在欣赏时使用游戏策略，根据拨弦音乐作品的特殊性创编了故事《聪明孩子和笨老狼》，并演绎成游戏。其中，一名幼儿扮演笨老狼，其余幼儿扮演聪明的孩子。老狼在有规律的重音处回头抓人，而聪明的孩子则在重音处进行躲藏。游戏中，幼儿能够清晰准确地把握乐曲中重现的重音，游戏结束时，仍旧意犹未尽。在延伸活动中，请幼儿根据游戏自己设计乐曲的图谱，这组幼儿能够根据乐曲的各种元素，包括节拍、乐句、乐段、节奏，准确地进行表现。而另外一组幼儿在欣赏中没有使用游戏策略，整个活动略显平淡。他们仅通过故事和肢体表现来对乐曲进行感受、体验，在延伸活动中进行图谱设计时，很多幼儿对节拍和乐句的把握也不够准确。由此可见，在欣赏中，使用游戏策略能够促进幼儿主动学习的兴趣，使幼儿更好地巩固对乐曲元素的体验和理解。

（八）情景创设法

情景创设法是把乐曲中某种情感或某种场景，构造成生动可爱的动物形象或一种贴近幼儿生活经验的情景，形成一个特定的音乐环境，同时动用幼儿多种感官，使幼儿投入其中，身临其境地去感受、理解和体验音乐表达的情感。

在音乐欣赏活动过程中，教师可利用图画、多媒体、光线、语言、音效等手段再现音乐情境，让幼儿能感受到音乐的意境，用生动性、直观性、趣味性来吸引幼儿的注意力，诱发幼儿的情感共鸣，进一步帮助幼儿感知、欣赏和理解音乐。例如，在大班开展古诗新唱欣赏活动《春晓》中，教师为幼儿提供了塑料袋、报纸、小响瓶、钥匙串等生活中常见的物品，孩子们利用这些物品模仿风声、雨声、水声、鸟叫声等，有效地利用各种物品和声音源创设教学情境，惟妙惟肖地表现了诗的意境，增强了幼儿对作品的理解、体验和感受。

知识链接

运用语言带幼儿进入音乐意境的案例

在欣赏活动过程中，教师的教育方法和策略很多，教师要有效地融合多种方法，扩大幼儿的音乐眼界，激发幼儿的情感，愉悦幼儿的感官，提升幼儿对音乐的感受力、理解力、表现力和音乐审美能力。

二、幼儿园音乐欣赏活动基本环节的组织与指导

幼儿园音乐欣赏活动主要包括导入、基本过程和结束 3 个环节。

（一）导入环节的组织与指导

有效导入是一个活动成功的开始，因此，在开展音乐欣赏活动的过程中，教师要根据乐曲的特点灵活导入，以吸引幼儿参与活动的兴趣，多通道导入音乐要有情趣性，以吸引幼儿参与活动的兴趣。主要方法有：运用情境导入、故事导入、动作导入、实物导入等方法。

教师组织此环节要根据所欣赏的作品的特点和风格，选择适宜的导入方法，激发幼儿参与音乐欣赏活动的兴趣，让幼儿自然而然地融入音乐欣赏的情境中来。例如，在组织中班音乐欣赏活动《蝴蝶找花》时，教师选用了我国经典的民族音乐《梁祝》中《化蝶》这一片段作为音乐。这段音乐抒情缓慢，结构工整，根据中班幼儿的年龄特点，教师采用了故事导入法帮助幼儿理解音乐。教师将幼儿熟悉的故事《三只蝴蝶》改编成《两只蝴蝶》，将作品背景内涵用生动的故事展现给孩子，让复杂的旋律简单化，激发中班幼儿对音乐的兴趣。在倾听故事的基础上，幼儿自然而然地进入"蝴蝶找花"的情境当中，为幼儿表现音乐搭建了平台。

（二）基本过程环节的组织与指导

整个音乐欣赏活动的基本过程环节的组织与指导，主要分为以下 4 个部分。

1. 初步欣赏音乐作品

教师可以采取引导性的谈话、直观性的教具和故事讲述，来引发幼儿欣赏音乐的兴趣和积极投入的进行欣赏。欣赏活动前教师应认真研究欣赏作品、认真备课，并根据作品的名称、内容、歌词等准备适合的教具，或者是影像、图片等，以帮助幼儿做好与音乐情绪相适应的准备工作。让幼儿在欣赏音乐的过程中身临其境，刺激感觉器官，在情感上有相

应的情绪体验。

例如，在欣赏潘振声的《好妈妈》这首歌曲时，可以提前收集一些幼儿平时与家人在一起时的录像和照片，用这些录像和照片使幼儿回忆起妈妈对自己的照顾，感受妈妈工作的辛苦、慈祥的母爱，激发他们爱妈妈的情感，从而达到欣赏音乐作品的目的。

2. 多通道再次欣赏音乐作品

在通道再次欣赏音乐作品过程中，教师可以从不同的角度、不同的内容为幼儿提出不同的要求，也可以结合已有的经验，让幼儿进行表现，进行不同的体验和表征，还可以引导幼儿对这些不同的音乐类型进行对比和归类等。总之，要引导幼儿利用多种感官参与到音乐欣赏活动中。音乐学科具有不同于其他学科的特征，它本身的非语义性和不确定性使它具有特殊的学习方式——体验的方式，这是音乐改革创新的重要任务，多通道欣赏音乐要有体验性。

1）情感体验——"感动"

每首音乐作品都传递了一定的情绪和情感，有欢快、有舒缓、有紧张、有低沉，为了让幼儿对作品唤起情感共鸣，一般采用移情的方法来进行，以达到情感的提升——"感动"。

例如，在欣赏《金蛇狂舞》这首民族音乐时，教师可帮助幼儿回忆起过年吃大餐、拿压岁钱、外出旅游、穿新衣服等开心的事和景，这样热烈欢快的气氛和开心的情绪自然调动起来了。

2）情境体验——"心动"

为了让幼儿有身临其境的感觉，教师可以为幼儿布置一些现场的体验情境，以让幼儿活动更加投入专注。

例如，在欣赏民族音乐《喜洋洋》时，为幼儿布置过年的环境氛围，贴上春联、挂上鞭炮等，让幼儿在音乐的背景中提前进入这样的情境，幼儿一下就进入了喜洋洋的氛围，欣赏过程中自然更加积极投入了，因为幼儿早已"心动"得跃跃欲试了。

3）操作体验——"手动"

幼儿的活动离不开操作，在音乐活动中，也可以设计很多操作环节，可以将乐句与内容匹配，让幼儿更好地理解音乐内容。

例如，在欣赏中国彝族音乐《七月火把节》时，为了帮助幼儿理解音乐中的内容，教师绘制了多个卡片，让幼儿欣赏音乐后，尝试将卡片内容排序，幼儿经过操作图片感受到了音乐中讲述了转圈、打招呼、欢呼等情节，为后来的动作表演做好了铺垫。

4）游戏体验——"身动"

教师把民族音乐内容设计成一个游戏，这里的游戏，种类非常丰富，可以是民间游戏，也可以是手指游戏，还可以是体育游戏，幼儿在游戏过程中逐步熟悉旋律、风格、形象等。

例如，在欣赏民乐《百鸟朝凤》时，教师等幼儿欣赏完后和幼儿一起玩"孙悟空打妖怪"的游戏，在音乐声中围着圆圈随节奏念起儿歌："唐僧骑马咚了个咚，后面跟着个孙悟空，孙悟空跑得快，后面跟着个猪八戒……"当念到音乐中间节奏高潮时，设计遇到了妖怪的情节，孙悟空就和妖怪玩起来追逐打斗的游戏，最后在音乐声中，妖怪被孙悟空打败倒地，音乐也戛然而止。游戏情节与音乐旋律的起伏吻合，幼儿在游戏中乐此不疲，在反复的倾听和游戏中对这首《百鸟朝凤》的音乐也变得越来越熟悉了。

3. 合作学习共同欣赏音乐作品

幼儿在音乐欣赏活动中更多注重自我创造、自我赏识和自我满足。教师应为幼儿创设各种机会，鼓励幼儿大胆与同伴交流对作品的感受、认知和理解，通过合作实现同伴间的共同交流、共同欣赏作品的目标。

例如，音乐欣赏《神奇的门》活动中，教师和幼儿在充满童话色彩的环境中，一起欣赏了一段充满神奇的音乐，并随音乐创编了小动物探险的情景，教师提出要求："小动物们必须想办法搭建神奇的门才能逃出森林。"孩子们在教师故意设计的冲突中开始了自己的创意，他们三个一群、两个一伙的热烈讨论起来，并开始迫不及待的自由组合并用身体搭建了许多有趣的门：与同伴坐在地上，双脚靠拢塔了"脚门"，与同伴手脚着地用屁股搭起"连环门"，两人后脑勺靠后脑勺，手向后牵手，取名"人字门"……许多的想法在和同伴的商量和尝试中获得。在活动中，给幼儿自由组合相互参观的空间，充分展示了自己的成功，体验到了成功，也分享了同伴的快乐；而教师重视了孩子的情感体验，又重视了活动过程中孩子的愉悦，给孩子留一点欣赏成功的空间，让更多孩子一起分享快乐。

4. 巩固欣赏音乐作品

在复习巩固的过程中，可以引导幼儿欣赏听过的作品，来观察幼儿的反应，也可以通过欣赏熟悉的作品，引导幼儿说出它的名称，赋予它不同的内容理解等。在音乐欣赏活动中，教师可以进行一定的引导，但是不要将一段音乐简单的赋予一个固定的故事情节而强加给幼儿，而是应该充分发挥幼儿的想象力，将一段音乐赋予更多的内容和理解，使每一位幼儿都能根据这段音乐创编出不同的，既符合音乐特点又富于童趣的故事情节，或者是为这段音乐创设出富有诗意的画面等，这才是音乐欣赏活动的最高境界。

（三）结束环节的组织与指导

音乐欣赏活动结束时如何收尾也是一门艺术，除了要做到一般的"点睛""回味"活动的效果外，如果能达到"延伸拓展"的效果，则还能延长民族音乐的生命，激发幼儿无穷的兴趣。

教师在组织此环节时可以采用悬念结尾、留白结尾、延伸结尾和拓展结尾的方式，不仅激发其下一次音乐欣赏活动的兴趣，还可将音乐欣赏活动进行拓展延伸，从而巩固了幼儿对音乐的认知、延续了对音乐的创意。

例如，欣赏完《老鼠嫁女》的民族音乐后，教师可以提问："老鼠把女儿嫁出去了，可当新娘揭下头巾时，发现原来自己嫁的是只猫，接下来会发生什么事情呢？"在第二次欣赏时，教师可以把音乐中更复杂的部分给幼儿欣赏和想象。因为音乐一般比较冗长，教师在给幼儿进行欣赏时，一般都是剪辑过的，第一课时一般旋律、音乐结构比较简单，第二课时则可以将更长的音乐给幼儿欣赏，提供留白，正好可以为第二次欣赏埋下兴趣的种子。同时还可以组织开展语言活动《老鼠嫁女》，并让幼儿在语言区、表演区进行表演游戏。可见，教师综合运用了悬念结尾、留白结尾、延伸结尾和拓展结尾等方式。

总之，教师在组织开展音乐欣赏活动时，感受和欣赏时要做到，多通道导入音乐要有情趣性、多通道欣赏音乐要有体验性；在表现和创造时要做到，多通道表达音乐要有创造性、多通道结束音乐要有延展性，就能大大提高幼儿园音乐欣赏的教学效果。

第四节 幼儿园音乐欣赏活动设计与组织的案例及评析

幼儿园音乐欣赏活动有很多种不同模式，主要有整—分—整的倾听欣赏模式、与韵律、美术活动、文学活动和音乐活动、音乐活动相结合的模式，以下分别选取小班、中班、大班各一案例进行阐述。

 一、小班音乐欣赏活动设计与组织的案例及评析

小班音乐欣赏活动：快乐的小老鼠

活动目标

1. 初步感受作品 A-B-A 的结构，并用小老鼠出门、吃食、跳舞的律动进行表现。
2. 学习随音乐自由地用动作表演。
3. 愉快地与同伴共享有限的空间，不与他人挤撞。

活动重点

感知作品 A-B-A 的结构，并能用相应的动作进行表现。

活动难点

理解作品乐曲结构，并能随着音乐自由表演。

活动准备

作品音乐。

活动过程

（1）听教师用生动的语言交代游戏情节。
（2）完整欣赏全曲一次，感知乐曲的旋律。
（3）欣赏 A 段乐曲：小老鼠在干什么？
（4）在音乐的伴奏下模仿小老鼠出门的动作。
（5）欣赏 B 段乐曲：小老鼠出门去干什么？是怎么吃食的？
（6）在音乐的伴奏下模仿小老鼠吃食的动作。
（7）欣赏 A 段乐曲：小老鼠吃饱了干什么？是怎样跳舞的？
（8）再次完整欣赏全曲一次，进一步感受 ABA 结构。
（9）随音乐自由地用动作模仿小老鼠跳舞。
（10）在教师的引导下，完整连续地跟随音乐表演。

（摘自：新世纪课程幼儿园教师用书《音乐》（新版）上册.广州：新世纪出版社.）

活动评析

这节音乐欣赏活动选材符合小班幼儿年龄特点，从幼儿熟悉的小动物入手，能引发幼儿的活动兴趣。该首曲子较短，欢快，符合幼儿的认知能力。运用的教学方法和手段恰当，体现了情境化、游戏化。最主要的是有效地采用了整—分—整的倾听欣赏模式，引导幼儿主动倾听音乐。在让幼儿倾听音乐时做到从整体轮廓性的感知到局部细节的感知，再到整体、全面、完整的感知，遵循了幼儿的认知规律，能使幼儿在充分的音乐欣赏实践中，对音乐作品获得一个较为完整、全面、深入、细致的感受，有利于提高幼儿欣赏音乐的水平及能力。

 二、中班音乐欣赏活动设计与组织的案例及评析

中班音乐欣赏活动：茉莉花

活动目标

1. 初步了解江南民歌《茉莉花》旋律委婉、流畅，感情细腻的特色。

2. 能感受乐曲的段落、小节，并按音乐的变化和教师的指示用不同形式、优美的动作加以表现。

3. 萌发喜欢听民歌和对民歌的热爱之情。

活动重点

初步了解江南民歌《茉莉花》旋律委婉、流畅，感情细腻的特色。

活动难点

分别感受乐曲段、小节，并按音乐的变化和教师的指示用不同形式、优美的动作加以表现。

活动准备

1. 茉莉干花、花饰、茉莉花的图片。

2.《茉莉花》配套音乐。

3. 茉莉花舞蹈视频。

活动过程

一、出示茉莉花干花，激发兴趣

师：小朋友，你们喜欢花吗？你最喜欢什么花？今天我们来听一首关于花的歌曲，大家听听唱的是什么花？

——播放《茉莉花》音乐，幼儿欣赏。

二、欣赏歌曲，熟悉歌名

师：歌中唱的是什么花？它长得是什么样子的？

——出示茉莉花图片，简单认识。

小结：茉莉花也称"茉莉"，为复瓣小白花，小巧玲珑，清香四溢。

——揭示歌名，介绍有关江南民歌《茉莉花》的粗略知识。

小结：茉莉花在我国历史悠久，这首民歌轻盈活泼，淳朴优美，婉转流畅，短小精致，易唱易记，表达了人们爱花、惜花、护花，热爱大自然，向往美好生活的思想情感。

师：你觉得《茉莉花》是一首怎么样的歌曲？听了有什么感觉？

小结：歌曲是两拍子的，这是一首旋律委婉、流畅，感情细腻的歌曲。

三、倾听音乐，欣赏画面（教师提供茉莉花开的各种动态画面）

师：《茉莉花》这首歌曲有几段？你是怎么知道的？你用什么办法记住呢？

——请小朋友根据段落的变化尝试每一段用不同的开花造型来表现。（教师观察引导并用贴饰奖励动作优美、感受正确的小朋友）

四、观看视频，动作表演

——播放《茉莉花》舞蹈视频，请幼儿跟随视频和音乐自己做各种动作。（教师把好看的花环套在舞姿优美的小朋友脖子上）

活动建议

1. 可在美工区中，让幼儿画各种造型的茉莉花。

2. 可将《茉莉花》的音乐放在表演区中，进行舞蹈表演。

3. 家庭中可以与爸爸妈妈共同进行音乐表演，可以加入扇子等元素。

活动评析

此音乐欣赏活动是采用了与美术活动相结合的方式，其最突出的特点是将听觉艺术与视觉艺术巧妙地结合在一起。通过让幼儿根据对音乐作品的感受创作视觉艺术作品，进一步引发幼儿的联想、想象，加深并检验了幼儿对所欣赏作品的感受，能使幼儿在提高音乐欣赏水平的同时，提高视觉艺术的创作水平。此模式较适用于欣赏有较广阔的想象、联想空间的音乐作品。

 三、大班音乐欣赏活动设计与组织的案例及评析

大班音乐欣赏活动：龟兔赛跑[①]

活动目标

1. 感受、表现音乐中的小乌龟、小兔子的不同，并感受、表现音乐中的 4 个主要场景：宁静美丽的森林清晨、紧张激烈的龟兔赛跑、小兔子睡觉做梦、欢快热闹的庆祝会。

2. 学习用自己的语言、动作和绘画作品来表现音乐中的人物和情节。

3. 充分享受表演带来的快乐，并从中理解音乐的主题思想，懂得骄傲必败的道理。

活动过程

（1）教师讲述故事或引导幼儿回忆该故事。教师和幼儿一起讨论故事中两个主人公的性格特点：小乌龟谦虚，诚恳；小兔子骄傲。

教师引导语：在这个故事中你觉得小兔子是怎么样的呢？（活泼、可爱、跑得很快、但是比较骄傲。）那小乌龟呢？（谦虚、勤恳、不骄傲、但爬起来比较慢。）

---

① 许卓娅. 学前儿童音乐教育. 北京：人民教育出版社，1996.

（2）教师请幼儿用自编动作表现小乌龟和小兔子走路的形象，并引导幼儿尽量表现出小乌龟的沉着、坚定和小兔子的自大、轻浮。

教师小结：刚才小朋友们都非常棒，能够用语言和动作来描述故事中的小兔子和小乌龟的特点。我们除了用语言和动作来描述之外，还可以用音乐来表达这两只小动物。

（3）教师连续播放两段音乐，请幼儿仔细倾听作品中小乌龟和小兔子的音乐主题，教师要求幼儿分辨：哪一段音乐是表现小乌龟的？哪一段音乐是表现小兔子的？为什么？并请幼儿跟随音乐用动作表现。（可请个别幼儿回答，第一段是表现小兔子的，因为听起来很活泼，节奏比较快；第二段是表现小乌龟的，因为音乐节奏比较慢、很稳健。）

（4）教师组织幼儿相互观摩，并引导幼儿注意他人表演的长处或特色。

（5）教师请幼儿仔细倾听作品中表现森林清晨和龟兔赛跑的两个片断，请幼儿指出：哪段音乐是表现哪种场景的？为什么？并请幼儿跟随音乐用动作表现。

（6）教师组织幼儿仔细倾听作品中表现森林清晨的片断，请幼儿根据音乐想象森林清晨的场景，如树木、花草、小溪、小鸟、升起的太阳、美丽的早霞等。请幼儿自选角色跟随音乐合作表现美丽的森林清晨。

（7）教师组织幼儿倾听作品中表现庆祝会的音乐片断，并指导幼儿随音乐即兴结伴舞蹈。

（8）教师请幼儿倾听作品中表现龟兔赛跑和小兔子睡觉的音乐片断，请幼儿坐在座位上自由地边听音乐边做即兴动作表演。教师重点注意幼儿在表演中是否能够准确反映出小兔子睡觉的音乐片断。

（9）教师组织全体幼儿随音乐完整地表演。

① 全体幼儿表演森林清晨。

② 两位幼儿分别表演小乌龟和小兔子出场。

③ 两位幼儿表演龟兔赛跑，其他幼儿坐在座位上拍手，作为观看比赛的观众。

④ 全体幼儿结伴即兴舞蹈，表现森林的庆祝会。

［注：该音乐比较长，教师在让幼儿表演全曲时可根据本班情况做适当删减。作曲家以单簧管代表小兔子，以大管代表小乌龟，音乐的叙事非常形象。从单簧管的灵活旋律想到小兔子欢快的蹦跳，从大管低沉的、略显喑哑的音色和带有几分笨拙的节奏想到小乌龟的爬行。］

活动评析

《龟兔赛跑》是一个儿童自小就十分熟悉和喜爱的童话故事。小乌龟和小兔子这两个音乐片段选自史真荣创作的交响曲，表现小兔子的音乐用单簧管演奏，音区较高，音色较明亮，节奏欢快，表现了小兔子敏捷的动作和骄傲的神态；表现小乌龟的音乐用大管演奏，音区较低，音色较暗，节奏较稳健，表现了小乌龟动作缓慢、谦逊和蔼、踏踏实实、一步一个脚印的品格。音乐欣赏教学中的韵律活动型模式最突出的特点是引导幼儿借助动作感受音乐，有利于提高幼儿创编动作的能力及动作与音乐的匹配能力。这一模式较适用于欣赏形象比较鲜明、节奏感比较强的音乐作品。

思考与实训

一、思考题

1. 如何为幼儿选择音乐欣赏作品？

2. 组织与指导幼儿园音乐欣赏活动的方法有哪些？

3. 制定幼儿园音乐欣赏活动的目标时应注意哪些事项？

二、案例分析

材料：在幼儿首次欣赏大班音乐欣赏活动《渔舟唱晚》时，由教师独奏古筝曲《渔舟唱晚》，让幼儿从视觉和听觉上感受古筝曲时而婉转柔和、时而铿锵有力的特点。

在第二次欣赏时，教师运用音画结合的多媒体技术让幼儿感受乐曲所表达的情绪。乐曲开始部分，展现给幼儿的是日出东山、宁静的湖泊、摇曳的渔舟的动人画面，听到的音乐是一段自由节拍的引子，古筝的声音悠远回环，营造出清晨湖畔波光粼粼、水鸟栖息的优美场景；乐曲中间的高潮部分，展现在幼儿面前的是渔民同乐的生动画面，听到的古筝曲力度渐强、速度渐快、情绪欢快热烈，此时幼儿的情绪也高涨和激动起来，似乎感受到了渔民丰收的欢乐；在乐曲的尾声部分，展现的画面是归舟远去、皓月当空，轻柔而舒缓的旋律使幼儿感受到月色的幽静，沉浸在美的遐思之中。

在第三次欣赏时，教师采用了分段欣赏的方式，让幼儿通过辨别3段音乐的不同和相同之处，更清楚地感受到不同节奏和不同速度的音乐营造的不同情感。幼儿在教师精心营造的音乐氛围中身临其境，情感的闸门顿时打开了，十分自然地跟着音乐模仿起渔民拉网的动作，幼儿的情感体验在音乐欣赏的过程中达到了升华。

问题：结合本章内容的学习，请评析一下这节大班音乐欣赏活动。

三、章节实训

把学生分为5组，抽签决定每组选择以下一种模式来设计与组织幼儿园音乐欣赏活动，主题自定，每组均要完成课题解析、教学设计、试教、反思等任务。

（1）"整—分—整"的倾听欣赏模式。

（2）与韵律活动相结合的模式。

（3）与美术活动相结合的模式。

第二章 幼儿园歌唱活动的设计与指导

引入案例

学习《三只猴子》歌曲中的师幼对话

师：今天，老师带来一首很好听的歌曲，我们一起来听一听。

师：你们听到了什么？

幼：有小动物，有猴子……

师：是的，有猴子，有几只猴子？

幼：有3只猴子。

师：它们之间发生了什么事？

幼：它们在做游戏，3只猴子在床上跳，它们很快乐……

师：后来怎么了？

……

知识链接

《三只猴子》

教师根据幼儿回答出示图片，帮助幼儿理解歌词。幼儿每说一个内容，教师就唱出这部分歌词，直到播放的内容全部用图片表示出来。最后，教师引导幼儿给这首歌取一个名字。

问题： 你觉得这个作品适合给大班孩子们歌唱吗？教师引导孩子们记歌词的方法怎样？歌唱活动如何组织与实施呢？

学习目标

1. 了解幼儿园歌唱活动的总目标及各年龄阶段目标。

2. 了解歌唱活动目标的撰写要求及内容的选择。

3. 学会设计歌唱活动。

4. 掌握歌唱活动的组织与指导的策略与方法。

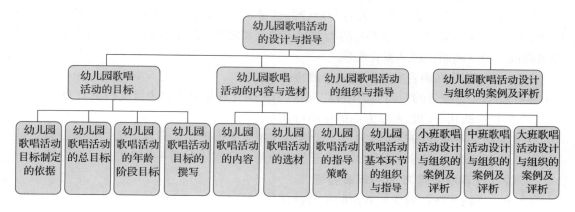

幼儿园歌唱活动泛指所有运用嗓音进行的艺术表现活动。它是人类表达思想和交流感情的最自然的方式之一，也是幼儿表达思想的重要方法，能够给幼儿的生活带来无穷的乐趣，也是他们日常生活的重要组成部分。同时，歌唱活动还能够起到培养幼儿兴趣、陶冶情操、启迪智慧、健全人格等教育作用。

一、幼儿园歌唱活动目标制定的依据

幼儿园歌唱活动目标的制定，既要依据幼儿园艺术教育的总体目标，也要根据不同年龄阶段幼儿歌唱能力发展特点及各年龄阶段幼儿歌唱自身发展条件的个体差异，这样确立的目标才能促进每个幼儿歌唱能力的发展。其中，幼儿歌唱能力主要包括感受、听辨和表达三方面，具体表现为幼儿歌唱的自然条件、幼儿歌唱活动的能力发展两方面。

（一）幼儿歌唱自然条件的年龄特征

幼儿歌唱自然条件主要是指受其发音器官和呼吸器官发育的影响，而导致存在年龄差异的因素。年龄差异的因素主要指其声音、音域、呼吸等方面的年龄差异。

1.幼儿在声音发展方面的年龄特征

幼儿在婴儿期就会发出音调不同的声音，学会说话之前经常用带有表情的音调与他人进行声音互动，这是婴儿语言的萌芽，同时也是婴儿歌唱的萌芽。到了1岁半，婴儿便开始准备正式学唱，歌唱和说话正在逐步从嗓音游戏中分化出来。2岁儿童已有歌唱意识，对摇篮曲、有节奏的诗和歌谣表现出极大的兴趣，能逐步完整地唱一些短小的歌曲或歌曲

片断，但其听辨和发音的能力较弱，歌词表达不清晰，歌唱与说话几乎没什么区别，发音错误的情况十分普遍。

1）3~4 岁幼儿在声音发展方面的年龄特征

3~4 岁幼儿喜欢唱歌，自然发音时声音的音量不大，音色纯而脆，但由于发音器官和呼吸器官发育还不完善，控制发音的能力比较弱，加之歌唱经验比较少，有时不能连续地唱出曲调，经常断断续续地发音唱歌。

2）4~5 岁幼儿在声音发展方面的年龄特征

4~5 岁幼儿对嗓音的控制能力增强，相对小班幼儿音量更大，声音变得更有力。

3）5~6 岁幼儿在声音发展方面的年龄特征

5~6 岁幼儿对嗓音的控制能力进一步增强，相对中小班幼儿音量更大，声音变得更结实有力，大部分幼儿声音运用自如，甚至有些幼儿自己能体会到一些共鸣的发声方法。

2. 幼儿在音域发展方面的年龄特征

1）3~4 岁幼儿在音域发展方面的年龄特征

3~4 岁幼儿处于生长发育时期，声带短小柔嫩，音域狭窄。研究表明，3~4 岁幼儿的音域一般为 C 调的 1~6，而演唱最自然、舒适的音域往往为 E1~G1，个别幼儿音域更宽，可以达到 A~C2；但音域偏窄的 3 岁幼儿可能只能演唱三度左右。因此，他们在遇到音域较宽、时值较长的歌曲，就会感到吃力。

2）4~5 岁幼儿在音域发展方面的年龄特征

4~5 岁幼儿歌唱的音域较小班幼儿有所扩展，一般可以达到 C 调的 1~7，但是表现在具体的歌曲及个别幼儿上仍有较大的差异。

3）5~6 岁幼儿在音域发展方面的年龄特征

5~6 岁幼儿随着声带的发育和歌唱经验的增加，他们的音域比中班幼儿又有所扩展，基本上可以达到 C 调的 1~i，个别幼儿的甚至更宽，对于这个音域范围内的歌曲，能够轻松自如地演唱；但对于时值较长、处于强拍的高音或较低的音仍难以把握。所以教师所选歌曲的音域要尽量在适合幼儿年龄特点的音域内。

3. 幼儿在呼吸发展方面的年龄特征

3 岁以前的幼儿肺活量很小，呼吸比较短促，气息支持力弱，固有的生理特点导致他们对于较长的乐句掌握不好，经常根据自己气息的长短随意换气，出现断句或句意表达不完整的现象，个别幼儿甚至会一字一顿地歌唱。

1）3~4 岁幼儿在呼吸发展方面的年龄特征

3~4 岁幼儿能够逐步学会使用较长的气息，而且常常会根据自己使用的气息情况来换气，一字一换气地歌唱的情况逐步减少，甚至消失。但有的幼儿常常会因为换气而中断句子或是中断词义。

2）4~5 岁幼儿在呼吸发展方面的年龄特征

4~5 岁幼儿对自己的控制能力有了进一步的提高，一般都能够在教师的指导下学会按乐句或情绪的需要来换气，随意中断句子的换气现象有明显的改善。

3）5~6 岁幼儿在呼吸发展方面的年龄特征

5~6 岁幼儿随着肺活量的扩大，对气息的控制能力比中班幼儿又有了进一步的提高，基本能够按词义或乐句自然地换气。

（二）幼儿歌唱活动能力发展的年龄特征

1. 幼儿在歌词发展方面的年龄特征

1）3~4 岁幼儿在掌握歌词方面的年龄特征

3~4 岁幼儿已经能够较完整地掌握比较简短的句子或歌曲中的相对完整的片段，但是由于他们理解能力、听辨能力与纠错能力不足，对于自己不理解或不熟悉的字词，要么用自己熟悉的字词代替，要么唱的含混不清，还经常出现"造字"或"吃字"现象。他们大多喜欢歌曲中生动形象的象声词部分、多次重复的部分及其他有趣、印象深刻的部分，他们喜欢利用同一个旋律自由编歌词来演唱。

2）4~5 岁幼儿在掌握歌词方面的年龄特征

4~5 岁幼儿掌握歌词的能力有了进一步的提高，一般都能比较完整地再现熟悉的歌曲中的歌词，唱错字的情况比小班幼儿相对较少。

3）5~6 岁幼儿在掌握歌词方面的年龄特征

5~6 岁幼儿随着理解能力、记忆能力的提高，大部分都能够较完整地表现歌曲中的歌词；在咬字、吐字方面更加完善，对于篇幅较长、较复杂或难以理解的歌词，他们也会用自己熟悉或相近的词语来代替；唱错歌词的现象依然存在，但这种现象较少，比中班幼儿有了进一步改善。

2. 幼儿在旋律发展方面的年龄特征

1）3~4 岁幼儿在旋律发展方面的年龄特征

到 3 岁时，幼儿歌唱能力发展进入初始阶段，初步有了想把歌唱好的愿望。但歌唱的音高、音准模糊不清，他们在旋律的感知方面存在不确定性，最明显的表现就是"走音"现象，严重的往往唱歌如同"说歌"，通常被称为"近似歌"。特别是在没有伴奏或没有教师的领唱下，"走音"的现象更明显。

2）4~5 岁幼儿在旋律发展方面的年龄特征

4~5 岁幼儿对旋律的感知能力逐步提高，对音准的把握能力有了一定的进步。如果有琴声伴奏或有教师领唱，大部分 4~5 岁幼儿能够唱准自己熟悉的歌曲，但有的幼儿在独立演唱、清唱、精神紧张、对歌词不熟悉或一字多音时，会出现"走调"现象。因此，歌唱音准问题应该是歌唱活动中常抓不懈的问题。

3）5~6 岁幼儿在旋律发展方面的年龄特征

5~6 岁幼儿的旋律感进一步加强，对音准的把握较好，他们不仅能够比较准确地唱出旋律的音高递进，而且对级进音、三度跳音或音域范围内的四五度跳音也不会感到太大的困难。

3. 幼儿在节奏发展方面的年龄特征

节奏能力包括对节奏的感知和对节奏的表达两方面。从 1.5 岁开始，幼儿试图使身体动作与听到的歌曲合拍。

1）3~4 岁幼儿在节奏发展方面的年龄特征

3~4 岁幼儿自身对节奏的感受能力和理解能力较弱，在无伴奏、无教师领唱的情况下歌唱，往往不合拍。所以他们演唱的歌曲多由二分音符、四分音符、八分音符构成。因为这类歌曲的节奏与生理活动（如心跳、脉搏、呼吸等）、身体动作（如走路、跑步等）比较一致，掌握起来会更容易些。

2）4~5岁幼儿在节奏发展方面的年龄特征

4~5岁幼儿能成功模仿打出简单的节奏模式，他们不仅掌握了四分音符、八分音符的歌曲节奏，能力强的幼儿还能比较准确地再现二分音符的节奏，甚至带切分音的节奏。

3）5~6岁幼儿在节奏发展方面的年龄特征

随着歌唱经验的日益丰富，5~6岁幼儿已能演唱旋律和节奏更为多样化的歌曲。在节奏方面有了较大的提高，不但能演唱二分音符、四分音符、八分音符的歌曲，对于个别出现的十六分音符及含有十六分音符的节奏型，都能较好地表现。不但能演唱二拍子和四拍子的歌曲，同时对三拍子歌曲的节奏及弱起节奏也有了一定的理解和掌握，而且此阶段的幼儿基本能够较好地掌握带附点音和切分音节奏歌曲的演唱。

4. 幼儿在协调一致发展方面的年龄特征

1）3~4岁幼儿在协调一致发展方面的年龄特征

3~4岁幼儿刚刚融入"班级"这个大集体，集体演唱时，不善于和别人保持一致，往往各唱各调，速度差异大，甚至还会出现相互超越或比比到底谁的声音大的现象。通过一段时间的练习，他们基本上能够同时开始和结束演唱，并能在初步合作中体会到协调一致的快乐。

2）4~5岁幼儿在协调一致发展方面的年龄特征

4~5岁幼儿在唱歌时协调能力有所提高，能懂得在速度、力度等方面与集体协调一致，并能协调地进行分唱、齐唱等形式的歌唱活动。

3）5~6岁幼儿在协调一致发展方面的年龄特征

5~6岁幼儿在日常学习中积累了一定的合唱经验，掌握了一些正确的与他人合作的技能，能够比较积极地参与到集体歌唱活动中，不仅能在速度、力度方面与集体一致，在节奏、音量、音色、表情等方面控制自己与集体保持一致，而且尽量避免自己的声音过于突出。同时，他们也能够大胆地提出歌唱中不协调的因素并予以纠正，从而享受合作带来的愉悦。

随着儿童生理发育及歌唱经验的日益丰富，学前儿童掌握的歌唱技能、技巧也会相应提高。了解学前儿童歌唱能力的发展规律和特点，有助于教师选择合适的歌唱材料并有效地组织歌唱活动，也有助于培养学前儿童对歌唱的兴趣，促进学前儿童身心健康发展。

知识拓展

儿童歌唱的发展

与咿呀之歌相联系的几个概念。

（1）本能歌：（1岁以后）是一种儿童在活动、嬉戏时产生的、与身体动作相联系的、初步具有个性表达和音乐的声音。对于本能歌成人要进行鼓励和模仿。婴儿的"元音表演"可看成"本能歌"的先兆。研究发现，婴儿试图去模仿他们听到的音高。婴儿还能在自己最大限度的音域内发展音高。

　　本能歌与咿呀之歌的区别：婴儿的"咿呀"和"本能歌"是有区别的。前者是讲话的开始，在音乐方面非常简单，往往与身体动作相联系，而且更经常的是在群体嬉戏时产生的，带有表达的功能。后者则复杂一些，更富音乐性和个性。

　　（2）轮廓歌：在儿童歌唱方面的研究中又逐渐形成了另一个术语"轮廓歌"。它是在2~3岁时发展起来的，是一种节奏变化简单的乐句，具有同音反复的特点。这时儿童已有了关于歌曲的基本结构的感性方面的了解，"轮廓歌"与早期幼儿绘画中出现的"蝌蚪人"相似，只有一个大体的构架。

 二、幼儿园歌唱活动的总目标

　　歌唱活动的总目标是根据艺术教育活动总目标来制定的。《纲要》中艺术领域活动目标的阐述反映了幼儿园艺术教育的基本理念，即幼儿艺术活动要以幼儿为本，强调幼儿的主动参与，改变幼儿被驱使参与艺术活动的被动地位；强调幼儿艺术教育对幼儿发展的促进作用，改变艺术成为技能训练和表演的功能；注重幼儿在艺术活动中的创造性及积极的情感体验。基于此，歌唱活动的总目标确定如下。

　　1. 情感目标

　　（1）喜欢参加歌唱活动，体验歌唱活动带来的快乐。

　　（2）尝试进行适合各年龄段的歌唱活动的创造性活动，体验成功的快乐。

　　2. 认知目标

　　（1）正确地感知、理解歌曲中歌词、曲调所表达的内容和情感。

　　（2）能够感受歌曲中的歌词及意境的美。

　　3. 技能目标

　　（1）能用自然、美好的声音进行歌唱，能够正确地咬字、吐字和呼吸。

　　（2）初步尝试使用不同的速度、力度、音色、表情和身体动作等变化来表现歌曲的不同形象、内容和情感。

　　（3）能够在集体歌唱活动中控制和调节自己的声音使之与集体相协调。

　　（4）学习领唱、齐唱及简单的两声部轮唱、合唱等形式的演唱方式。

三、幼儿园歌唱活动的年龄阶段目标

（一）小班（3~4岁）目标

　　1. 情感目标

　　（1）对歌唱活动感兴趣，喜欢参加歌唱活动。

（2）集体歌唱时，能注意使自己的歌声与集体相一致，体验歌唱活动的快乐。

2. 认知目标

能初步理解和表现歌曲的内容和情感。

3. 技能目标

（1）学习用正确的姿势、自然的声音歌唱，并基本做到吐字清楚、唱准曲调和节奏。

（2）能跟着歌曲的前奏整齐地开始和结束。

（3）在有伴奏的情况下，能独立地、基本完整地唱熟悉的歌曲。

（4）在教师的帮助和引导下，能够为熟悉、短小、工整而多重复的简单歌曲创编歌词。

（二）中班（4~5岁）目标

1. 情感目标

（1）喜欢创造性的歌唱活动。

（2）体验参加创造性歌唱活动的快乐。

2. 认知目标

（1）感受和表现不同节拍（如二拍子、三拍子）、不同内容的歌曲。

（2）初步尝试使用不同的速度、力度和音色变化来表现歌曲的不同内容和情感。

3. 技能目标

（1）能用自然的声音大胆地有表情地歌唱（合唱和独唱），吐字清楚，姿势正确。

（2）在有伴奏的情况下，能独立地、完整地演唱，并初步学会接唱和对唱。

（3）掌握歌曲中的弱起节奏和休止符，学会正确地表现歌曲中的这些节奏、间奏和尾奏。

（三）大班（5~6岁）目标

1. 情感目标

（1）喜欢歌唱，能大胆地、独立地在集体面前进行歌唱表演。

（2）在集体歌唱活动中建立默契感，体验配合默契的快乐。

2. 认知目标

（1）能感受到歌曲的字词及乐句的变化。

（2）能恰当地表现不同性质、风格歌曲的意境。

3. 技能目标

（1）会用不同的速度、力度、音色变化来表现歌曲的形象、内容及情感。

（2）学习领唱、轮唱及简单的两声部合唱等歌唱形式。

（3）学习基本独立地即兴唱、即兴编。

（4）尝试演唱富有民族特色的地方戏曲，并能表现出戏曲特点。

此外，幼儿园歌唱活动具体活动目标是：教师既要考虑各年龄段幼儿已有的发展水平，也要结合幼儿歌曲的特点，从幼儿的认知、能力、情感3个维度进行设计。

知识拓展

幼儿园教育活动目标价值取向

1.行为性目标

行为性目标是用一种可以具体或可被观察的幼儿行为来表示的对教育效果的预期，是通过教育活动幼儿所发生的行为变化，是可观察到的行为结果。具有客观性和可操作性特点。表述常用说出、分辨、指出、区分、唱、喜欢、会、敢于等动词。

行为目标的构成要素如下。

（1）核心的行为，用一个操作性的动词表示，如"说出""分辨""指出""区分""唱"等。

（2）行为产生的条件，即核心行为发生的特定情境或方式，也称行为所发生的领域。

（3）行为表现标准，即学习的结果或幼儿行为的变化。通常用"会""能"等词表示，如会唱3/4拍的歌曲。

2.生成性目标

生成性目标是在教育过程中生成的活动目标（过程目标、展开性目标），是以过程为中心，以幼儿在教室内的表现为基础展开，强调幼儿、教师和教育情境交互作用过程中所产生的目标。它反映的是幼儿经验生长的内在需求，反映的是问题解决的过程和结果。

例如，在活动目标中提出"满足幼儿的好奇心，培养思维的灵活性"，它具有一定的模糊性和不确定性。

3.表现性目标

表现性目标描述的是幼儿一般性的学习结果，是一种非特定的目标，不注重具体的、可观测的行为变化。表现性目标适合表述那些情感类目标。

例如，欣赏一段三拍子的轻柔音乐，用你最喜欢的动作、表达方式来表演，这样的目标可以使幼儿摆脱行为目标的束缚，大胆地表现自我、创造自我。

从行为性目标发展到生成性目标再到表现性目标，这三者之间相辅相成，它们体现了课程编制对幼儿的主体价值和个性培养的追求，弥补了单纯的强调行为目标的缺失。

四、幼儿园歌唱活动目标的撰写

（一）幼儿园歌唱活动目标撰写的要求

1.不同维度的目标表述上运用词汇的准确性

（1）认知目标。在表述中常用词有理解、遵守、掌握、接受、知道等。例如，掌握简单的两声部轮唱的歌唱形式；掌握歌曲中的弱起节奏和休止符。

（2）能力目标。在表述中常用词有能、能运用、会等。例如，能用自然的声音大胆地、有表情地歌唱，吐字清楚；能用语言、声音、动作表现出歌曲的欢乐情绪；能够为歌曲创编歌词。

（3）情感目标。在表述中常用词有感受、体验、有好奇心、喜欢、愿意、乐意等。例如，体验创造性地参加歌唱活动的快乐；体验接唱游戏的快乐；愿意和小伙伴结伴表演。

当然，不一定每次活动设计都要有3个目标，依据活动实际内容需要来确定。但在《指南》和《纲要》理念和精神的引领下，歌唱活动仍侧重幼儿的情感态度目标，倡导幼儿积极愉悦地参加歌唱活动，并体验歌唱活动带来的快乐。

2. 注重融入审美情感和学习品质发展

教师在制定歌唱活动目标时易侧重情绪情感和歌唱能力目标的内容，如喜欢参加歌唱活动，或是能够初步正确地演唱歌曲，会用自然的声音、表情表现歌曲等。而歌唱活动过程中如何培养幼儿的审美情感，尤其是培养幼儿学习品质的目标往往易缺失。例如，体验唱出美好的声音，用歌声与同伴交流、集体性歌唱活动中声音和谐与情感默契的快乐。又如，感受到歌曲的情感激励和教育影响作用，初步培养幼儿认真观察、学会学习等良好学习习惯。为此，从幼儿整体发展的角度来说，在制定歌唱活动目标时还应注重审美情感、审美感知及学习品质培养目标的渗透。

3. 目标表述注重科学性和可行性

（1）行为目标的表述要具有可操作性，避免过于笼统、概括和抽象，如"掌握节奏型，培养幼儿的音乐表现力"，应调整为："把握 ╳ ╳ <u>╳╳</u> ╳ 的节奏型，并能用不同的动作加以表现"。

（2）不要用活动过程或方法来取代，如通过游戏培养幼儿节奏感。

（3）从幼儿角度表述目标，如有的教师把目标当成是教师要努力达到的教育效果，把教育仅仅当作是教师要做的事，忽视幼儿的学和学习效果，这是不太合理的。

（4）要有大目标意识，不能只关注行为性目标。

（二）幼儿园歌唱活动目标撰写的案例与分析

 案例链接

中班歌唱活动：打电话

调整前活动目标

1. 引导幼儿熟悉歌曲的旋律，学习演唱歌曲。

2. 能用动作表现歌曲。

3. 体验歌唱活动的快乐。

分析：本活动目标的提出没有把握住歌曲的特点。首先，从适宜班级来看，这首歌曲乐句简短，情境性强，并以对话的方式呈现，它更适合小班的孩子学习；其次，

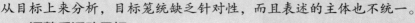

从目标上来分析，目标笼统缺乏针对性，而且表述的主体也不统一。

调整后活动目标

1. 熟悉歌曲的旋律，理解并记住歌词。
2. 学习用替换部分歌词的方法进行歌曲创编。
3. 体验与老师、同伴对唱歌曲的快乐。

技能实践

小班歌唱活动：小鸡小鸡在哪里

活动目标

1. 学习唱准曲调。
2. 整体地开始。

请根据以上要求对此活动目标进行修改。

|||||||||||| 第二节　幼儿园歌唱活动的内容与选材 ||||||||||||

一、幼儿园歌唱活动的内容

歌唱活动作为幼儿园艺术领域教育活动之一，为幼儿带来了许多喜悦和欢乐，是促进幼儿全面发展教育的重要组成部分。其主要内容包括以下两方面。

（一）歌曲

歌曲是用音乐的方式演唱出来的文学，也是有旋律、歌词、能用嗓音表现出来的一种音乐艺术形式。

（二）歌唱的表演形式

歌唱的表演形式主要有独唱、齐唱、接唱、对唱、领唱齐唱、轮唱、合唱和歌表演等。

知识拓展

歌表演

歌表演是一边歌唱一边做身体动作表演。这些身体动作表演可以有明确节奏，也可以没有；可以是表现歌词内容的，也可以是表现歌曲情绪的，或者仅仅是表现某种与歌曲相配合的节奏；可以有空间移动，也可以在原地站着或坐着；可以是手、脚配合或全身配合来做，也可以只用手或脚，甚至其他某个单一的身体部位来做。

二、幼儿园歌唱活动的选材

幼儿园歌唱活动的选材首先要遵循幼儿身心发展的特点，这个阶段幼儿的年龄特点是好动，对一切事物都有好奇心，所以，教师在选择音乐活动教材时，应考虑音乐对幼儿的可接纳性，选择幼儿感兴趣、熟悉的内容；其次要遵循幼儿音乐能力发展规律和特点，不同年龄对歌词、曲调等都有不同的需求。歌曲是由歌词和曲调构成的，以下就从歌词和曲调两方面来阐述选材。

（一）歌词方面

3~4 岁的幼儿已经能够较完整地掌握比较简短的句子或较长歌曲中相对完整的片段，但在歌词含义的理解方面仍会遇到困难，如会在唱歌时将不熟悉或记不清的字词省略掉，或者将不熟悉的歌词用他们所熟悉的词语代替；4~5 岁的幼儿掌握歌词的能力有了进一步的提高，一般都能比较完整、准确地再现熟悉的歌曲中的歌词，唱错字、发错音的情况相对较少；5~6 岁的幼儿随着语言的进一步发展，能记住更长、更复杂的歌词，对词义的理解能力也进一步的提高，在歌词的发音、咬字、吐字上表现更趋完善。

针对这些特点，为幼儿选择歌曲时要注意以下几点。

1. **歌词要有童趣，且为幼儿所熟悉和理解**

因为学前儿童理解事物和语言能力有限，只有幼儿所熟悉和理解的歌词才能引起他们的兴趣，如动植物、自然现象、交通工具、身体的各个部分等；一些具有童真童趣的更容易引起他们的无意注意，如一些押韵的句子、象声词、语气词等。

2. **歌词要有适当的重复性**

小班的歌曲歌词要有适当的重复，如《我爱我的小动物》中每段歌词只需改一动物名称及叫声，有发展的余地，教师可启发幼儿自己想出要增添的歌词，这既能激发幼儿学唱歌的积极性，又能培养幼儿的创造性。

知识链接

歌曲：《国旗多美丽》

中班和大班幼儿随着年龄的增长，特别是大班幼儿抽象思维的萌芽，所选歌曲歌词可以更复杂些，如大班可以学习《国旗多美丽》，甚至还可以学习一些地方特点的戏曲。

3. **歌词的内容宜用动作表现**

幼儿天性好动，他们易感情外露，喜欢边唱边做动作，这是幼儿很自然的直接的一种音乐表现活动。幼儿在这种活动中，既满足了好动的天性，身体协调性也得到了发展，对音乐表现力的发展也有重要价值，同时对促进幼儿身心和谐发展具有重要意义。

4. **歌词的内容具有教育性和艺术性**

歌唱活动是幼儿接受正确思想、观念、规范的重要手段，因此为幼儿选择歌曲时，歌词要有教育性、思想性和艺术性等特点。例如，小班幼儿刚刚入园，可学习歌曲《我爱我的幼儿园》，激发他们对幼儿园的热爱。

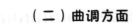

（二）曲调方面

1. 音域要适合幼儿年龄特点

3~4 岁的幼儿选择歌曲的音域一般为 C 调的 1~6；4~5 岁幼儿选择歌曲的音域较小班有所扩展，一般可以达到 C 调的 1~7；5~6 岁幼儿选择歌曲的音域可以达到 C 调的 1~i 。在集体教育情境中，所选歌曲的音域应当基本控制在上述范围之内。因为他们只有在适合的音域内歌唱时，才能比较容易唱出自然优美的声音，也只有在适合的音域内歌唱时，幼儿才不容易"唱走音"。但也要防止机械、绝对地处理音域问题，如有的歌曲音域较宽，主要旋律在幼儿最舒适的音区内进行，偶尔有个别音超出这个范围，但它并不是长时值的音，出现的次数也不太多，因此也适合幼儿学唱。

2. 节奏适合幼儿年龄特点

3~4 岁的幼儿所唱的歌曲，节奏比较简单，选材最好以 2/4 拍和 4/4 拍为主，多为二分音符、四分音符、八分音符的歌曲，这种节奏与幼儿自身的生理活动（心跳、呼吸等）和身体动作（走、跑等）相一致；4~5 岁的幼儿能唱更复杂的歌曲，选材除了 2/4 拍和 4/4 拍以外，还可以选择出现含有附点音符和休止符节奏的歌曲；5~6 岁的幼儿已能演唱旋律和节奏更为多样化的歌曲，选材的空间更大些，不但可以选择 2/4 拍和 4/4 拍的歌曲，还可以选择 3/4 拍歌曲，甚至弱起节奏的歌曲，也可以选择含有少量十六分音符的节奏及部分带有附点音符和切分音节奏歌曲。因此，如果选择适宜的歌曲，此阶段的幼儿基本上能做到比较合拍地歌唱。

3. 速度适合幼儿年龄特点

较小的幼儿呼吸比较浅也比较短，而快速度和慢速度的演唱却要求能有较深的呼吸和较长的气息支持。因此，在为 3~4 岁的幼儿选择歌曲时，一般用中速比较合适；4~5 岁的幼儿比较容易兴奋，除了可以适当选择比较轻快活泼、速度稍快的歌曲以满足他们的需要以外，还可以选择一些安静柔美、速度稍慢的歌曲以陶冶他们的性情；5~6 岁的幼儿已经开始有了一定的情感自控能力，发音器官、呼吸器官的控制能力也有了进一步的提高。所以，这时可以为他们选择速度更快一些的歌曲。

4. 旋律适合幼儿年龄特点

为幼儿歌唱活动选材不适合选择旋律起伏太大的歌曲，一般来说，选择下行三度（或以下）的音程的歌曲，其次是四度、五度、六度音程的歌曲。对小班幼儿来说，选择三度音程的歌曲比较合适；中班的歌曲旋律可以更复杂些，可以增加到四度音程歌曲；大班可以增加到六度音程歌曲，但不宜有连续的大音程跳进。

5. 结构适合幼儿年龄特点

为 3~4 岁的幼儿选择歌曲时，要注意结构不能过长或复杂的歌曲，一般以 2~4 个乐句为宜，每一个乐句也不宜太长，且歌曲结构最好比较工整短小，多为一段体，一般没有间奏和尾奏等附加成分；为 4~5 岁的幼儿选择歌曲时，可以有 5~6 个乐句，或者少量更长一些的乐句，结构上可以选择两段体的歌曲，一般可以有间奏和尾奏等附加成分；为 5~6 岁的幼儿选择歌曲时，可以有 6~8 个乐句，甚至更长一些的乐句，结构上除了一段体、两段体的歌曲外，还可以选择三段体歌曲，附加成分也可以更多些。

第三节　幼儿园歌唱活动的组织与指导

教师在组织歌唱活动时，首先必须对歌曲和幼儿进行全面分析；然后进行歌唱活动设计；最后组织实施活动过程。当然最后实施的效果与教师的有效指导息息相关。

一、幼儿园歌唱活动的指导策略

（一）注重活动组织前的各项准备

1. 分析歌曲

教师必须在活动前分析歌曲的词曲作家、内容、风格及歌曲的情绪情感；掌握歌曲的重点和难点；歌曲的构成要素，如节奏、旋律、表现手法等；教师要力求能准确、熟练地表现歌曲，包括演奏、伴奏、速度、力度、表情、意境、形象等。并在分析的基础上准备歌唱活动所需的相关材料和环境，如布置环境，设计场地使用，准备音响、乐器、教具和道具等。

2. 了解幼儿

全面了解、熟悉幼儿的情况，注重个体差异，如幼儿的音乐素养、歌唱能力、对歌曲的兴趣、身体状况、情绪特点、性格特点等。并为幼儿进行前期经验准备，如感受与欣赏新歌，让幼儿在唱新歌之前，利用休息时间，以背景音乐的方式让幼儿听，先从听觉上感受新歌，初步感受音乐形象；或者在相关活动中加以渗透，如在朗诵、故事、游戏、表演、绘画、手工制作中或其他区域活动中学会歌词或节奏，那么正式教唱时就会更有成效。例如，在学习《刷牙》歌曲时，可让幼儿在区域活动中进行动作表演，从而为他们后继学习新歌打下坚实的基础。

（二）注重引导幼儿感受音乐和表现音乐

在歌唱活动中，教师应以幼儿感知歌曲的旋律、歌词等要素为基础，从幼儿的听觉入手，使之产生联想与情感上的共鸣。幼儿在对歌曲充分感知、欣赏过程中，逐步学会辨别音高、速度、力度、节奏、节拍及旋律等，并能通过歌声或动作来表达表现，从而获得愉悦的体验。

（三）注重教学形式的多样化

教师组织歌唱活动时，切忌重复机械训练学唱，这样会让幼儿失去唱歌的兴趣，也不利于提高幼儿的歌唱能力。教师应根据幼儿歌唱情况，注意练习方式的多样化，不仅达到巩固练习的目标，还可以调动幼儿学习兴趣和主动参与歌唱活动的积极性。例如，可采用图谱法帮助幼儿理解歌词，也可采用集体表演、小组表演和个别表演相结合的方式巩固对歌曲的掌握。

（四）注重幼儿科学用嗓

在歌唱活动过程中，教师应教幼儿学会用自然声音唱歌，不能大声喊叫，一次连续唱歌时间也不宜过长，为幼儿选择的歌曲音域要适度，不要使幼儿娇嫩的发声器官过分紧张，避免损伤幼儿的嗓子，造成声音沙哑。

 二、幼儿园歌唱活动基本环节的组织与指导

（一）发声练习环节

发声练习主要是教师通过游戏或师幼互动的方式让幼儿在轻松、愉悦的环境中将自己嗓子唱开，就像体育活动之前的热身活动效果。教师可直接选用一些适合练声的歌曲组织幼儿演唱，达到练声的效果，如《大雨小雨》《问好歌》均是较适合练声的歌曲。当然，不是每节歌唱活动都需要此环节，教师可以根据需要来选择是否需要练声。

（二）导入新歌环节

有效地导入新歌能促进幼儿思维活动呈现出一种积极的状态，激发他们的学习热情，建立师幼情感交流的桥梁，使师幼共同沐浴在和谐愉悦的氛围之中，推动活动的有效开展。常用的导入方式有以下几种。

1. 动作导入

动作导入主要适用于歌词内容是直接描述动作过程或是比较富于动作性。例如，大班歌唱活动《粉刷匠》，可运用逼真的动作，伴随活泼的旋律，以哑剧表演的方式让幼儿猜教师在做什么，生动有趣的表演不仅吸引幼儿的注意，更激发起他们跟着教师一起边表演边学唱的兴趣。小班歌唱活动《头发、肩膀、膝盖、脚》也适合此方法。

2. 故事导入

妙趣横生的故事配以教师丰富的表情、动作，最能引导幼儿进入学习情境，活跃幼儿的思维，吸引他们的兴趣。例如，大班歌唱活动《布谷鸟》，为了激发幼儿学习新歌的兴趣，教师以森林音乐会的故事导入，并惟妙惟肖地用歌曲中的典型节奏模仿布谷鸟的叫声，让幼儿提前感知节奏，进一步激发幼儿学唱歌曲的热情。

故事导入主要适用于歌词含有相对完整的故事情节，表述的内容和语言结构也较复杂些的歌曲。例如，大班歌唱活动《丁丁是个小画家》、中班歌唱活动《小兔乖乖》。

3. 情景表演导入

根据教学内容设置适合的教学情景。这种方法能使幼儿很快地投入到情景中，对活动产生兴趣，并有助于幼儿对歌曲内容的初步理解。例如，歌曲《小猫钓鱼》，可先请幼儿观看情景表演，通过看表演，而对歌曲内容有了初步的了解，为理解歌词、学唱歌曲做好铺垫。

情景表演导入适合歌曲内容所反映的是一些简单的、幼儿可以一目了然的情景或事件。

4. 视频或图片导入

用视频或图片导入歌唱活动，给幼儿强烈的视觉冲击，增强教学的直观效果，激发其学习兴趣，更好地培养幼儿的观察力和想象力。例如，大班歌唱活动《我是草原小牧民》，教师可以先让幼儿观看蒙古大草原美丽的景色和草原人民丰富多彩的生活画面，蒙古民族精湛的乐器演奏与优美的舞蹈表演会吸引幼儿的注意，从而产生学唱这首具有鲜明蒙古族特色的新歌的兴趣。

5. 谜语导入

生动形象的谜语是幼儿喜闻乐见的一种语言游戏，用猜谜语的方式导入，不仅有利于引起幼儿的浓厚兴趣，同时也能锻炼幼儿的思维能力。例如，在学习新歌《小雨沙沙》时，可先出示谜面："千根线来万根线，掉在水里看不见，这是什么呢？"这时幼儿会努力结合自己已有的经验进行猜想，在同伴间相互的启发、引导下，最终猜对答案。然后引出歌曲名称《小雨沙沙》，让幼儿鲜明、准确、形象地感知歌唱内容，增进对歌曲内容的理解。

6. 谈话导入

谈话导入即运用与幼儿聊天的方法导入活动，话题要与歌曲内容有关。例如，歌曲《表情歌》，可与幼儿交流人的不同表情，谈谈高兴时会有哪些表情？不高兴时又会有什么表情？从而引出歌曲内容，使幼儿自然地进入学习状态。

知识链接

歌曲：《表情歌》

7. 问题导入

当幼儿"心求通而不得，口欲言而不能"时，最容易引发幼儿学习兴趣。例如，大班歌唱活动《小动物怎样过冬》就可以用问题导入，"你们知道我们是怎么过冬的吗？那小动物怎样过冬你们知道吗？"

8. 朗诵歌词导入

对于一些富有诗意的歌词，可以先引导幼儿朗诵歌词。这种方法不但有利于幼儿记忆歌词，还能帮助幼儿体会歌词的诗意之美，对比朗诵与演唱的不同表现效果，还能规范幼儿的咬字与吐字。

（三）教唱新歌环节

1. 欣赏新歌

一般通过教师的范唱引导幼儿欣赏歌曲。教师在范唱中不仅应有正确的歌唱技能（如正确的姿势、呼吸、清晰的吐字，准确的旋律与节奏），还应运用适当的表情，正确地表现歌曲的情绪情感，增强歌曲的感染力，调动幼儿的兴趣，使他们产生积极学唱的愿望。同时要完整范唱，给幼儿完整的印象，增强对歌曲形象的整体感受，让幼儿真正受到音乐艺术的感染。录音范唱的方式歌唱技巧很到位，但它没有教师亲自示范来得亲切，感受深刻，故不建议常使用。

2. 学唱新歌

学唱新歌有整体教唱和分句教唱。分句教唱就是教师唱一句，幼儿学一句，逐句教唱容易教，容易学，但同时也容易割裂音乐的整体性，破坏曲调的完整性，影响歌曲作品的音乐形象。所以分句教唱通常用于歌曲中的重点和难点部分或较长的乐句。一般要采用整体歌唱的方法进行，这种方法能使歌曲的意义情绪保持完整，易引起幼儿的情感体验。

1）理解歌词

学唱歌曲需先理解歌词，熟悉旋律。在范唱过程中，幼儿对歌词有一定的把握，教师可通过多种方式促进幼儿理解并记住歌词。通常有以下几种方法。

（1）提问法。通过提问强化幼儿对歌词的理解。例如，在学习《颠倒歌》时，教师可以问你们听到了什么？幼儿可能说的颠三倒四，这时，教师可以根据歌词按顺序提问，如谁在森林中称大王？谁没有力气呢？如果幼儿不能回答，可问幼儿想知道歌词该怎么办呢？这时幼儿带着任务再一次整体欣赏歌曲。

（2）直观教具法。教师边领唱边出示歌词图谱，引导幼儿观察，说出图中的内容，理解歌词。还可借助图谱等，直接感知歌曲内容，既具体生动，又可突出重点，突破难点。例如，在学习歌曲《小猫钓鱼》时，可借助图片的直观提示作用，让幼儿一边看图一边跟唱，这样幼儿不仅能很快地理解歌曲内容、记住歌词，还能通过观察图片了解歌曲的情绪。

知识链接

歌曲：《小猫钓鱼》

知识拓展

图谱类型

类型	呈现方式	图案	特点
图谱	线条呈现		直观形象
	形状呈现		
	色块呈现		
	实物图片		
	象征性的符号		

（3）情景表演法。教师边演唱边情景表演，幼儿通过看表演，可以对歌曲内容有了更深的了解，这样也便于他们理解并记住歌词。例如，在学习大班歌唱活动《五只小青蛙》时，教师一边歌唱一边情景表演。

（4）动作演示法。教师边领唱边用自己的肢体动作帮助幼儿理解、联想、并快速记住相应的歌词。例如，歌曲《鞋匠舞》中"绕绕线，拉拉拉拉，钉钉钉"等歌词，可利用相应的动作提示。又如，歌曲《芭蕉扇》，其中的歌词有"一扇能熄火，二扇能生风，三扇能下雨"，为了让幼儿快速理解并记住歌词，教师分别做了熄火、起风、下雨的动作，幼儿看到教师的动作便能想到相应的歌词。

当然，还要创设一种与音乐作品相协调的情境与氛围，运用自己的声音去诠释歌曲，如体验用不同的速度、力度、情绪、表情来演唱，激发幼儿的学习兴趣，进而表达对作品的理解。例如，《勤快人和懒惰人》等，就可以引导孩子们体验、讲述伤心时怎么唱，高兴时怎么唱，并学习使用强弱不同的声音或速度来提高演唱的效果，体验歌唱的快乐，进一步培养幼儿对音乐的感受力，激发幼儿的想象力和创造力。

此外，理解歌词的过程对幼儿把握歌曲的情绪和情感也有重要作用。

2）熟悉歌曲的节奏和旋律

对难易程度不大的歌曲，一般采用整体教唱的方法进行，这种方法能使歌曲的意义保持完整。而对于难易程度大的歌曲，可采取新歌分解学唱方法，如教歌词、教节奏、教旋律。但有些歌曲节奏鲜明，词曲结合朗朗上口，可以采用先教歌曲节奏，再按节奏学习歌词，进而学会演唱歌曲。学习节奏时应注意打节奏的方式有多种，如拍手、跺脚、拍腿、拍肩、拍桌子、打响指等，用不同方式打节奏可以增强幼儿学习的趣味性。对于有的歌曲旋律比较难掌握，可以让幼儿分句演唱旋律，由简到难，掌握全曲。

（四）复习新歌环节

1. 复习歌曲的组织形式

变换演唱形式能激发幼儿歌唱兴趣，主要可采用以下几种演唱形式。

1）齐唱

简而言之就是全班一起唱。对于大部分幼儿似会非会的歌曲，可以采取这种演唱形式进行复习，在大家一起唱的过程中，幼儿之间可以相互学习，取长补短，不会唱的幼儿很快就能跟唱了。对于唱熟的歌曲也可以采取齐唱这种形式，全体幼儿一起唱更能营造热烈欢快的气氛。

2）小组唱

小组唱即部分幼儿演唱。采用这种形式有几点好处：第一，参与的人数较少，教师可以更仔细地倾听，及时发现幼儿歌唱时存在的问题并加以纠正；第二，部分幼儿演唱时，其他幼儿的嗓子能够得以休息，充分保护嗓子；第三，幼儿之间能够互相倾听，促进同伴之间的相互学习，还能引导幼儿共同讨论、评价歌唱质量；第四，对于歌唱能力较弱、自信心略差且不肯独自在大家面前歌唱的幼儿可以培养他们的歌唱能力，满足幼儿表达自己情感的愿望，提高幼儿歌唱的勇气，最终能逐步做到独立歌唱。

3）独唱

独唱也是歌唱能力的一种体现。教师可以在领唱、对唱歌曲中有意识地训练幼儿独唱的能力，让每个幼儿都有担任领唱的机会，并由几个人领唱向一个人领唱过渡，逐步使每个幼儿都具有独唱的能力。

4）接唱

接唱是有效提高歌唱兴趣与技能的演唱方法。无论是个人对个人还是小组对小组的接唱，都要求注意力高度集中，接唱时与前面的幼儿保持速度一致。接唱形式可以是句与句之间的接唱，也就是一人或一组唱一句，另一人或另一组接下一句，可以逐步增加难度，如词与词之间或字与字之间的接唱。这时，幼儿要注意力高度集中看教师的指挥，教师的手势指哪组，哪组幼儿就要立即接唱。

2. 复习歌曲的方法

在歌唱活动过程中，为了避免简单的重复演唱，教师可以通过以下几种方法，让歌唱活动变得更有趣味。

1）多种演唱形式变换使用

不同歌唱形式可以表达出歌曲演唱的不同效果，并能提高幼儿的歌唱兴趣。

2）表演唱

表演唱是歌唱与表演结合，表演是幼儿非常喜欢的事情，这种方法适合歌曲中的角色比较丰富或情境性强的歌曲。表演唱时，教师可准备一些头饰、服装等道具，分配幼儿进行表演，他们可从中找到无穷乐趣。这种方法有助于培养幼儿的节奏感和肢体协调能力，也有助于他们记忆歌词并学习有感情地歌唱，还可以提高幼儿对歌曲的表现力。例如，在儿歌《小红帽》的复习中，教师可分别让几个幼儿扮演歌曲中的角色或以组为单位进行表演唱，一轮结束再换其他幼儿进行表演唱，让他们在玩玩乐乐中完成演唱练习。

3）节奏活动中演唱

以歌曲中的重点节奏为突破点，鼓励幼儿拍手、跺脚或击打乐器，刺激幼儿对节奏的敏感性，同时进一步熟悉歌曲的演唱。

4）游戏中演唱

根据歌曲的需要，教师编排合适的游戏，提高幼儿的歌唱兴趣。对于歌曲中的难点、重点部分，以及有些歌曲相对来说比较长的，可以渗透游戏加强学习。例如，在学习《春天和我捉迷藏》歌曲时，可让幼儿用回音游戏重复唱每一句的后3个字，这为整句唱打下基础；也可采用默唱游戏的方式，也就是歌唱中一个字不唱，在心里默唱。当幼儿熟悉这个游戏规则时，可以增加难度，扩大到一个词或一句话默唱，如《头发、肩膀、膝盖、脚》，以一个部位默唱，默唱游戏对培养幼儿的节奏感有重要作用。

 案例链接

抢椅子游戏

学习《两只小象》歌曲时，采用抢椅子游戏来进一步激发幼儿演唱歌曲的兴趣。游戏规则：教师和幼儿一起围着椅子边唱边走，当教师说停时，大家一起抢椅子，没抢到的幼儿领唱，注意椅子数量要比幼儿数量少，少多少，教师可以由易到难，先少一张，逐步增加难度。

5）边画边唱

对于生动、具体、简单、便于描绘的音乐形象，可引导幼儿以绘画的方法学唱歌曲，培养幼儿的动手能力、想象力和注意力。例如，在学唱《蝴蝶》时，可引导幼儿画出不同形状、不同颜色的蝴蝶。

6）创造性的歌唱活动

在歌唱活动中，教师可以鼓励幼儿根据歌曲进行创编，包括创编动作、歌词、伴奏、游戏等，给歌唱活动一个开放的空间，能提高幼儿的歌唱能力，同时帮助幼儿获得创造性表现音乐的能力。

知识链接

创造性歌唱活动
中的创编

需要注意的是，在引导幼儿为歌曲创编动作、歌词、游戏、伴奏时，一方面，在教学形式上，教师可以利用多媒体等现代教学手段为幼儿提供丰富的经验，提供创编的支架；另一方面，还要注意拓宽幼儿的视野，让幼儿注意多观察生活中、大自然中的各种现象，从中得到启发。

（五）活动结束环节

活动的结束要做到语言简练，紧扣主题，完美有趣。常用的结束方式有以下几种。

1. 游戏式

游戏式即教师以游戏的口吻结束活动。例如，学唱《小猫钓鱼》，教师组织完"钓鱼"游戏后说："小猫今天钓了这么多鱼，我们一起去市场卖鱼吧！"

2. 问题延伸式

教师抛出问题延伸活动，引发幼儿后续的思考。例如，在《表情歌》中提出："人除了有高兴和难过的表情外，还有哪些表情？当你们有这些表情时会怎么做？"让幼儿带着问题结束，为下次活动做好铺垫。

3. 欣赏策略式

教师组织幼儿结束演唱后，可让幼儿欣赏下次音乐活动的歌曲，为下次活动做好铺垫，同时也体现了动静交替的原则。

4. 评价式

教师应做好充分评价的导向作用。尽管教师在组织歌唱活动的每个环节都会有一定的评价，但教师在结束活动之前也可对整个活动进行整体评价，尤其是关注到个别幼儿发展的评价，以促进幼儿更好地提高歌唱兴趣和能力。

总之，教无定法，但要得法。教师要根据每首歌曲内容、风格各不相同，选择恰当的教学形式，在调动幼儿唱歌兴趣的基础上，让幼儿充分参与、大胆想象、积极表现，让歌唱活动生动活泼地开展起来，从而达到教得轻松，学得主动，唱得愉快，促进幼儿身心和谐健康发展的目的。

ⅠⅠⅠⅠ 第四节 幼儿园歌唱活动设计与组织的案例及评析 ⅠⅠⅠⅠ

一、小班歌唱活动设计与组织的案例及评析

小班歌唱活动：大雨和小雨

活动目标

1. 理解歌词，大胆尝试用强弱不同的声音、动作来表现大雨和小雨。（重点、难点）

2. 积极参与音乐活动，体验音乐游戏带来的快乐。

活动准备

PPT 课件（大雨、小雨声音及相应图片）、《大雨和小雨》音乐、小丝巾人手一份。

活动过程

一、听辨大雨和小雨的声音

1. 引导幼儿倾听"大雨"的声音

师：小朋友们，让我们来听听这是什么声音？（打雷和下雨的声音）

师：打雷后可能会有什么呢？（下雨）

师：你们再仔细听听，是大雨还是小雨呢？（大雨）

2. 引导幼儿倾听"小雨"的声音

师：小朋友们，让我们来听听这是什么声音？（小雨的声音）

二、用声音、动作表现大雨和小雨

1. 用声音、动作表现大雨

师：你们能说出大雨的声音吗？引导幼儿说出"哗啦啦"，我们一起来听听（播放大雨的声音）。

师：瞧！大雨宝宝也来啦！大雨哗啦啦、大雨哗啦啦……

师：用我们能干的小手可以怎样表示呢？（鼓励幼儿用多种方式表示）

师：谁来做一做？看看谁做的动作最好看？（尽量用幅度大、夸张的动作来表示，请个别做得好的幼儿上来表演，让孩子们学学）

老师带着孩子们一起表演大雨"大雨哗啦啦……"

2. 用声音、动作表现小雨

师：大雨下得可真大，慢慢地雨变小了！

师：你们能说出小雨的声音吗？引导幼儿说出小雨淅沥淅沥。（小雨也用小手来表示一下，引导幼儿用动作表示）

三、熟悉歌曲

1. 幼儿完整欣赏音乐（两遍）

师：大雨、小雨高高兴兴地从天上落下来，听，它们还在唱着好听的歌呢！

2. 巩固歌曲

（1）教师演唱，引导幼儿边跟唱，边表演。

师：小朋友们，想不想和老师一起来演唱呢，引导幼儿尝试边跟唱，边表演。

（2）引导幼儿分辨唱大雨和小雨的声音强弱对比，突破难点。

师：让我们再来听一听，大雨和小雨的声音一样吗？（教师清唱，幼儿讨论）

（3）教师带领幼儿完整唱两遍，引导幼儿唱出大雨和小雨的强弱，并用动作表示。

师：现在让我们来学一学大雨和小雨，一边唱一边从天上落下来吧！（引导幼儿大胆表现大雨和小雨）

四、音乐游戏：大雨和小雨

（1）教师与幼儿讨论：用丝巾表现大雨和小雨。

师：大雨和小雨看了你们的表演真高兴，说要送给你们每人一条小丝巾，但有一

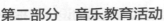

个要求，我们要用这条小丝巾做出大雨和小雨的动作来，下大雨我们可以怎样做？下小雨又可以怎样做？（引导幼儿大胆地表现）

（2）师幼一起边唱边表演一遍，评价幼儿的表现后再表演一遍。

（3）跟着音乐完整表演一遍。

五、结束部分

师：大雨小雨我们一起到外面去玩吧！（随着音乐边舞边走出活动室）

（江西省吉安市吉州区保育院　王贤妤）

活动评析

　　声音是幼儿日常生活中最常感受到的一种自然现象。《大雨和小雨》是一首富有童趣的歌曲，雨声有大有小，不同的变化形成了强弱的节奏，歌词模仿了大雨哗啦啦和小雨淅沥沥的声音。歌曲旋律流畅、节奏简单，音乐形象鲜明，符合幼儿的年龄特点，教学目标定位合理，教学准备充分，准备了大雨"哗啦哗啦"的声音和小雨"淅沥淅沥"的声音，让幼儿的听觉有一个明显的分辨。并做了简单的课件，里面有大雨和小雨宝宝，这样能吸引幼儿的注意力并能为后面环节做好铺垫。教学过程：师幼互动强，引导幼儿用声音、动作来表现大雨和小雨的强弱，较感兴趣。特别在第四个环节中，当唱到大雨时，教师让幼儿用力挥丝巾；当唱到小雨时，让幼儿轻轻地挥丝巾。这种边唱边表演的形式，极大地提高了幼儿学习的积极性，所以这节课幼儿的积极参与性较高，但也存在着需要注意的地方，如每个环节间的衔接语及引导语都不够到位，导致有的幼儿没能大胆地表现自己的想法、做出自己的动作。

知识链接

歌曲：《大雨和小雨》

二、中班歌唱活动设计与组织的案例及评析

中班歌唱活动：王老先生有块地

设计思路

　　4岁左右的幼儿，不仅对歌唱活动感兴趣，同时还善于模仿一些有趣的动作、声音、表情和声调，还愿意创编歌词等来丰富歌唱活动的组织形式，作为幼儿歌唱活动的支持者、合作者、引导者，教师应力求在玩中"形成合作探究式"的师幼互动。

活动目标

1. 感受并喜欢歌曲诙谐、愉快的情绪，能够有表情地接唱并演唱歌曲。

2. 尝试创编部分歌词。

活动重点

感受并喜欢歌曲诙谐、愉快的情绪，能够有表情地演唱歌曲。

活动难点

尝试创编部分歌词。

活动准备

1. 背景：农场里的情景图片或PPT，小鸡、小鸭、小猫、小狗、小牛等动物图片。

2. 音乐伴奏《王老先生有块地》。

3. 小动物头饰：小鸡、小鸭、小猫、小狗、小牛等若干。

活动过程

一、农场背景图片导入，引起幼儿兴趣

师：（出示农场图片）这是什么地方？噢，这是王老先生的农场，他在农场地里养了什么小动物呢？下面老师给大家唱一首歌，答案就藏在歌里面。

二、教唱新歌

1. 欣赏歌曲，理解歌词

师（完整演唱歌曲）：王老先生在地里养了什么小动物，你找到答案了吗？（小鸡、小鸭）你们怎么听出来的呢？它们的叫声是怎样的呢？这首歌里还有什么好玩的声音呢？（咿呀咿呀哟）——找到小动物

师：王老先生的农场里养了这么多小动物，我们刚刚没有全部找出来，让我们再一起来找找它们吧。

——第二遍欣赏歌曲，教师一边出示图片，一边演唱《王老先生有块地》，在唱出小鸡的同时，农场背景PPT上出现小鸡。理解歌词并记住歌词。

2. 学唱新歌

集体演唱：在教师的引导下，幼儿尝试有表情地接唱歌曲（两遍）。

师：老师唱前一句歌词，小朋友们来接唱这句好玩的"咿呀咿呀哟"，好吗？另外，当小鸡出现的时候，大家要唱出它的叫声哟！

师：小朋友们，可不可以你们唱前一句，看看老师能不能接唱呢？（两遍）

三、复习新歌

个别表演：请部分幼儿进行示范表演，引导大家给予鼓励和掌声。

师：刚才有几个小朋友表演得很好，老师想请他们戴上头饰来表演王老先生养的小鸡和小鸭，当老师唱到"他在地里养小鸡"的时候，扮演小鸡的小朋友就要一边做动作一边接着唱"叽叽叽，叽叽叽，叽叽叽叽叽叽叽"。

小组表演：幼儿分为两组，在教师的引导下，分别扮演小鸡和小鸭的角色表演并接唱歌曲。

四、歌曲创编

师：王老先生的地很大很大，除了养小鸡、小鸭，王老先生还想养别的动物，请小朋友们帮忙出出主意吧！（小狗、小猫、小牛等）那它们的叫声分别又是怎样的呢？

——将幼儿创编的歌词组织起来，编成三四段表演。

师：大家的主意真棒，那么我们一起帮王老先生养小动物吧，在唱歌时注意要分清是哪种小动物，把它的叫声唱清楚哦！（反复表演1~2遍，自然结束活动）

（江西省人民政府直属机关第二保育院　陈文静）

活动评析

歌曲《王老先生有块地》的旋律活泼，节奏鲜明，歌词中出现小动物的模仿叫声，并反复出现"咿呀咿呀哟"的乐句，符合小、中班幼儿的年龄特点和游戏的需要。教学目标清晰合理，难点突出。教学过程中师幼互动强，《纲要》指出，幼儿艺术活动的能力是在大胆表现的过程中逐渐发展起来的，因此本活动设计旨在让幼儿通过调动多种感官"听一听""看一看""找一找""唱一唱""编一编"等，充分感受旋律、歌词和节奏，并借助游戏情境帮助幼儿反复体验、感受音乐的性质，能够尝试接唱并做简单的替换歌词，从而体现"玩中学"的教育理念。

知识链接

歌曲：《王老先生有块地》

当然，此活动中也存在一定的问题，如活动内容容量及难度等方面的问题。为此可做以下调整。

（1）第四遍就让幼儿唱前一句，教师接唱后一句这难度大了一些。可以多跟唱两遍再唱会比较合适。

（2）可以分两个课时进行，第一课时主要学习歌曲，分角色表演；第二课时替换歌词，创编表演为主。

 三、大班歌唱活动设计与组织的案例及评析

大班歌唱活动：小鱼快跑

活动目标

1. 理解歌词内容，能用动作表现歌曲内容，感受歌曲中活泼而又紧张的情绪。

2. 体验游戏的快乐，发展自控能力。

活动准备

渔夫和小鱼的头饰若干。

活动过程

一、故事导入，激发兴趣

师：小鱼儿在池塘里一边歌唱一边做游戏，可真快乐呀！渔夫来了，小鱼赶紧躲起来，可怜的渔夫什么也没有抓到，渔夫又来抓鱼，到底有没有抓到鱼呢？你们想不想知道？可要仔细听一听。

二、教唱新歌

1. 欣赏新歌

（1）教师有表情地演唱歌曲，幼儿完整欣赏。

教师根据歌词提问题，幼儿回答，促进幼儿理解歌词内容。

（2）教师完整地边做动作边唱歌曲，引导幼儿基本掌握与理解歌词。

2. 学唱新歌

（1）教师有感情地、完整地边做动作边演唱，幼儿试着跟唱，初步用动作表现小鱼游，渔夫出现前后两次不同的语气"唉""耶"等基本情节，初步感受歌曲中展现的活泼而又紧张的情绪。

（2）角色扮演表现歌曲。教师扮演渔夫，小朋友们扮演小鱼，边唱边表演歌曲内容。进一步感受歌曲中展现的活泼而又紧张的情绪。

第二次角色扮演可以让表现好的幼儿扮演渔夫，教师和其他小朋友扮演小鱼，边唱边表演歌曲内容。

三、复习新歌

（1）玩石头人游戏。游戏规则是听到渔夫来了，小鱼要立即变成大石头，要保持不动直到渔夫走了。

（2）再次玩此游戏时要创编不同的小鱼造型、石头造型。

四、结束活动

小鱼和渔夫都很累了，它们都很想坐着来唱歌，你们愿意和它们一起唱吗？教师和幼儿一起围坐轻唱《小鱼快跑》。

活动评析

《小鱼快跑》歌曲轻快活泼、富有浓郁生活气息且幽默有趣，容易引起幼儿兴趣，活动过程中教师把歌曲内容以故事的形式导入，把渔夫抓鱼，小鱼快跑的音乐材料编成富有情境的故事，边讲述边用双手演示，很快使幼儿入情入境，也促进了幼儿进一步理解整个歌曲的内容，对歌曲也产生了浓浓的兴趣。教师在本次活动中和幼儿的互动游戏主要体现了两个方面的特点：一是把音乐作品表现得诙谐、夸张，如渔夫的前后两次不同的语气"唉""耶"，尤为表现得巧妙突出，使游戏更具情趣；二是游戏玩法的变化，如角色扮演展开合作游戏，角色的互换，让幼儿充分感受到了音乐的快乐元素，也满足了幼儿的好奇和创新。最后做石头人游戏，提高幼儿听音能力及自我控制力。

知识链接

歌曲：《小鱼快跑》

活动建议

1. 这个曲子在大班学习偏容易一些，放在中班下学期即可。

2. 可以让幼儿两两合作，一个扮演渔夫，一个扮演小鱼，边唱边玩，这样就可以让幼儿人人都参与，也可以发展幼儿的合作能力。

思考与实训

一、思考题

1. 简要论述幼儿园歌唱活动目标制定的依据。

2. 结合实际阐述歌唱活动导入的常用方法。

3. 简要论述幼儿园歌唱活动的组织与指导。

二、案例分析

材料：

中班歌唱活动：颠倒歌

活动目标

1. 理解歌词，学唱歌曲。
2. 感受歌曲的诙谐、幽默，体验音乐活动的快乐。

活动准备

《颠倒歌》课件、中班音乐光盘。

活动过程

（一）开始部分

你们知道动物世界里，谁的力气最大？可是今天我们的歌曲和以前不一样了，你们想不想知道有什么不一样呢？

（二）基本部分

1. 欣赏歌曲、理解歌词

（1）教师整体歌唱后，提问幼儿：小朋友们说一说歌里的这些现象跟我们知道的现象一样吗？

教师小结：动物之间的现象全反了。因此，今天我们给这首歌起了个名字叫《颠倒歌》。

（2）播放歌曲《颠倒歌》，幼儿欣赏。小朋友这首歌好听吗？

2. 学唱歌曲

（1）听歌曲《颠倒歌》出示简谱，指导幼儿把歌曲完整地学一遍。

（2）引导幼儿说一说称大王是什么样子的？大象没力气怎么表现？（用语气和身体的动作来表现歌曲的诙谐幽默）

（3）再次听歌曲，指导幼儿边唱边表演。

3. 听伴奏复习歌曲

（三）结束部分

回家把这首歌唱给爸爸妈妈听。

问题：评析这个活动设计。

知识链接

歌曲：《颠倒歌》

三、章节实训

请设计一篇歌唱活动方案。

实训要求

（1）请选择一个年龄班，按要求分组完成某个歌唱活动的设计。

①确定活动主题。

②确定活动目标。

③准备活动材料。

④完成活动设计。

（2）各组推选一位同学进行试讲，其他同学点评。

（3）围绕该活动进行研讨，并提出修改意见。

（4）修改并完善各组的活动计划。

第三章 幼儿园韵律活动的设计与指导

引入案例

　　某幼儿园自由活动期间，中班的音乐区中播放着《快来洗澡》的外国童谣歌曲，有 6 个小朋友兴致勃勃地走到音乐区，顺手拿起该区角中的布团花，跟着音乐做起了洗头、洗脸、洗脖子、洗肩、洗腰、洗膝盖、洗脚等动作。小朋友们玩得很开心，但是他们的动作不整齐，也不是完全按照音乐歌词的内容来做动作。

　　问题： 这些小朋友的活动属于韵律活动吗？在这个场景中，教师需不需要进行指导或干预呢？幼儿的韵律活动能力发展有什么特点？幼儿园韵律活动的目标是什么？如何选择幼儿园韵律活动的内容？如何组织和实施幼儿园的韵律活动？如何提升幼儿园韵律活动的质量？

学习目标

　　1. 掌握幼儿园韵律活动的教育总目标、各年龄阶段韵律活动目标及韵律活动的实施目标。

　　2. 学会选择适宜的幼儿园韵律活动内容。

　　3. 初步学会设计幼儿园韵律活动的方案及组织实施幼儿园韵律活动。

　　4. 掌握幼儿园韵律活动的指导要点，并能够对幼儿园韵律活动的方案进行科学评价。

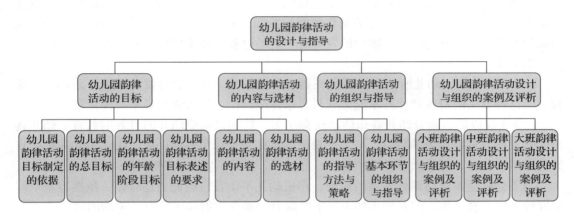

||||||||||||||||　**第一节　幼儿园韵律活动的目标**　||||||||||||||||

韵律活动是指伴随音乐进行的，用有节奏、协调的身体动作来表现音乐与生活的音乐活动。幼儿在韵律活动中，通过身体动作感知音乐速度的快慢、力度的强弱、音调的高低、段落的结构等音乐基本元素。而节奏是音乐的骨骼和灵魂，激发与唤醒幼儿节奏的本能是早期音乐教育的核心内容。

一、幼儿园韵律活动目标制定的依据

幼儿园韵律活动目标的制定主要是依据幼儿韵律活动的价值、幼儿韵律活动能力的发展特点。它也是进行幼儿园韵律活动内容与选材的前提和依据。

（一）韵律活动对幼儿身心发展的作用

幼儿的韵律活动就是幼儿伴随音乐而进行的各种有节奏的身体动作的音乐活动。通过韵律活动可以使幼儿在情绪上、心理上获得满足，并让幼儿获得一定的快乐。

（1）韵律活动是通过动作来感受音乐作品的节奏美的，因此能有效地培养与发展幼儿的节奏感，进一步提升幼儿感知节奏的能力。

（2）幼儿期正处在动作发展的重要时期，利用韵律活动学习或练习各种动作，能有效地提高平衡能力，使动作协调发展。

（3）伴随不同风格、特点的音乐做出相应的动作，有助于提高幼儿辨别音乐性质的能力和理解音乐的表现手段。

（4）幼儿在伴随音乐形象有节奏地做身体动作时，头脑中便会出现相关事物的思维和

想象，有利于促进他们想象力、表现力和创造力的发展。

（二）幼儿韵律活动能力的发展特点

韵律活动能力是指在音乐的伴奏下以协调性的身体动作来表现音乐形象的能力。韵律活动能力的发展，既依赖于一定的动作技能的发展，又需要一定的音乐感受能力、理解能力和表现能力。幼儿韵律活动能力的发展有一定的过程，体现出以下年龄阶段的特点。

1. 小班

（1）3岁初期，幼儿听到自己喜爱或熟悉的音乐时，往往会自发地跟着音乐拍手、踩脚，但这种自由的身体动作并不能做到与音乐完全合拍，音乐常常只是一种背景。

（2）3岁以后，随着幼儿音乐活动机会增多，特别是接受幼儿园良好的教育，幼儿逐步能够发展到根据音乐的特点，努力使自己的动作与音乐节奏相一致，大多数幼儿都能自如地运用手、臂、躯干做各种单纯动作，如拍手、摆臂、点头、踏脚等。

（3）受神经系统协调性发展的局限，小班幼儿平衡及自控能力还较差，虽然容易掌握幅度较大的上肢动作，但对细小的上、下肢联合的动作掌握起来还有一定的困难。

（4）3岁的幼儿在韵律活动中的动作表现往往是以自我为中心的，他们不善于运用动作与同伴配合，交流共享。

（5）这一年龄阶段的幼儿能伴随音乐用自己想象出来的动作模仿和表现日常生活中熟悉的具体事物，如动物、植物、自然现象、劳动工具、交通工具等；能用动作来表现自己的情感体验。

2. 中班

（1）能自如地随着音乐的变化调节自己的动作，如快、慢、轻、重等。

（2）能够较自如地做一些下肢的连续动作，如跑步、跳步，同时上下肢联合的动作也逐步得到发展。

（3）这一年龄阶段的幼儿已经开始注意运用动作与同伴合作、交流，如在集体韵律活动中，他们会自动调节位置，不与他人碰撞而共享空间，会与同伴合作表演，还会主动邀请同伴共舞等。

（4）能进行简单的创编活动，如用动作表现他们熟悉的事物，表达他们的情绪。

3. 大班

（1）动作进一步精细，可以做身体、躯干大动作及精细的手臂—手腕—手指动作，如"采茶"的动作、模仿成人缝衣服的动作等。

（2）上下肢配合协调，能做上下肢联合的较复杂的动作，如"新疆集体舞""绸带舞"等。

（3）能随音乐的速度和力度的变化较灵敏地做动作，同时能自如地表现音乐的节奏、节拍，如八分音符、十六分音符、切分音及三拍子的节奏等。

（4）创造性表现音乐的能力进一步增强。例如，在同样的音乐、同样的主题内容活动中，他们会努力地用自己已有的表达经验创造尽可能与别人不同的动作，并追求姿态与动作的美感。

总而言之，幼儿韵律活动能力的发展受到生理器官和心理过程相互作用的影响，并且

每一个个体都体现出较大的层次类别和表现差异。因此，教师要针对不同年龄层次、不同发展水平、不同个性特点的幼儿进行循序渐进的引导和教育，这样可以更好地帮助幼儿逐步积累一定的艺术动作词汇，体会并享受用基本的动作词汇进行自我表达的乐趣。

二、幼儿园韵律活动的总目标

幼儿园韵律活动总目标是根据《纲要》和《指南》艺术领域目标要求，结合韵律活动自身特点来制定的，主要从审美情感、审美感知、审美表现及学习品质等方面来体现目标要求，体现幼儿整体的发展。

1. 情感目标

（1）喜欢参与韵律活动及玩韵律游戏，体验并享受参与韵律活动及韵律游戏带来的快乐。

（2）喜欢用身体动作探索音乐，体验并积极追求运用身体动作大胆模仿生活、表达自己情感体验的快乐。

（3）喜欢探索和运用道具、空间与同伴进行合作表现，体验与他人在合作动作表演活动中获得交往、合作的快乐。

2. 认知目标

（1）能够感知、理解韵律动作所表现的内容、情感和意义。

（2）理解音乐、道具的使用在韵律动作表现活动中的作用。

（3）初步积累一些生活经验及简单的动作词汇。

（4）初步掌握用自己的身体表现周围生活中常见的动植物、交通工具等的动作表现方法。

3. 技能目标

（1）能够体验并努力争取做出与音乐相协调的韵律动作。

（2）具有初步创编能力；能注意自己动作的协调性，注意体态及身体的姿势美。

（3）知道如何运用空间因素及一些道具进行创作性动作表现。

（4）能够自如地运用自己的身体动作进行再现性和创作性表现，并在合作的韵律活动中自然地运用动作、表情和他人交往、合作。

知识拓展

幼儿园韵律活动中学习品质培养目标

《指南》中提出要注重培养幼儿良好的学习品质，为此，也有学者将学习品质培养目标融入韵律活动中，主要包括以下内容。

（1）愿意主动积极地参与韵律活动。

（2）养成认真倾听音乐、认真观察教师示范与同伴表演的学习习惯。

（3）愿意主动、创造性地运用身体动作表达自己对音乐作品的理解、联想与

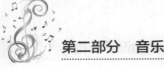

想象及情感体验等。

（4）初步养成与同伴共享活动空间的习惯与能力，以及在学习与同伴交往、合作中运用身体动作、表情、眼神与同伴交流的习惯与能力。

 ## 三、幼儿园韵律活动的年龄阶段目标

（一）小班（3~4岁）目标

1. 情感目标

喜欢参加韵律活动，初步体验韵律活动带来的快乐。

2. 认知目标

（1）能够初步感知、理解韵律动作所表现的内容、情感和意义。

（2）初步了解一些基本的生活经验及与其对应的简单的动作词汇。

3. 技能目标

（1）基本上能按照音乐的节奏做上肢和下肢的简单基本动作和模仿动作。

（2）学会一些简单的集体舞，初步体验用表情、动作、姿态与他人沟通的方法和乐趣。

（二）中班（4~5岁）目标

1. 情感目标

（1）乐于参与韵律活动，能主动、大胆地表现。

（2）体验并追求运用身体动作大胆模仿生活、表达自己情感体验的快乐。

2. 认知目标

（1）学会一些创作性地改变熟悉节奏型的方法。

（2）初步了解一些创编韵律活动组合的规律。

3. 技能目标

（1）能够按音乐的节奏做简单的上下肢联合的基本动作、模仿动作和舞蹈动作。

（2）能够随音乐的改变而改变动作的力度、速度等。

（三）大班（5~6岁）目标

1. 情感目标

（1）乐于参与韵律活动，能积极主动、大胆地表现。

（2）体验并积极追求运用身体动作大胆模仿生活、表达自己情感体验的快乐。

（3）体验与他人在合作动作表演活动中获得交往、合作的快乐。

2. 认知目标

（1）进一步丰富舞蹈动作词汇，了解创编韵律动作组合的规律。

（2）掌握相应的空间知识，理解音乐、道具的使用在韵律动作表现活动中的作用。

3. 技能目标

（1）能够准确地按音乐的节奏做各种稍复杂的基本动作、模仿动作和舞蹈动作组合。

（2）学会跳一些含有创造性成分稍复杂的集体舞。

（3）能够使用已掌握的空间知识创造性地进行动作表演，并喜欢为不同的韵律活动选择不同的道具。

 四、幼儿园韵律活动目标表述的要求

幼儿园教育活动的具体活动目标的制定是根据幼儿的年龄特征、现有的发展水平和接受能力、教育活动的内容和性质来确定的。在教育实践中，编写、表述教育活动目标应把握以下基本要求。

1. 具有可操作性，避免过于笼统、概括和抽象

最高层次的幼儿园韵律活动目标是比较抽象、概括、笼统的，而具体的幼儿园韵律活动目标应该是明确具体的，具有可操作性，能具体指导、调控教师的教学过程。[①]只有这样才有利于指导幼儿教师的教育实践工作，否则，许多教师就会照搬照抄，把教学大纲或学年工作计划的要求当作具体某一教育活动的目标，混淆了各层次目标的要求。

例如，中班韵律活动《泥娃娃》的活动目标之一是"根据歌词探索表演《泥娃娃》"，这种表述比较具体、明确，比笼统地确定"学会表演歌词内容"对教学更有指导意义。

2. 要清晰、准确、可检测，不能用活动的过程或方法来取代

一个完整的幼儿园韵律活动目标的表述应该包括行为、条件、标准等3个基本要素，行为的表述是最核心的要素。教师在编写活动目标时容易出现的一种现象，就是用活动的过程或方法手段去代替行为的结果，混淆了它们之间的区别。[②]

例如，幼儿园中班韵律活动《鞋匠舞》活动目标之一是"学唱歌曲，并随音乐合拍地做绕线、拉线、钉鞋钉的动作。"这相比原目标表述为"在学唱歌曲的过程中，随音乐节拍进行表演"更清晰、准确，具有可检测性。

3. 从统一的角度表述目标

幼儿园的韵律活动是一种师幼互动的行为，包括教师的教与幼儿的学。因此，在幼儿园韵律活动目标表述时，既可以从教师的教这一角度出发确定活动目标，表述教师期望通过教育活动帮助幼儿获得的学习结果；也可以以幼儿的学为出发点，指出幼儿在学习以后应该知道的和能够做到的表现。一般我们常用"教育""帮助""激发""要求"等词语表述教师的教，用"学会""喜欢""说出""创编"等词语表述幼儿的学，但是，无论从哪个角度表述活动目标，都应注意出发点要一致，即有统一的表述角度。[③]

①②③ 黄谨. 幼儿园教育活动设计与指导. 上海：华东师范大学出版社，2014.

案例链接

大班音乐韵律活动：敲锣打鼓放鞭炮目标分析

调整前活动目标

（1）幼儿能听辨敲锣、打鼓、放鞭炮的音乐。

（2）引导幼儿学习模仿敲锣、打鼓、放鞭炮的动作，初步跟上音乐节拍。

（3）复习游戏"找朋友"，鼓励幼儿人人参与游戏，体验参与游戏的快乐。

调整后活动目标

（1）帮助幼儿熟悉乐曲，听辨敲锣、打鼓、放鞭炮的音乐。

（2）引导幼儿学习模仿敲锣、打鼓、放鞭炮的动作，初步跟上音乐节拍。

（3）复习游戏"找朋友"，鼓励幼儿人人参与游戏，体验参与游戏的快乐。

　　显然，原目标表述不统一，第一点是从幼儿的角度出发进行表述，第二点和第三点是从教师的角度出发进行表述。而调整后的活动目标均是从教师的角度出发进行表述的，更科学合理。

|||||||||||| 第二节　幼儿园韵律活动的内容与选材 ||||||||||||

 一、幼儿园韵律活动的内容

（一）节奏活动

节奏活动主要包括语言节奏活动和人体节奏活动两种形式。

1. 语言节奏活动

　　人类的语言是音乐的主要来源之一，丰富、生动、微妙的节奏蕴含在语言本身之中。人名的节奏是幼儿最喜爱、最易于掌握的语言节奏。从幼儿熟悉的名字中，可以派生出由四分音符和八分音符组成的最短小的四二拍的节奏单元。渐渐地发展成四三拍、四四拍，从节奏上增加二分音符、附点四分音符、附点八分音符、切分音，并进行多声部的节奏练习。借助于"名字称呼"这一特殊方式来训练幼儿掌握那些比较难的节奏，还可以提高幼儿对节奏训练的兴趣。

　　人名节奏练习可以成为幼儿语言节奏练习的起点，而一些节奏鲜明、朗朗上口的儿歌也是语言节奏练习的上好材料，如儿歌《数星星》。

漫天都是小星星，闪闪放光明；

好像微笑的眼睛，看着我和你；

星星数也数不清，代表我的心；

星星闪闪亮晶晶，满满的爱都给你；

一二三四五六七，七六五四三二一；

我的爱和我的心，全都属于你；

一二三四五六七，七六五四三二一；

星星如果有听见，请它告诉你"我爱你"。

这首儿歌可以用以下几种方式来练习节奏。

（1）手拍固定节拍，口诵儿歌。

（2）手拍语言节奏，口诵儿歌。

（3）将上述（1）、（2）结合，进行两声部练习。

（4）以"轮唱"的形式分组朗诵儿歌，可以同时结束，也可以不同时结束。

（5）口诵儿歌，幼儿手执不同的打击乐器，分别按节拍、节奏或新设计的节奏型敲击伴奏。[1]

2.人体节奏活动

幼儿可以通过拍手、拍腿、踏脚、捻指、弹舌、口诵等动作，发出很多种美妙的声音，还可以边唱边做人体节奏动作。

专门的人体节奏动作训练通常采用节奏模仿和节奏应答的方式来进行。所谓节奏模仿即幼儿模仿教师的人体节奏动作，或者幼儿之间相互模仿。这些动作可以从点点头开始，逐渐加进拍拍手、摆摆臂、拍拍腿、拍拍肩、叉叉腰等。节奏应答是指教师拍出一个节奏，幼儿以拍数相同的另一种节奏来"回答"，还可以用不同动作来回答。例如，教师拍手，幼儿可以通过拍腿、踏脚或拍肩等人体动作来回答。这些人体节奏动作同样可以结合起来进行多声部的节奏训练。[2]

（二）律动

律动是幼儿在音乐的节奏下进行合乎音乐节拍的一种身体动作，大多是常见的基本动作和模仿动作。因此，教师一方面要考虑到幼儿动作发展的水平；另一方面要考虑到该年龄段幼儿对所选用的音乐能否接受和理解，也就是将动作与音乐紧密结合起来。

1.动作方面

小班的幼儿，动作能力得到初步发展，动作的灵活性和协调性比之前都提高了，并且基本上能按照音乐的节奏做动作。因此，可以让他们尝试一些稍有难度的动作，如转动手腕、踏步和在音乐伴奏下变换队形（横排、纵排）等。

中、大班的幼儿在控制能力和节奏感方面均有较好的发展，动作已经基本上能和音乐一致。绝大多数幼儿基本能感知和理解音乐节拍，并能随着音乐节拍的速度来调整自己动作的速度。到大班下学期可以增加他们动作的难度，如摆臂动作加上踏点步、十字步等舞

---

①② 郭亦勤. 学前儿童艺术教育活动指导. 上海：复旦大学出版社，2016.

步，发展幼儿的手脚配合动作的协调性和灵活性，可以从动作的方向上进行变化，也可以要求上下肢的节拍不一样，从而提高幼儿对音乐的感受能力及动作的协调性。

2. 音乐方面

幼儿动作的信号和依据是音乐。幼儿根据音乐的节拍、节奏来做动作，因此，要选用那些节奏鲜明、形象性强、旋律优美，能引起幼儿活动兴趣和意愿的音乐。

对小班幼儿或对音乐感知能力弱的幼儿，建议选用那些速度较慢，曲调便于哼唱的音乐。因为他们缺乏快速动作的能力，并且非常喜欢一边哼唱一边做动作。起初应让幼儿充分地感知音乐节奏、熟悉节拍，逐步让自己的动作跟上音乐节拍，如随着《两个娃娃打电话》（二拍子）的音乐做拍手、跺脚等简单的动作。

为了提高幼儿对音乐的感受能力和兴趣，教师要有意识地选择一些性质相同的音乐进行交替播放，使幼儿听到同类音乐便会做出相同动作的反应。例如，可将《两个娃娃打电话》的音乐换成其他二拍子的、中速的音乐，幼儿仍可做听音乐拍手、跺脚等简单的动作。

中、大班的幼儿已经初步掌握了区分、欣赏音乐的能力和经验，在教学中教师可以改换不同性质的音乐，逐步引导幼儿能按音乐的节奏、节拍的特点，以及速度、力度的变化做出相应的动作。例如，教师弹奏或播放音乐时，要求幼儿听二拍子音乐做"踏点步"，听三拍子音乐做"三步"，听四拍子音乐做"前踢步"，然后二拍子、三拍子、四拍子的音乐轮流播放，观察幼儿是否能及时改变动作。[①]

（三）舞蹈

1. 舞蹈是动作的艺术

舞蹈是通过音乐和动作塑造具体形象，表现一定主题，反映社会生活、抒发感情的一种视觉表演艺术。幼儿园舞蹈的内容主要有一些基本舞步，如踮步、小跑步、踏点步、踏跳步、后踢步、进退步、跑跳步、华尔兹步、秧歌步、滑步等，这些舞步加上简单的上肢舞蹈动作（如两臂的摆动、手腕的转动等）及简单的队形变化所构成。幼儿园常见的舞蹈形式有以下5种。

（1）集体舞。集体舞是指大家一起跳，基本上做同样的动作，跳完一遍以后可以更换舞伴。这是人人都可以参与的一种舞蹈形式。

（2）邀请舞。邀请舞是集体舞的一种变形，通常先有一部分人为邀请者，与被邀请者跳完一遍，然后双方互换角色继续跳舞。这是幼儿最喜爱的一种舞蹈形式。

（3）小歌舞或者童话歌舞。小歌舞或者童话歌舞是一种综合性较强的舞蹈形式，有一定的情节，分几个角色，可以将说、唱、跳几种音乐活动综合在一起，用舞蹈的形式表演，这是一种古老而极具生命力的幼儿音乐活动形式。

（4）幼儿自己创编的舞蹈。幼儿在已经掌握基本舞步、舞蹈动作的前提下，根据对音乐情绪性质的感受，随音乐自己创作性地想出各种舞蹈动作，以表达自己对音乐作品的理解。

（5）表演舞。表演舞又称情绪舞，人数有限，一般几人至十几人，可以有简单的队形

---

① 郭亦勤. 学前儿童艺术教育活动指导. 上海：复旦大学出版社，2016.

变化。这类舞蹈可以在平日所学的歌表演或简单舞蹈的基础上加工而成，并在节目或家长会等活动中表演。

2. 舞蹈是形体的艺术

幼儿用动作来表达自己对音乐作品的理解，抒发自己的情感，获得心灵的享受是幼儿舞蹈的目的。因此，舞蹈教材的选择要从幼儿的年龄特点、认知特点、接受能力出发，选择典型的、有代表性的、内容丰富的幼儿舞蹈内容。

小班的舞蹈动作、队形要求与律动一样，要简单、少变化、多重复，尽量多采用模仿动作和歌表演的形式，如开汽车、小兔跳、小猫走路等。在音乐的选用上，同一种舞步可以交替播放性质相同但歌词不同的音乐。

中、大班的舞蹈教材可相应的提高难度，如进行踏点步、十字步、小碎步、跑跳步、进退步等的学习。队形也需要多样化，如横队、纵队、扇形队等。动作的表达更加细腻化，既要表现出音乐的性质和情绪，也要表现出音乐的力度和速度。同时，音乐的选用尽量多样化，如音乐结构可以选择一个乐段、一种情绪的，或者两个乐段、对比情绪的。

二、幼儿园韵律活动的选材

韵律活动的选材主要包括音乐、动作及有关道具。

（一）音乐

为学前儿童韵律活动选择的音乐材料，总体上应遵循以下几个特点。

1. 长度适宜，恰当裁剪

对于选取的音乐素材，都要根据幼儿发展的实际水平和韵律活动的需要，进行恰到好处的剪辑。将音乐剪辑得更符合幼儿的认知规律，有的将音乐剪短至 1~2 分钟，目的是帮助幼儿理解和表现音乐，使音乐素材发挥最大的教育潜力。

2. 旋律优美，生动形象

吸引幼儿主动参加韵律活动的关键因素之一是旋律优美、动听的音乐作品，这也是影响韵律活动开展的整体效果的因素之一。美妙的音乐使幼儿的参与和表现欲望增强，而音乐形象的生动、鲜明和有趣，使得幼儿更加开心地用动作和游戏加以表现对音乐的感受。

3. 节奏清晰，结构工整

韵律活动是一种有秩序、有节奏、有规则的身体动作。音乐的节奏鲜明能够激发幼儿动起来的欲望，音乐的结构工整能够让幼儿比较容易把握音乐，这也使幼儿的模仿动作、舞蹈动作、游戏情节或玩法的不同发展过程与音乐的曲式结构相适应。

4. 速度适中，节拍适宜

在为小班幼儿伴奏时，应先用音乐跟随幼儿的动作；中班的幼儿逐步学会用动作跟随音乐，应选用中等速度的音乐，有研究认为以每分钟 120~130 拍的中等速度为宜；大班的幼儿控制动作的能力增强后，可采用稍快或稍慢的速度和突然变化或逐渐变化的速度。

知识拓展

韵律活动：喜羊羊与灰太狼

《喜羊羊与灰太狼》是三段式 ABC 的结构。A 段音乐采用动画片中配曲《左手右手》的伴奏选段，旋律优美、欢快，表现羊羊们集体出动；B 段音乐插入狼出场的背景音乐，营造阴森恐怖的氛围；C 段则采用的是流行音乐《甩葱歌》的选段，旋律欢快，表现大家一起智斗灰太狼。音乐与故事情节匹配，段落之间对比突出，形象鲜明，便于幼儿区分、辨别与表现。

知识链接

《喜羊羊与灰太狼》

（二）动作

1. 从幼儿的兴趣出发选择动作

小、中、大班的幼儿动作或律动游戏的兴趣点是不相同的。小班幼儿最感兴趣的是模仿动作，他们关心的是动作过程，经常性的喜欢模仿比较熟悉的事物。适当的夸张更能激起他们模仿的兴趣，如小兔跳、猴子蹦、开汽车、摇船等。中、大班幼儿喜欢表现力强、具有挑战性、竞争性、游戏性的律动动作，还喜欢合作和富有创造性的动作与造型。

2. 从幼儿的动作发展水平出发选择动作

幼儿动作的发展规律有 3 点：一是从大肌肉动作到小肌肉动作；二是从原地类的动作到移位类的动作；三是从单纯性动作到复合性动作。因此，在韵律活动动作的选择和安排中，应体现循序渐进的原则，尽量从简单的、原地的、大肌肉的分解动作入手，逐渐进入移位的复合动作及精细动作的学习。小班幼儿的韵律动作宜从原地的、单纯的、上肢或下肢动作开始，逐步进入上下肢联合的移位动作。中、大班幼儿可较多地选择移位动作、复合动作。

3. 从幼儿的发展特点出发对动作进行调整

韵律活动的主题或游戏中的同一动作，可以在不同阶段的幼儿中开展。以韵律活动《抢椅子》为例，对于中、大班幼儿来说，游戏的规则是随着音乐自由做动作，一旦听到音乐声停止，立即抢占一张椅子，若动作反应慢，即淘汰出游戏；而对小班幼儿来说，其竞争意识和动作的敏捷反应能力尚不够，教师可以有选择地改变游戏规则：不减少椅子，使每个幼儿在音乐声停止时，都能找到一张椅子，让他们充分体验游戏的快乐。同样，在选择和设计韵律动作时，要考虑幼儿的实际能力和年龄差异。[1] 在中、大班幼儿的韵律活动中，可以适当安排有结伴动作、同伴间相互配合的动作要求，如两个小朋友合作，一起

---

① 程英. 学前儿童艺术教育与活动指导. 上海：华东师范大学出版社，2015.

模仿"花"的动作；做"小蚂蚁躲雨"的动作等；而对于小班幼儿，则应考虑基本以单独的动作要求为主。

（三）道具

在选择幼儿园韵律活动的各种道具与辅助材料时要注意以下两点。

1.简单方便，利于表现

为了增强韵律活动的趣味性，教师可选择适宜的道具帮助幼儿进行想象和联想，丰富幼儿对作品的体验和理解，激发幼儿对动作和音乐的表现欲望。例如，为了帮助幼儿识别空间方位，给幼儿提供皮筋手环、缎带、小饰物等戴在一边手上或脚上，帮助其辨识左右，增强动作质量；用丝巾配合做即兴动作的创编，以帮助幼儿感知音乐的句、段划分；用进出呼啦圈的方式帮助幼儿探究不同的空间位置。

2.安全卫生，美观耐用

在道具的制作上要卫生、无毒、坚固、耐用，以免幼儿在活动过程中碰坏，造成不必要的活动障碍。最常用的有旧纱巾、各种颜色的彩带、多样化的头饰等。一物多用，有象征性，如一条纱巾，既可以是"小鱼"或"尾巴"，又可以当"新疆小姑娘"的"头巾""披风"，还可以是"妈妈"的"围裙"。如此一来既体现了道具的多用性，又能激发幼儿进行创造性思维的培养。假如道具不足，可以鼓励幼儿自制，可以在教师的引领下使用牛奶盒、饮料瓶、饼干盒等废旧物品制作。

‖‖‖‖‖‖‖‖‖‖‖　第三节　幼儿园韵律活动的组织与指导　‖‖‖‖‖‖‖‖‖‖‖

提高幼儿随音乐运动能力的重要途径是韵律活动。幼儿园韵律活动的形式主要是集体性韵律活动和区角韵律活动。主要是介绍集体性韵律活动（集体韵律教学）的组织与指导。

一、幼儿园韵律活动的指导方法与策略

教师应当多采用直观，易于被幼儿理解和接受的方法，从简单动作入手，循序渐进地进行指导。

1.运用多元方式，引发活动兴趣

兴趣是最好的老师，在丰富幼儿生活经验的基础上，还应设法引起幼儿的注意力，调动他们学习和表演律动的积极性。教师可以通过教具、故事、儿歌等方式导入，引起幼儿的注意力，激发幼儿参与韵律活动的兴趣。

其中教具导入，引发兴趣的方法对小班幼儿来说特别有效。例如，学习表演日常生活的洗手、洗脸、刷牙、梳头等几个模仿动作时，教师事先准备好教具：小毛巾、小牙刷和小梳子，再挑选一个大一些的娃娃。教学时教师边哼唱律动的音乐，边用娃娃的手拿起上

述教具逐个做出洗脸、刷牙、梳头的动作（可用透明胶纸将教具粘在娃娃手上），这样不仅能引起幼儿的兴趣，还能使幼儿准确地感受和理解动作与音乐的节奏。又如，幼儿学习兔跳动作时，教师可以用木偶小兔随音乐跳动，然后鼓励幼儿学习模仿兔跳动作。

2. 感知韵律节奏，表现随乐动作

在韵律活动开始时，教师先引导幼儿倾听、感受音乐，感知节奏，并跟从音乐的节拍做简单的示范动作，如二拍子和四拍子的拍拍手、走一走、摇摇手、点点头、叉叉腰、转一转等。同时教幼儿一些模仿性的游戏动作，如摇拨浪鼓、洗脸、喂饭、吹笛等。教这些动作之前，先让幼儿联系生活经验，想象动作，先自由探索动作，然后教师以游戏者的身份介入，进行示范讲解，或是分解动作，引导幼儿积极主动地学习并掌握动作要领。

教师在组织幼儿参加韵律活动时，需带领幼儿一起边哼唱歌曲，一边做动作，这样有助于吸引幼儿注意，提高幼儿学习的积极性；为培养幼儿跟着音乐节拍做动作的能力，教师可以选择一些性质相同的音乐交替播放，提高幼儿的音乐感受力和兴趣，使幼儿听到性质相同的音乐就会做出相同动作的反应。

3. 丰富认知经验，积累动作表象

由于幼儿年龄小，缺乏生活经验，不能用动作准确地表达和模仿某些事物的形象，只有丰富幼儿头脑中的表象，才能使幼儿的律动表演和模仿动作生动形象，富有感情。例如，小班幼儿在学习"兔跳"之前，教师带领幼儿来到动物园，去观察兔子是什么样的，以及是怎样走路的？幼儿通过亲眼观看，对兔子的外形特征、走路特点有了一定的印象。教学时，当教师一提出要学"兔跳"动作，幼儿就做出了不同的反应。有的幼儿把双手放在头上学兔跳；有的幼儿双腿弯曲，双手放在耳朵两侧，做出兔跳的样子。这样，幼儿通过亲眼观看，在头脑中留下了比较深的印象，因此，在随音乐做这些动作时，就能用各种方式，富有感情地表现出来。

4. 加强语言表述，促进动作发展

生动形象的语言讲述和引领启发，能有效地集中幼儿的注意力，有利于将幼儿的思想感情引向活动内容，并产生相关的联想与想象，促进幼儿形象思维的发展。同时通过语言表述可强化其动作要领，以及对节奏的把握。例如，教师请幼儿做出"小鱼游""小鸟飞"等动作，教师可提示、帮助幼儿回忆平时看到它们是怎么游和飞的，并鼓励幼儿边用语言描述边做出相应的动作。最后，教师可以以游戏者的身份做出比较精确形象的动作，幼儿自然就会模仿教师的动作。当然，教师应根据幼儿动作发展的特点、年龄特点及接受能力来指导幼儿的活动。在进行讲解和示范时，特别要注意采用游戏化手段，千万不能让幼儿机械枯燥地训练，同时也要注意防止和避免涉及与该动作无关的内容，否则，幼儿容易转移注意力及失去活动兴趣。

5. 遵循年龄特点，提出相应要求

随着幼儿年龄的增长，在动作的准确性、规范化和表现力上有相应的提高要求。例如，做"拾麦穗"的动作时，小班的要求是动作要准确、合拍、协调，要弯下腰去"拾"，站起来将麦穗"放"到"筐"里；中、大班的要求则比小班的高，动作也是相应的复杂化，在小班要求的基础上，还要求手腕能灵活转动，手、脚、眼配合，在乐感上要能随音乐快慢的改变而相应地改变"拾麦穗"的速度。

二、幼儿园韵律活动基本环节的组织与指导

　　幼儿园集体韵律活动的基本环节主要包括活动导入，感受音乐，理解、表现音乐，动作创编及结束环节。

　　（一）活动导入环节

　　在韵律活动导入时，教师可采用故事、儿歌、猜谜等形式，引领幼儿进入音乐所表现的游戏情景中。

　　1. 故事导入

　　故事的线索是幼儿音乐学习的一个重要支架，这能够使幼儿更好地感受音乐的魅力。例如，韵律活动《外星人》，教师首先给幼儿讲一个外星人的故事，运用故事导入激发幼儿参与韵律活动的兴趣，同时通过倾听故事帮助幼儿理解、熟悉韵律游戏的基本情节。

　　2. 儿歌导入

　　大班韵律活动《摇滚巴士》则以迈克尔·杰克逊的歌曲《Beat It》为音乐素材，执教教师以八拍为一个单位设计了一个朗朗上口念唱的儿歌，用简单的语言"公交站台等车，公交车来了快上车，找到位置拉扶手，你在干吗？""注意安全上坡了，车站到了快下车"等，同时以将每句儿歌内容串成情景故事贯穿整首乐曲，以此种方式引导大班幼儿根据节奏表演，大大降低幼儿理解旋律特点的难度。[①]

 案例链接

儿歌：编花篮

编、编、编花篮，

爸爸妈妈一起来，

编了几个大花篮。

你一个，我一个，

哥哥姐姐也一个。

大家提篮采花去，

采了花儿做花环。

你一个，我一个，

戴在头上真好玩。

　　（二）感受音乐环节

　　在感受音乐环节中，教师主要是引导幼儿熟悉音乐节奏，感受音乐的情绪、想象音乐所表现出的主体内容，同时感受音乐的乐句和乐段，有助于幼儿进行即兴舞蹈。因而教师

---

①　程英. 学前儿童艺术教育与活动指导. 上海：华东师范大学出版社，2015.

不仅要增强幼儿的节奏感，还要培养他们良好的乐段感与敏锐的乐句感。对此，教师以简单有趣的动作来带动幼儿模仿，通过游戏，让幼儿通过参与律动以熟悉和感受乐句与乐段。例如，"闪电乐"的游戏，教师持续演奏一个固定高音，像天上打雷一样发出轰隆隆的响声，幼儿分散躺在地板上，听打雷的声音。此时，教师有规律地加入另一个高音，如同闪电，幼儿听到闪电的音响，就立刻伸出手臂模仿闪电。

知识链接

中班韵律活动：
《包饺子》

（三）理解、表现音乐环节

教师可采用图谱方式帮助幼儿理解音乐，然后通过动作来表达、表现对音乐的理解。通常情况下，幼儿韵律动作的设计要简单易做，既不要只追求外在的动作优美，也不要动作整齐划一，否则幼儿将太多注意力放在动作的学习上，会忽略了真正的感知与表达。例如，在音乐律动《倒霉的狐狸》中，采用了格里格的音乐《在山魔的宫殿里》，教师引导幼儿利用动作的变化来体现音乐中的乐句，同时帮助幼儿用动作的速度、力度，取得良好的教学效果。

知识链接

中班韵律活动：
《开心机器人》

引导幼儿进行动作的理解、表现要遵循循序渐进、逐层叠加、从非移动动作到移动动作的原则。

（四）动作创编环节

动作创编环节的困惑主要体现在幼儿不知道如何创编，或是创编的动作比较单一。教师可采用以下指导方法来突破、解决教学中的难点。

一是要帮助幼儿掌握动作探究的关键，了解要表现的动作的特点。例如，韵律活动《机器人》，教师要让幼儿明白机器人动作的来源及典型的动作特点。引导幼儿进行讨论交流后明白机器人的动作是僵硬的、一停一停的，而人的动作是收缩自如的。掌握这一典型的动作特点之后，教师可引导幼儿探究用僵硬的动作来表达机器人走路、打招呼、洗脸、梳头等动作，要凸显僵硬就必须是一上一下的，再引导幼儿探索用身体各个部位来表现一上一下，如眨眨眼睛、点点头、摆动手臂，以及站起、蹲下等大动作，还可以两人合作，表现一上一下。

二是要鼓励幼儿以多种方式表现动作。幼儿的动作经验来源于生活，通过适当的方式来丰富幼儿的生活经验，引导幼儿细心地观察生活中常见的事物和现象，形成对事物和现象的认识和表象，加深对身边事物和现象的理解。

 案例链接

韵律活动：春天花儿开 [①]

教师先播放了精心准备的慢动作花开的美妙视频，因此比较好地解决了幼儿花开动作的经验问题，在幼儿头脑中形成了一个花儿开放的清晰表象。接着，教师抓住

---

① 程英. 学前儿童艺术教育与活动指导. 上海：华东师范大学出版社，2015.

形象的音乐渐进启发幼儿花开的不同方式（一瓣一瓣开和同时绽放），花开在身体的不同部位（手、头发甩开，眼睛瞪，裙子张开）。引导幼儿运用肢体运动来表现，创编花开放的姿态动作，有的幼儿把自己缩成一团变成小花蕾，慢慢地抬起头，扭着身子用手举过头顶并微微一下一下开放；还有的幼儿转着身体向上爬，一下一下摆动"花蕾"。在花朵绽放的时候，有的幼儿带着笑容眼睛瞪大一眨一眨，双手衬托在脸颊旁；有的幼儿手指一个一个的打开，小花一瓣瓣地开放；开的部位也各不相同，有的将花开在头、胸、膝盖等部位，也有的花开放的是肩、腰、脚等部位；还有的是一层一层打开自己的花瓣，手臂由头顶向身体两侧打开到中间后停住，反复做几遍，手的位置一遍比一遍离得远。

知识链接

韵律视频：
《包粽子》

在动作创编环节中，有的会涉及队形设计的环节，尤其是在集体舞中，幼儿的难点之一是记忆队形的变化。队形变化中的动作学习应注意的一般规律为：坐着做上肢运动最稳定，坐着做下肢运动则次之；坐着比站着稳定；站着比移动稳定；在规定空间状态下移动比在自由空间状态下移动稳定；在个人独立空间状态下移动比在合作交往空间下移动稳定。①

 知识拓展

队形变换的要求

在队形变换的学习中，为使幼儿看清教师的示范动作，在单圆圈的学习中，教师与幼儿站在同一个圆圈上；在双圆圈的学习活动时，教师最好是站在里圈，最初学习集体舞队形变化时，一般先从围成一个圆圈开始，渐渐过渡到站成一个圆圈，再到走成一个圆圈及走成其他非圆圈状态的队形。幼儿的合适位置的标准是能比较好地观察教师及同伴的动作，这有利于幼儿空间知觉能力和自我控制意识能力的发展。在围成圆圈时，即可以面向圆心，也可以面向圆上。在面向圆心状态下，适合做向上、向下、前后方向的上肢运动，或者做前进、后退的舞步。因为这些方向有更大的空间，且不容易发生空间混淆和互相干扰，由于幼儿左右方向的辨别能力有限，教师最好借助教具来引导幼儿区分左右。

知识链接

韵律视频：
《编花篮》

---

①　程英. 学前儿童艺术教育与活动指导. 上海：华东师范大学出版社，2015.

（五）结束环节

知识链接

韵律活动的指导要点

结束环节教师可以针对幼儿在活动过程中的兴趣、表现及与同伴合作的情况、幼儿在学习韵律过程中的学习品质等方面进行评价，可采用幼儿互评、教师评价等多元形式进行，也可在韵律表演或是韵律游戏过程中自然结束并给予评价。

IIII 第四节　幼儿园韵律活动设计与组织的案例及评析 IIII

 一、小班韵律活动设计与组织的案例及评析

小班韵律活动：洗手帕

设计意图

教师在生活活动中，发现幼儿会"噜噜噜，噜噜噜……"一边用力地搓着手帕，一边嘴里还不停地配音，当问他在干什么时，他顽皮地一笑，说："我在洗手帕呀。"原来，他在模仿搓手帕的动作和声音，可见，幼儿已经开始观察成人"洗"的动作，有的幼儿是十分细心的。幼儿凑在一起洗手帕的样子十分可爱，为此，教师组织了韵律活动"洗手帕"。

活动目标

1. 观察洗手帕的方法，模仿洗、搓、拧、晒及卷袖子动作。

2. 能够根据乐曲的快慢做出相应的动作。

3. 通过洗手帕活动，知道自己的事情自己做。

活动准备

手帕、肥皂、盆、《洗手帕》音乐 CD。

活动过程

一、以谜语导入，激发幼儿兴趣

猜谜语：一个东西四方方，天天带在我身上。有了鼻涕用它擦，出汗也要去找它。

二、通过观察，让幼儿学习模仿洗手帕的动作

1. 了解手帕的作用

师：小手帕有什么作用？小手帕脏了怎么办呢？

2. 观察洗手帕

师：请小朋友们看看老师是怎么洗手帕的。洗手帕以前做什么？（卷袖子）你也来做做吧！不要把水弄在地上，请小朋友们仔细看，老师是怎样洗手帕的？

重点：在幼儿洗手帕的过程中，教师要注意启发幼儿体会搓、洗、拧、晒动作。

师：你们看看老师在做什么？（搓、洗、拧）你们也来做做吧！

师：手帕洗好了，和老师一起晒晒手帕吧。

三、欣赏音乐，进行"洗手帕"韵律活动

1.欣赏乐曲，随乐曲的旋律拍手

师：老师给大家带来了一段非常好听的乐曲，名字叫《洗手帕》。请小朋友边听边和老师一起拍手。（拍手感受音乐旋律的不同）

2.律动学习，分解学动作

师：洗手帕之前做什么？（卷袖子）

（1）教师示范：翻手腕动作，幼儿模仿。

师：洗手帕前要干什么？谁能到前面来试试？你是怎么卷袖子的？（提示按照乐曲旋律一拍一拍做动作）

师：我们随着乐曲旋律试试吧。

（2）教师示范：搓肥皂、洗手帕动作，幼儿模仿。

重点：学习洗手帕动作。

※师：洗手帕时要用什么？我们一起来试试搓肥皂。这段音乐很慢，我们可以怎么做？（提示按照乐曲旋律一拍一拍做动作）

※师：现在开始洗手帕了，看看老师是怎么洗的？

提问：你是怎么洗的？这段音乐速度变快了，我们可以怎样洗？我们一起来学学。（提示按照乐曲旋律一拍一拍做动作）

师：手帕洗好了要做什么？

（3）教师示范：拧手帕，左看看，右看看，晒起来动作，幼儿模仿。

师：手帕洗得真干净，你们高兴吗？（教师示范，幼儿模仿）

四、完整随着音乐做动作

师：现在我们随着音乐完整地洗一次吧！（教师在音乐变化处有节奏地提示）

五、结束

教师小结：今天，小朋友们和老师一起洗手帕真是太棒了！以后你们也要自己的事情自己做！

（宜春幼专13级学五（2）班　杨霞）

活动评析

教师根据小班幼儿好动、好玩、好模仿，注意力容易转移的特点，对本次教学活动采用了循序渐进的教育方法，以幼儿的兴趣——愿意模仿，洗手帕的动作为起点，感受律动的乐趣，运用提示语："你是怎样做的？"充分发挥了幼儿的想象力，从而激发了幼儿表现乐曲内容的欲望，在活动中幼儿始终情绪高涨。

活动的第一个环节是激发幼儿的学习兴趣。小班幼儿非常喜欢猜谜语，教师通过猜谜语充分调动起了幼儿学习的兴趣。

在活动的第二个环节中教师选择了观察教学法，主要目的是为了让幼儿观察洗手帕的正确方法。帮助幼儿梳理已有的生活经验，教师通过真实再现生活中洗手帕的过程，增强幼儿的学习兴趣。

第三个环节是本次活动的学习重点。在学习模仿洗手帕的过程中，教师首先请幼儿完整地欣赏乐曲感受乐曲的节奏，然后请幼儿听乐曲随着教师拍手打节奏，等到熟悉乐曲的节奏后将拍手动作换成搓、洗、拧、晒的动作。这样做的主要目的是为了突出本次活动的难点，让幼儿能够根据乐曲的快慢旋律做出相应的动作，根据本班幼儿的年龄特点及实际情况。教师把洗手帕的4个步骤分解开来，每个步骤都做了充分的挖掘，并运用发散式的提问引导。"还可以怎样做？"充分发挥了幼儿的创造性，幼儿参与活动的积极性很高。

结束环节，教师的小结提示幼儿自己的事情要自己做，完成了本次活动的第三个目标。

整节活动乐曲旋律贯穿始终，幼儿感受了模仿生活中常见场景的乐趣。教师有节奏的语言提示有助于幼儿分辨整首音乐的旋律，引导幼儿一拍一拍地做动作，使幼儿能够按照乐曲节奏做出相应的动作，这种教学非常符合小班幼儿的年龄特点和学习特点。

 二、中班韵律活动设计与组织的案例及评析

中班韵律活动：表情歌

设计意图

《指南》指出："创造机会和条件支持幼儿自发的艺术表现和创造，让幼儿敢于并乐于表达表现"。因本土教育环境氛围原因，本班幼儿之前接触的音乐活动形式都是："老师教唱幼儿跟唱、学唱"，这种形式单调且不利于幼儿多方面素质发展。考虑到本班幼儿刚从小班升入中班，教师也刚接手这个新班级，特设计此次音乐活动《表情歌》给幼儿营造一种和谐、民主的心理氛围，让幼儿敢于并乐于表达和表现，体验一种有区别于他们往常的教育形式，为以后的音乐活动教学打下基础。

活动目标

1. 知道×××××是一种节奏型，并掌握此种节奏。
2. 能尝试用肢体动作去表现歌词和节奏。

活动重、难点

能用肢体动作表达×××××节奏型。

活动准备

1. 活动小律动，电子琴，《表情歌》儿歌视频。
2. 图谱：2张"高兴"脸谱，2张"伤心"脸谱，3张"拍手"图片，3张"踩脚"图片，6张"×××××"图片。

活动过程

一、律动导入，初步感受×××××的节奏型

师：小朋友们，我们每次活动前的小律动都是按照一定的节拍重复的动作，你发

现了吗?

　　教师小结:在歌曲中反复出现的、有一定特征的节奏称为"节奏型",刚才的小律动里面藏着的一种节奏型是"X X XX X"。

　　二、观看视频,熟悉X X XX X节奏型

　　师:小狗贝贝唱的一首《表情歌》里面也藏着"X X XX X"这样的节奏型,我们一起来看看吧!

　　师:视频里面的小狗贝贝心情怎么样?(高兴)你是从哪里看出来的?(他脸上的笑容)它高兴的时候就会干什么?(拍手)它拍手时的节奏型是怎样的呢?(X X XX X)

　　师:我们一起再看一遍是不是这样的?它拍手时的节奏型是怎样的呢?(用图谱来表示这首歌,并按图谱学唱歌曲。)

　　三、感受情绪,表现情绪

　　师:你高兴的时候是怎样的呢?你会怎样表达呢?

　　师:除了高兴之外你还会有怎样的表情呢?你会怎样表达呢?

　　活动延伸

　　音乐可以用很多方式来表达,这首歌你还能想到什么方式来表达呢?回家和爸爸妈妈一起商量吧!

　　活动评析

　　1.此次活动选材和设计来源于本班幼儿现状及需求

　　所选歌曲是幼儿感兴趣的乐曲。这首歌曲简短,也富有童趣,符合中班幼儿特点。同时执教教师通过此次活动,也满足了刚接手这个班幼儿乐于用音乐表达自己情绪情感的需要。

　　2.活动过程注重运用多元方式帮助幼儿在感知、理解过程中学习

　　整个活动过程的设计主次分明,教学环节环环相扣,层层递进。活动导入部分教师巧妙地运用教学资源,让幼儿跟随重复性节奏"X X XX X"用肢体动作做律动,集中了幼儿的注意力,也为接下来的活动做了很好的铺垫。

　　教师采用观察法让幼儿观看视频,充分调动了幼儿用眼睛看、耳朵听、嘴巴说、身体做动作等感官作用。教师善于运用提问技巧,为幼儿提炼出视频中的有效信息,很自然地引出图谱中"高兴""拍手""X X XX X"主要图片。在幼儿感受情绪和表现情绪环节中教师以幼儿为主体把问题抛给幼儿:"你高兴的时候是怎样的?你会怎样表达呢?"鼓励和引导幼儿表达,并且善于回应和总结:"高兴的时候我们脸上会露出笑脸,可能会高兴地拍拍手、拍拍肩膀、拍拍肚子、拍拍小屁股"。"除了高兴之外你还会有怎样的表情呢?你会怎样表达呢?"发散幼儿思维启发幼儿进一步思考和表达,充分体现了幼儿的自主性和主体性。

　　3.活动目标达成度较高,促进幼儿自主发展

　　通过此韵律活动进一步拓展了幼儿的知识经验,幼儿在活动中愿意表达和表现情绪情感,培养了幼儿思维发散力及体验到在音乐活动中表达的乐趣。活动中幼儿能够

在教师的引导下主动、大胆地表达自己的想法，民主和谐的氛围增进了师幼之间的感情，也为以后相关节奏型音乐活动，以及在音乐活动中使用图谱的教育方式做了一个很好的开始。

4.活动中存在的一些问题

教师语言不够简洁准确，在教师第一遍完整地唱歌时节奏与贴图谱的速度不一致，在贴图片时也没有按图谱顺序贴。教学形式只有集体活动且不够丰富，延伸部分表述不够简洁明了，回应幼儿也不够明确。

（江西省丰城市石滩中心幼儿园　晏瑶婷）

 三、大班韵律活动设计与组织的案例及评析

大班韵律活动：蛀牙的烦恼

设计意图

教师应把与幼儿园生活有关的、幼儿感兴趣的、有助于拓展幼儿生活经验和视野的内容挖掘出来作为教学内容。"刷牙"是幼儿日常生活中早晚必做的事情，但是还有部分幼儿不爱刷牙，没有养成早晚刷牙的习惯。近期班上越来越多的幼儿出现牙疼、长蛀牙的情况，根据本班幼儿的年龄特点和实际情况，教师设计了本次韵律活动。通过"帮蛀牙洗澡"的游戏形式来展现，使幼儿在轻松愉快的韵律活动中掌握保护牙齿的方法，并能够大胆想象，创造性地用富有节奏、形象的动作去表现生活活动，享受游戏的乐趣，获得积极愉悦的情感。

活动目标

1.熟悉音乐旋律，了解音乐的三段结构和表达的内容。

2.感受刷牙的快乐，学会保护牙齿的方法。

3.根据音乐变化创编动作，体验与同伴合作音乐游戏的乐趣。

活动重点

认识音乐的三段形式，了解音乐所要表达的内容。

活动难点

根据音乐的内容和变化合理创编动作。

活动准备

1.物质准备：音乐《赶跑蛀虫》，音乐图谱，谜语，3张图片（蛀虫吃牙齿、蛀虫跳舞、刷牙），自制牙刷一把、水池贴纸一张。

2.经验准备：幼儿对蛀牙的形成有一定的了解。

活动过程

一、谜语导入

小小石头硬又白，整整齐齐排两排。

天天早晚刷干净，结结实实不爱坏。

　　　　　　　　　　（打一口腔器官）

二、欣赏音乐，感知音乐的三段结构和每段音乐的内容

（1）教师出示3张和牙齿有关的图片和音乐图谱，请幼儿说说图中分别有些什么？

（2）教师结合图片和音乐图谱，完整播放音乐，让幼儿了解音乐的内容，认识音乐的三段形式。

（3）边听音乐边看图谱，加深对音乐内容的理解。

三、分段创编蛀虫和牙齿的动作及表情

（1）创编第一段，蛀虫找牙齿，吃牙齿，牙齿被咬后疼痛的表情和动作，并分角色随音乐练习。（教师带领部分幼儿示范一遍，幼儿再单独游戏一遍。）

（2）创编第二段，蛀虫吃到牙齿后做鬼脸、跳舞和牙齿生气的动作及表情，并分角色进行练习。（教师带领幼儿示范一遍，幼儿单独游戏一遍。）

（3）创编第三段，给蛀牙洗澡，赶跑蛀虫的动作。牙齿做洗澡动作，小蛀虫安静地躲在牙齿周围，大牙刷刷到哪个蛀虫，哪个蛀虫就要紧紧地跟在大牙刷后面，听到吐漱口水的声音时，赶紧跑到指定的水池里被水冲走。（教师带领幼儿示范一遍，幼儿单独游戏一遍。）

四、完整进行游戏，感受音乐游戏的趣味性

请几名幼儿当小蛀虫，其他幼儿当牙齿，一名幼儿当牙刷，完整进行音乐游戏，提醒幼儿遵守游戏规则。（针对游戏出现的问题，总结游戏经验。）

五、讨论及小结

（1）教师请幼儿根据生活经验，讨论保护牙齿的方法。

（2）教师小结：小朋友要注意口腔卫生，养成早晚刷牙，饭后漱口，少吃甜食的习惯，这样牙齿才会更健康。

活动延伸

小朋友们和爸爸妈妈在家一起收集有关保护牙齿的方法，下周一起来比一比哪个小朋友收集的方法最多！

　　　　　　　　　　　　　　　　　（丰城市孙渡公办中心幼儿园　涂甜）

活动评析

本次活动是结合近期大班幼儿的身体发育情况创编的一节音乐韵律活动，以幼儿感兴趣的"蛀牙"为切入点，音乐《赶跑蛀虫》乐曲节奏清晰，层次分明，趣味十足，符合大班幼儿的年龄特点。在活动中教师遵循《纲要》所要求的"以幼儿为主体，让幼儿在活动中充分探究，表现生活中的事。"活动过程设计紧紧围绕教学目标，教学环节环环相扣，层层递进，为了更好地达成活动目标，教师采用了适宜的教学方法和策略。

（1）根据幼儿的年龄特点和实际发展情况，教学活动层次清晰，层层递进，目标达成度较好。

通过教师的引导启发，幼儿基本能跟着音乐节奏扮演蛀虫找牙齿、吃牙齿跳圈圈舞等动作，而且由于幼儿精细动作的发展，他们能形象地用肢体、表情来表现小蛀虫和牙齿。

（2）活动开始部分，教师采用"猜谜语"的方式进行导入，抓住了幼儿的兴趣点，激发了幼儿的学习兴趣。

（3）在活动中幼儿能积极主动参与律动创编，表现力很强。

在活动中，教师以游戏的形式进行教学，注重对幼儿的启发、引导，幼儿的活动兴趣浓厚，积极创编，并能够配合音乐的变化大胆表现，体现了幼儿"玩中学，玩中求进步"。

（4）在活动环节中，教师采用"谁动作好，谁反应快，谁观察得最仔细"等隐性的榜样作用，在注重幼儿生活经验的基础上创编动作。因为幼儿的个体差异不同，教师针对不同的幼儿因材施教，采用"个别示范教学"来帮助能力弱的幼儿，让幼儿在观察、模仿中学习，来达到良好的教学效果。

（5）在活动过程中，教师重视幼儿游戏规则意识的培养。

在完整进行游戏环节时，教师采用"同伴合作"的方式组织幼儿游戏，游戏开始前，教师着重强调游戏规则，提醒幼儿认真感受音乐并做出相应的动作。当幼儿在游戏进行中出现问题时，教师能及时提醒幼儿出现的问题，以"合作者、支持者"的身份参与到游戏中，不仅增强了幼儿的规则意识，增进了"幼儿与幼儿之间""教师与幼儿之间"的感情，还提高了幼儿们的合作交往能力。

（6）教师教学过程中应该多注重游戏的趣味性，准备充分的活动材料。

在游戏进行时，幼儿在扮演"蛀虫"和"牙齿"两个角色上出现了区分错误的问题，教师可以提前准备充足的"蛀虫"和"牙齿"的头饰，这样不仅可以更好地帮助幼儿区分自己在游戏中的角色，还能激发幼儿的游戏兴趣。幼儿会以更好的状态投入到游戏中，从而提高游戏的趣味性。

（7）教师教态自然，语言生动趣味，动作活泼且具有感染力。但是有时用词不够准确精练，语言组织方面缺乏逻辑性，需要进一步加强。

思考与实训

一、思考题

1.简述如何为幼儿选择音乐律动作品。

2.简述如何组织与指导幼儿园音乐韵律活动。

3.简述幼儿园音乐韵律活动的目标。

二、案例分析

材料：

小班韵律活动：爱我的宝贝

活动目标

1. 倾听歌曲并初步了解歌曲的内容。

2. 尝试用简单的动作表示陪陪我、亲亲我、夸夸我、抱抱我。

3. 感受爸爸妈妈和宝宝之间的爱。

活动准备

音乐《爱我你就抱抱我》，爸爸、妈妈、宝宝的头饰各一个。

活动过程

1. 儿歌《爱我你就抱抱我》导入

欣赏歌曲《爱我你就抱抱我》。

师：今天老师带来了一段好听的音乐，请小朋友们来听一听。

2. 了解歌曲的内容

（1）初步了解歌曲的内容。

师：你听到歌曲中唱了什么？

（2）用语言表达自己的想法与感受。

师：当歌曲中唱到爸爸妈妈如果你们爱我就多陪陪我、亲亲我、夸夸我、抱抱我时，你希望爸爸妈妈怎么做？

3. 尝试创编歌曲动作

（1）用动作表示陪陪我、亲亲我、夸夸我、抱抱我。

师：爸爸妈妈爱我的时候会陪陪我、亲亲我、夸夸我、抱抱我，请小朋友们用动作表示。

（2）角色扮演。

师：请小朋友来扮演爸爸妈妈和宝宝，表演歌曲。

活动延伸

请小朋友们回家和爸爸妈妈一起表演儿歌。

问题：结合本章内容的学习，请评析一下这节小班音乐韵律活动。

三、章节实训

把学生分为3组，抽签决定每组的成员，由学生自己在每组中选出一名组长，完成小班、中班、大班的模拟授课。主题自定，每组均要完成录制授课视频、编写活动教案、写出教学反思等3项任务。

第四章 幼儿园演奏活动的设计与指导

引入案例

　　又到了每周一次的打击乐活动时间，佳宝高高兴兴地来到了打击乐活动室，他敲敲这个乐器，又敲敲那个乐器，一副兴趣盎然的样子。活动开始了，老师问："你们想选什么乐器来给音乐伴奏呢？""老师，我选摇铃""我选响板""我选沙槌"……佳宝小声地说："我想选刮胡。""为什么呢？""因为刮胡像一条鲨鱼，我喜欢鲨鱼！"佳宝拿着刮胡进行自主探究，只见他拿起刮胡，先敲敲、再刮刮，在反复地敲、刮中，一直认真地倾听着刮胡所发出的声音，不时小嘴里还嘟囔几句。"老师，刮胡的声音真好听，我想用刮的方法来演奏行吗？""没问题，你喜欢用什么方法演奏就用什么方法吧！"在老师的鼓励下，佳宝顺利地完成了他的第一次独立配乐，和班上同伴们愉快地合作演奏开始了。

（江西樟树市第二幼儿园　孙小红　周慧）

　　问题：幼儿对乐器很有兴趣，乐器演奏有利于幼儿多方面发展。那么，幼儿园乐器演奏活动的目标是什么？乐器演奏活动的内容、选材有哪些？如何有效地设计和组织幼儿园演奏活动呢？

学习目标

1. 了解幼儿园打击乐器演奏活动的总目标、各年龄阶段目标。
2. 了解打击乐器演奏活动的内容、选材及活动的组织与指导等相关知识。
3. 了解幼儿常用乐器的种类和有关配器的知识。
4. 学习打击乐器演奏的简单知识技能。
5. 学会设计幼儿打击乐器教学活动并组织活动。

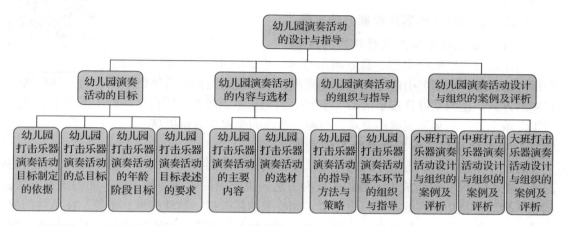

所谓演奏，就是用乐器表演。幼儿可用的乐器除了打击乐器外，还有钢琴、电子琴、小提琴、扬琴、口琴、口风琴、葫芦丝、二胡、古筝、尤克里里（又名夏威夷小吉他）等，其中打击乐器是最常用也是幼儿最能驾驭的。

打击乐是最原始的、最现代的、最民族的，它是一种充满乐趣的音乐活动。打击乐器很容易操作，音色明亮且有个性，同时便于携带，方便集体使用，所以成为幼儿园演奏活动的首选。基于以上原因，本章我们将以打击乐器演奏为例进行阐述。

第一节 幼儿园演奏活动的目标

打击乐活动是幼儿园艺术教育的重要内容之一，不仅能帮助幼儿感受美、体验美、表达表现美，发展音乐能力，初步掌握乐器演奏的一般知识和技能，发展节奏感和对音色、曲式结构、多声部组体表现力的敏感性，提高幼儿感受表现节奏的能力，还能发展其他非音乐能力，如培养幼儿良好的学习品质，推动幼儿智能发展，增强其自信心，坚强其意志，发展自我控制能力，培养基本的合作和创造的意识与能力，培养组织纪律性与责任感。

一、幼儿园打击乐器演奏活动目标制定的依据

幼儿园打击乐器演奏活动目标的制定，既要把握幼儿打击乐器演奏能力的基本要求，又要把握幼儿打击乐器演奏能力的发展，这样确立的目标才能促进幼儿演奏水平的发展。

（一）打击乐器演奏能力的要求

幼儿打击乐器演奏能力既是幼儿节奏能力发展方面的一个表现，也是幼儿音乐感知、理解及创造音乐能力的具体体现。打击乐器演奏能力的发展主要包括操作乐器的能力、合

乐性、合作性及创造性等 4 个方面。理想的打击乐器演奏活动能促进这些方面的发展，使幼儿能够掌握最基本的运用打击乐器与音乐交流、与他人交流的意识和能力。

知识链接

打击乐器演奏能力
的发展

（二）幼儿打击乐器演奏能力的发展[①]

1. 小班幼儿打击乐器演奏能力的发展

幼儿具有天然的节奏感，喜欢敲敲打打。小班幼儿好奇心强，日常生活中的各种声响都能引起他们的探究兴趣，乐器更是他们以身体创造声音的一种自然而有趣的方式。他们觉得打击乐活动"好玩"，但随乐意识较差，因而常陶醉于摆弄乐器而游离于音乐之外，忘却了演奏的要求，节奏、音色的把握都有待提高。

2. 中班幼儿打击乐器演奏能力的发展

通过一年左右的练习，中班幼儿在乐器的操作和演奏技能方面较小班幼儿有了较大的进步。他们不仅能模仿成人、教师的演奏方法，也开始探索同一种乐器不同的演奏方法，还能掌握演奏技巧稍高的一类打击乐器，如铃鼓的晃、摇，沙球的振、击等。在乐器的演奏过程中，他们对于乐器音色、力度、速度的调整和控制能力也有所提高。基本具备了初步的随乐意识，演奏也可以合拍了。合作协调性方面表现出不仅能够与同伴同时开始和同时结束演奏，而且能在 2~3 个不同声部的演奏配合中，处理好自己声部与其他声部之间的协调关系，这一年龄阶段的幼儿在打击乐演奏活动中看指挥、理解指挥手势含义的能力有所发展。

3. 大班幼儿打击乐器演奏能力的发展

大班幼儿使用和掌握的打击乐器种类更多，操作乐器的能力也更强。演奏技巧、音色、力度的把握，随乐能力、合作能力和运用乐器表现音乐的能力及创造力方面都有了较大提高，能够用较复杂的方法演奏乐器并进行合奏。他们对于指挥手势的暗示理解也较明确，甚至能够学会看指挥的即兴变化来调整自己的演奏，还能和同伴用体态表情进行情感交流。同时，大班幼儿能够积极参与为乐曲选择乐器和节奏型的配器方案讨论，也能自发地探索音乐、探索打击乐器的制作，大胆尝试参与即兴指挥。

二、幼儿园打击乐器演奏活动的总目标

1. 情感态度目标

享受参与演奏活动的快乐，体验与他人协作的乐趣，乐于参加演奏活动，养成良好的活动常规。

2. 认知目标

（1）了解一定乐器知识，知道常用打击乐器的名称、音色和演奏方法。

（2）积累一定的音乐语汇。包括音乐曲调的语汇、打击乐器演奏节奏型的语汇、打击乐器的各种不同音色及其表现力的语汇。

---

① 黄瑾. 学前儿童音乐教育（修订版）. 上海：华东师范大学出版社，2006.

3. 技能目标

（1）发展运用乐器进行艺术表现的能力。能选择合适的乐器，选择适当的节奏型，用自然协调的动作来演奏，用适中的音量和好听的音色来表现；能随时注意倾听音乐和其他声部的演奏，使自己的演奏与集体的整体音响相协调一致。创造性地运用乐器进行艺术表现。

（2）发展感受音乐的能力。其中包括对所有音乐要素的敏感性，如节奏感、旋律感、音色感、结构感（主要指音乐横向的曲式结构）及织体感（主要指多声部音乐各纵向层次之间的织体结构）。

 三、幼儿园打击乐器演奏活动的年龄阶段目标

根据幼儿发展情况，按幼儿年龄段，总目标分解如下。

（一）小班（3~4岁）目标

1. 情感态度目标

（1）积极参加打击乐器活动，能按意愿迅速选择自己喜爱的乐器进行演奏。

（2）养成看指挥演奏打击乐器的习惯，学习与集体保持速度一致地演奏，养成爱护乐器的习惯。

2. 认知目标

（1）认识手铃、串铃、碰铃、木鱼等打击乐器。

（2）探索、掌握以上乐器的使用方法，感受其音色。

3. 技能目标

（1）能初步学习跟随乐曲录音进行打击乐演奏。

（2）练习看指挥进行演奏，并能控制乐器的音量；在集体演奏时学会控制乐器，不随便发出声音。学习看指挥开始和结束演奏。

（3）学习倾听，能在倾听的基础上与同伴共同演奏乐器，参加两三种乐器的齐奏。

（4）在教师的启发下，学习用慢、快两种速度敲击乐器。

（二）中班（4~5岁）目标

1. 情感态度目标

（1）能集中注意看指挥并享受用整齐的声音一起演奏的快乐。

（2）体验轮流演奏的快乐。

（3）在教师的指导下学习简单的指挥动作，积极尝试做小指挥，体验指挥的快乐。

（4）养成爱护乐器的态度和习惯。

2. 认知目标

（1）自由探索和尝试几种打击乐器（铃鼓、圆舞板、鼓、沙球、蛙鸣筒、双响筒等）的演奏方法，进一步学习简单的打击乐合奏并保持自己的节奏型。

（2）学习利用图谱理解乐曲的结构和性质，尝试为乐曲设计打击乐简单的配器方案。

3. 技能目标

（1）能较专注地倾听教师的语言指令演奏乐器，乐器不演奏时按要求放好，不发出声音。

（2）能根据身体动作的特征选配相应的乐器演奏，并能在身体总谱的暗示下，初步记住配器方案。

（3）对指挥的要求做出积极反应，提高合作意识、演奏水平，在集体中学习保持与音乐、与他人协调一致。

（4）学习控制自己敲击动作的幅度，力求让乐器发出悦耳的声音。能根据某故事情节等的发展，有控制地演奏乐器；能用不同力度的歌声表现歌曲中的形象，并学习用合适的力度边唱边演奏。

（5）在熟悉乐曲旋律的基础上，学习用相应的语音念出节奏谱，并根据语音谱拍出节奏谱。

（6）大胆地用乐器、自然物的不同音色、节奏型表现对音乐的感受和对事物的认识。

（三）大班（5~6岁）目标

1. 情感态度目标

（1）有意识地体会打击乐器的演奏效果，注意乐器的音量、音色与乐曲情绪的一致和谐，体验集体合作性活动的愉快。

（2）积极参与集体设计演奏方案，进一步养成对集体和乐器负责的积极情感。

2. 认知目标

（1）积极参与节奏活动，学习更多乐器（三角铁、双响筒、钹、锣等）的基本演奏方法。

（2）学习用打击乐器表现乐曲中重音、连续的长音等的方法。

（3）积极尝试、主动参与自制乐器，辨别乐器的音色。

3. 技能目标

（1）看指挥调节自己敲击乐器的速度。能在高度紧张和兴奋的条件下有克制地演奏；能根据教师的动作暗示，进行轮奏、分奏、齐奏。

（2）根据音乐的快慢变化拍出节奏型，创编身体动作总谱，并将领唱和齐唱的形式迁移到配器形式中。用不同的身体动作表现音乐形象，并根据身体动作的变化选择合适的乐器演奏。

（3）根据乐曲的强弱、疏密特点，选择相应的乐器表现。尝试将身体动作和嗓音模仿声音转换成不同乐器的配合演奏。

（4）制订自己的指挥方案，并按照指挥方案进行指挥。练习按即兴指挥手势进行演奏，并能在整个活动中保持对音乐性质特点的体验和表现。

（5）根据已有的节奏型为乐器设计出配器方案。用不同的象声词表现舞蹈动作的节奏型，并根据不同的象声词探索打击乐的配器方案。能将舞蹈动作转化为节奏动作，并学习用打击乐器演奏。

四、幼儿园打击乐器演奏活动目标表述的要求

（1）全面，即从认知目标、情感态度目标、技能目标三维角度表述。

（2）目标明确。目标应具有可操作性，不能大而空、抽象、笼统。

（3）难易适度，指向幼儿的最近发展区，不能过高或过低。

（4）行为主体一致。不管从教师的角度还是从幼儿的角度，同一个活动，表述的行为主体要一致。

案例链接

幼儿园中班艺术活动：爱我你就亲亲我（打击乐）

活动目标

1. 感受音乐的节奏和强弱，熟悉曲中 RAP 部分中的"陪陪我""亲亲我""夸夸我""抱抱我"的节奏型 **ＸＸＸ**。

2. 学习看图谱演奏打击乐器来表现歌曲中 RAP 部分中陪陪我、亲亲我、夸夸我、抱抱我的节奏型。

3. 乐于参与打击乐器活动，体验合作敲击的快乐。

此活动目标的制定是从幼儿的角度来提出的，清晰全面，具有可行性和操作性，总体来说是比较科学适宜的目标。

技 能 实 践

请根据艺术活动：打击乐器演奏《欢乐颂》，分别给大、中、小班的活动写出目标。

|||||||||| 第二节　幼儿园演奏活动的内容与选材 ||||||||||

　一、幼儿园打击乐器演奏活动的主要内容

幼儿园打击乐器演奏活动教育内容主要有打击乐曲、打击乐器演奏的简单知识技能和打击乐器演奏的常规。

（一）打击乐曲

音乐作品的选择是打击乐器演奏活动的灵魂，演奏的乐曲要符合幼儿的年龄特点和实

际水平，指向最近发展区。节奏鲜明、轻松有趣的儿歌是初学者的首选，待水平提高后，难度随即可以加大，不同乐器有不同的经典练习曲目。

打击乐主要是根据乐曲来打击乐器，通过各种乐器给音乐配伴奏，以使乐曲更动听。同时也能使幼儿通过乐器敲击来表达和表现对音乐的感受和理解。幼儿园演奏的乐曲一般有两类：一类是伴随歌曲或旋律乐器演奏的器乐曲进行的打击乐器演奏乐曲，如《西班牙斗牛士》；另一类是纯粹由打击乐器或替代性的打击乐器来演奏的打击乐曲，如《鸭子拌嘴》。这些打击乐曲的演奏方案，有的是由专业音乐工作者创作的，有的是由幼儿园教师创作的，也有的是在幼儿教师的帮助下由幼儿自己创作的。

（二）乐器演奏的知识与技能

幼儿在幼儿园的乐器演奏活动中，可以了解和掌握与乐器有关的知识技能、与配器有关的知识技能、与"指挥"和"看指挥"有关的知识技能等。

1. 乐器和乐器演奏

幼儿可用的乐器有钢琴、电子琴、小提琴、扬琴、口琴、口风琴、葫芦丝、二胡、古筝、尤克里里等，可以接触到的打击乐器主要有大鼓、铃鼓、串铃、碰铃、三角铁、钹、锣、木鱼、双响筒、圆弧响板、蛙鸣筒、沙球等，有的幼儿园还有小军鼓、中国鼓、定音鼓、爵士鼓、非洲鼓、马林巴等。与上述乐器有关的简单知识技能为：了解常用乐器的名称、形状、质地、音色特征及一般持握演奏方法等。

1）幼儿园的打击乐器种类

（1）金属乐器：属于高音乐器，声音高亢、明亮、延绵音长，穿透力较强，如三角铁、碰铃、大镲、锣等。有的乐器音量较大，合奏时需注意控制，有的乐器音量较小，不适合强拍使用。金属乐器演奏有余音，不宜演奏快速的节奏型。

（2）木制乐器：由木质或竹质材料制成。木制乐器属于中音乐器，声音清脆、明亮、短促，无延绵音，颗粒性强，适合表现较复杂、速度较快的节奏型，演奏起来节奏清晰、干净利落，如双响筒、木鱼、响板等。

（3）散响乐器：主要是根据发声特点来命名的。其特点是发出的声音小、散，可以持续演奏长音，不宜表现较快或较慢的节奏，如铃鼓、沙球、串铃棒、手串铃、腰铃、脚铃等。

（4）皮革乐器：由皮革蒙在有共鸣体的圆桶上制成的鼓类。皮革乐器有较强的共鸣声，音量较大，许多鼓音色相对较低沉、浑厚，适合低音声部，在强拍上给人稳定感，如大鼓、手鼓、腰鼓、定音鼓、小军鼓等。

（5）有音高乐器：介于节奏乐器和旋律乐器之间，有音高，音色随材质和发音特点不同而不同。例如，钟琴，声音清脆明亮，富有诗意和儿童气息，常在高声部，持续音长，不宜快速音乐；木琴，共鸣声强，可做旋律声部；钢片琴，音色低沉、圆润、光泽、具有"流水般的"金属声音。

知识链接

幼儿园常用的部分
打击乐器介绍

2）幼儿园打击乐器的配备

打击乐器在幼儿园中的配备要考虑：不同材质的打击乐器有不同的声响效果，所以一套打击乐器中，金属类、竹木制类、散响类、皮革类要各占一定比例；为节约资金，可以采用幼儿园配备、班级借用的形

式配备，即各班教师可以到园里借用打击乐器，在不同年龄班使用，教师则根据幼儿情况经常更换或自制乐器。当然，数量上至少应保证幼儿人手一件（或一对）打击乐器。

3）与演奏乐器有关的一般技能

与演奏乐器有关的一般技能主要包括：用自然协调的动作演奏；演奏出适中的音量和美好的音色；注意倾听音乐和他人的演奏，并使自己的演奏与整体音响相协调。

2. 配器

配器就是给一段主旋律配上多声部伴奏的总谱的过程，这是一种比较复杂的音乐过程。幼儿园配器主要是指教师引导幼儿用集体讨论的方式，选择适当的节奏型及合适的乐器，为幼儿所熟悉的歌曲或乐曲设计伴奏的一种活动方式。与此有关的知识技能主要有：知道如何按乐器的音色给乐器分类，知道如何利用乐器的搭配制造某种特定的音响效果，知道如何通过集体讨论等方法，为指定的歌曲或乐曲选配合适的节奏型及音色安排方案，并能用简单的图形、语音、动作等符号记录设计好的配器方案。主要步骤如下。

（1）欣赏音乐，分析音乐，熟悉音乐。对音乐进行反复哼唱、弹奏、倾听和感知、体验，揣摩音乐的情绪、风格和趣味。分析音乐的节奏特点和结构特点，感知音乐结构中的部分与主体的关系、重复与变化的关系。

（2）了解乐器，给乐器按音色分类。不同的乐器有不同的特点，每一种都有自己独特的构造、音色、演奏手法和擅长表现的风格内容，适合演奏不同的音乐作品，因此要了解其特点。

（3）合理搭配乐器，制造特定音响效果。了解并根据乐器的性质、情绪、风格选用相应的乐器，同时要分析乐曲的形式、节拍、节奏及旋律的特点，找出有呼应、对比和变化的地方，从而选用合适的乐器。

例如，要制造强烈的效果，可以在乐曲高潮处用较多的乐器齐奏，可用大鼓、大钹或其他可摇响的乐器持续猛烈摇奏等；制造热烈欢快的音乐形象也适宜选用铃鼓、大鼓、锣、钹等强音乐器。又如，要制造轻快、柔和的效果，可用较少的乐器演奏，如响板、串铃；用可摇响的乐器，如铃鼓、串铃等轻柔地持续摇奏可制造轻盈、跳跃的音乐效果。三角铁、碰铃等打击乐器发出的声音带有余音，所表现出来的效果是连绵的；双响筒、木鱼等打击乐器所发出的音色比较清脆，可以用在节奏欢快的乐曲中；像蛙鸣筒等特殊乐器能发出特殊的音色，给乐曲增添几份生气。乐器搭配不当，可能会起反作用，如乐曲《西班牙斗牛士》和《小星星》两首乐曲的曲风是截然相反的，而如果将能凸显《西班牙斗牛士》中刚劲有力的乐器——大鼓和小军鼓加入到《小星星》中，就可能带来听觉上的混淆。

（4）根据音乐形象，选配安排合适的节奏型。欢快活泼的、优美安静的和雄壮有力的音乐，所选用的节奏型是不一样的。节奏音型的选配一般采用固定的、均匀的节奏型并结合歌曲或乐曲本身的节奏。幼儿常用的节奏型有二分音符、四分音符、八分音符、十六分音符、前八后十六分音符、前十六后八分音符，以及八分附点音符、切分音等。

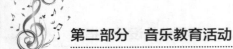

案例链接

固定的均匀节奏型：

1　1　|　2　2　|　3　3　|　4　4　|
X　X　|　X　X　|　X　X　|　X　X　|
X　—　|　X　—　|　X　—　|　X　—　|

再结合歌曲或乐曲的节奏《铃儿响叮当》：

3　3　3　|　3　3　3　|　3　5　1　2　|　3　　—　|
X　X　X　|　X　X　X　|　X　X　X　X　|　X　　—　|
X　　　X　|　X　　　X　|　　　X　|　X　　　X　|
X　　—　X　|　—　X　|　　—　X　|　—　|
XXX　XXX|XXX　XXX|XXX　　XXX|XXX　XXX|

（三）幼儿园打击乐器记谱方法

考虑到幼儿的年龄特点和认知规律，除了常用的简谱和五线谱通用总谱外，幼儿园打击乐器记谱方法可更多采用变通总谱，能在短时间内较快地帮助幼儿理解和记忆乐曲的节奏、音色结构。

1. 语音总谱

用语音表现配器方案，可用有意义的字、词、句子、象声词、歌曲的衬词或无意义音节来表现节奏、音色、速度、力度的变化及其结构。总谱尽量有趣、易记、上口，如《粉刷匠》，曲谱如下。

5　3　5　3　|　5　3　1　|
X　X　X　X　|　X　X　X　|
鸡 飞　鸭 跑　小 兔　跳

又如，《我爱我的幼儿园》，曲谱如下。

2/4　1　2　3　4　|　5　5　|　5　5　3　1　|　2　3　2　||
节奏：X　0　|　X　　X　|　X　　X　|　X　X　X　||
语音：铃　0　|　嚓　嚓　|　叮　嗒　|　叮 叮 嗒 ||
配器：铃—铃鼓；嚓……沙槌；叮—碰铃；嗒—木鱼。

2. 动作总谱

用身体动作表现配器方案，如在乐曲《我爱我的幼儿园》前两句旋律中使用了拍手、拍头、拍肩等动作，基本相当于奥尔夫中的声势练习。其总谱的意义是：跟随第一行的音乐，按照第二行的节奏，做第三行规定做的动作，演奏第四行编配的乐器。3 种不同的身体动作表示用 3 种不同音色的乐器演奏。这种总谱从某种意义上来说，需要幼儿思维替代、转换过程，有利于思维的锻炼。

例如：

2/4　　1 2　3 4 | 5 5　5 | 5 5　3 1 | 2　3　2 ||

节奏：　X　0　 | X　　X | X　　X | X　X　X ||

动作：拍手　　 | 拍手　　| 捻指　拍肩 | 捻指　拍肩 ||

配器：拍手—用铃鼓、沙槌；捻指—用碰铃；拍肩—用木鱼。

3. 图形总谱

用形状和色彩表现配器方案，如《我爱我的幼儿园》。

例如：

2/4　　1 2　3 4 | 5 5　5 | 5 5　3 1 | 2　3　2 ||

节奏：　X　0　 | X　　X | X　　X | X　X　X ||

图形：⊙　　 | ⊙　　| ○　　□ | ○　□　 ||

配器：⊙—铃鼓、沙槌；○—碰铃；□—木鱼。

以上总谱幼儿只需学会随旋律做动作、看图和朗诵，并不需要看旋律和节奏谱。

如图 2-4-1 所示，图谱直接把乐器标示出来了，幼儿看着谱子就可以很方便演奏。

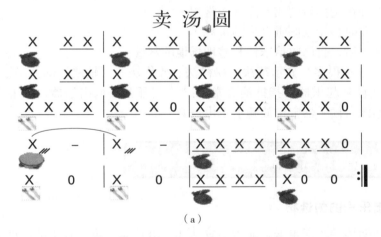

（a）

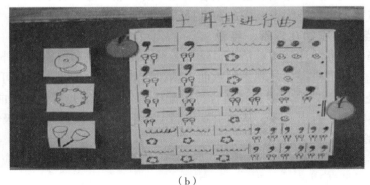

（b）

图 2-4-1　图谱

技能实践

请用3种变通记谱法为《蜜蜂做工》设计打击乐总谱。

知识链接

《蜜蜂做工》

（四）打击乐器演奏常规

打击乐器演奏活动是具有很强操作性的活动，由于幼儿好奇心强，自制力较差，拿起乐器就喜欢敲敲摇摇，因此，打击乐器演奏活动比舞蹈、唱歌等其他教学活动更难组织，它需要教师帮助幼儿建立必要的常规，主要内容包括以下几点。

（1）听音乐信号拿放乐器。

（2）乐器拿起后或打击乐停下时放好，不随便发出声响，影响集体。

（3）乐曲开始前，拿起乐器看指挥信号。

（4）徒手模仿各种乐器演奏的常规。

（5）演奏各种乐器的常规。

（6）指挥者和被指挥者的相互注视的常规。

（7）演奏乐器时，相互倾听合作的常规。

（8）演奏结束后，自己收拾乐器和整理场地的常规。

培养常规的方法很多，如示范法、榜样法、操作法等。辅之以幼儿易于理解的语言，效果更好，如轻轻拿起乐器看指挥演奏常规："小门开开，取出乐器，关上小门，眼睛看指挥，当没开始的时候乐器宝宝放腿上不出声音"等。

二、幼儿园打击乐器演奏活动的选材

（一）打击乐乐曲的选材

打击乐乐曲的选择至关重要，能否适合幼儿年龄特点、是否易于幼儿理解、是否符合幼儿的认知特点等均是影响因素，因此在选择乐曲时应注意以下几方面。

1. 乐曲特点，易于幼儿理解、接受

为幼儿选择的乐曲除注意节奏清晰、结构工整、旋律优美和形象鲜明外，还要多为年龄较小的幼儿选择他们已经比较熟悉的歌曲、韵律活动曲或欣赏曲。教师可以注意观察和发现幼儿平时爱唱的歌曲，从中选择适合打击配乐的乐曲，幼儿对这样的曲子兴趣更浓，也便于掌握节奏特点、打出效果，从而引发他们主动学习、主动探索的积极性。

2. 幼儿年龄特点

针对不同年龄阶段的特点、认知特点、对音乐的感知和理解能力等，应为其选择适宜的乐曲开展打击乐器活动。

3~4岁幼儿选择的音乐最好是幼儿比较熟悉的歌曲或韵律活动的音乐，音乐的节奏最好比较简单，结构以短小的一段体为宜。例如，《两只老虎》《小星星》等，节奏为2/4拍，

结构简单，节奏鲜明，并配有歌词。又如，《大雨和小雨》节奏特点非常明显，前 8 小节与后 8 小节旋律完全相同，中间 8 小节有所变化。

4~5 岁阶段幼儿可逐步加入具有民族个性和不同风格的音乐，如《音乐的瞬间》《木瓜恰恰恰》《北京的金山上》等，这些音乐既朴素、单纯，又优美、动听。通过对这些音乐的采用，既培养幼儿的奏乐兴趣，又能提高幼儿对中外音乐的感受能力。

为 5~6 岁幼儿选择的音乐可以更广，音乐的节奏也可以稍微复杂一些，结构可以是一段体也可以是两段体或三段体。不仅可选用具有明显地域、民族个性的音乐，还可以加入一些气势宏大、音乐结构复杂的大型音乐片断，如《土耳其进行曲》《水仙花圆舞曲》《瑶族舞曲》等，这些音乐对演奏乐器的水平、对音乐的理解能力等方面都有较高的要求。例如，《水仙花圆舞曲》为 3/4 拍的音乐，在演奏时要表现出强弱弱规律；《瑶族舞曲》中 B 段音乐要求不同乐器的快速转换，幼儿要有较好的乐器演奏水平才能达到要求。

3. 选材应由易到难，注重循序渐进

刚开始练习打击乐器时，最好选择节奏鲜明的乐曲，因为节奏特点明显的乐曲容易敲击出效果。例如，进行曲具有节奏清晰、强弱分明、节拍工整的特点（多为 4/4 拍或 2/4 拍）；结构多是均衡对称方正形；旋律多是雄壮有力、豪迈稳健，这样便于幼儿掌握节奏特点。待幼儿有了一定的积累后可再选择一些节奏较复杂的乐曲。

（二）乐器的选择

在为幼儿选择乐器时一般应考虑乐器的音色要好，乐器的形状、大小、重量要适合幼儿持握，乐器的特定演奏方法要适合特定年龄幼儿运动能力的发展水平。

（1）音色要好。例如，铃鼓鼓面一般不宜选用塑料制或铁制。

（2）大小及重量需适合幼儿。例如，吉他，可选用尤克里里，架子鼓、小提琴等，也有小型号的儿童鼓、儿童琴。再如，打击乐器，铃鼓直径一般不宜超过 15 厘米，最好选用 12 厘米左右的；碰铃铃口的直径最好为 3 厘米左右；三角铁钢条的横断面直径最好为 0.5 厘米左右；木鱼的底面积一般不应大于幼儿的手掌面积。

（3）乐器的演奏方法要适合不同年龄幼儿的运动能力的发展。例如，3~4 岁幼儿可以选用铃鼓、串铃、沙球、响板和碰铃等对手眼协调要求不高的乐器；4~5 岁幼儿可以选用对手眼协调有一定要求的木鱼、蛙鸣筒、小钹和小锣等；双响筒和三角铁等对用力均匀和手眼协调都有较高的要求的乐器可由 5~6 岁幼儿选用。

当然，也可以自制乐器。目前，幼儿园利用各种材料自制打击乐器非常普遍。自制乐器的过程，也是培养幼儿创造力、动手能力的过程，是培养幼儿树立环保意识的过程。例如，可以用废旧易拉罐、塑料瓶、竹筒装沙子、米粒或其他颗粒做成沙槌、沙筒，或者利用身边的自然资源（如毛竹）为原材料，自制沙盘、串铃、拨浪鼓、三角竹、双响梆子、快板、砂竹、竹琴等系列打击乐器。

（三）选择适宜的配器方案

1. 遵循科学的配器原则

遵循科学的配器原则即适合幼儿使用乐器和对变化做出相应的实际能力的原则。配器方案中选用的乐器种类和演奏方法应是特定年龄阶段幼儿能够接受的。应以大肌肉（手臂）动作为主、手眼协调要求较低的动作逐步过渡到部分利用腕、指动作和手眼协调要求较高的动作为选配原则。配器方案中的节奏变化和音色变化的频度和复杂程度应是特定年龄阶段幼儿能够接受的。所以，小班常以齐奏为主，节奏简单且变化小，中、大班则节奏可稍复杂一些，可用不同乐器轮奏或合奏，不同乐器也可同时演奏不同的节奏型。

2. 注重配器的艺术性

配器音响效果与原来的音乐相协调；配器本身富于趣味性、新颖性和整体统一美感。配器产生的音响效果能够与音乐原来的情绪、风格、结构相一致。例如，乐曲《小看戏》是一首东北民歌，原曲设计时用小锣按 ×× 节奏型在每句末尾演奏，就很贴切。

艺术性不排除个性，有时还需要彰显个性，张扬个性。因此，配器能够通过重复强调出作品的整体统一性，也可以通过适宜的变化增加作品的丰富性。既可以通过节奏和音色的改变强调"变化"，又可以通过节奏和音色的改变强调"统一"。配器的节奏可以因幼儿的情况而变化，小班音乐的节奏密或疏，配器节奏也跟随音乐密或疏；大班则可以疏密相反。另外，配器的节奏更可以随音乐情绪而变化，如恬静的音乐一般节奏配得疏，音量也不大，而另一些音乐的高潮部分或情绪激动部分，配器则可以更丰富，乐器更多，音量更大，节奏密度更大。

知识链接

中班打击乐器演奏活动配器步骤《八月桂花遍地开》

3. 掌握科学的配器步骤

配器的步骤一般分为"熟悉音乐—揣摩、分析—安排节奏型和音色的布局—试奏和调整—记谱和转换乐谱"几个步骤，教师应做好各项前期准备工作，灵活开展每步骤教学。

知识链接

《瑶族舞曲》

技能实践

请写出大班《瑶族舞曲》打击乐演奏活动配器步骤。

‖‖‖‖‖‖‖‖‖ 第三节　幼儿园演奏活动的组织与指导 ‖‖‖‖‖‖‖‖‖

演奏活动是幼儿学习音乐、享受音乐的重要途径之一，也是幼儿进行创造性演奏和自由探索的一种有效形式，更是幼儿获得全面和谐发展的重要途径。因此，在打击乐器演奏活动过程中，教师在培养幼儿音乐能力的同时，也需要引导幼儿学会控制自己的情感，培养幼儿遵守规则和与同伴轮流、分享、合作、谦让的能力，帮助幼儿树立克服学习困难的信心，增强幼儿的自主能力。

一、幼儿园打击乐器演奏活动的指导方法与策略

打击乐器演奏活动是多通道参与学习的体验活动。不管是集体打击乐器演奏活动，还是区域活动中的打击乐器演奏活动，都要注意培养幼儿良好的常规，多让幼儿感受、探

索、操作、思考、创造、表达、合作，指向促进幼儿多方面发展。

（一）结合幼儿年龄特点，因材施教的策略

在组织小班打击乐器演奏活动时，要注意从幼儿的兴趣出发，投放简单易于操作的乐器材料，如木鱼、碰铃、串铃等，甚至是以身体的某些部位（如手、脚等）作为乐器。同时，要注重培养幼儿的稳定拍感。

在组织中班打击乐器演奏活动时，多采用游戏形式，可让幼儿接触相对复杂的乐器，如需要辨别音高的双响筒，需要一定演奏技巧的大军鼓、大堂鼓等。也可增加合作进行的演奏活动，演奏的乐曲中逐渐出现多种乐器同时演奏不同的节奏型。

针对大班幼儿，教师要提供材料以充分满足幼儿探索的欲望，并启发、鼓励其用自己的方式进行创造性表现。活动形式更多采取小组合作，让幼儿一起探索、创编各种配器方式，培养幼儿交往、分享、合作及解决问题的能力。

（二）感受欣赏在先，体验表现在后的策略

乐器演奏的轻重缓急，就是情绪情感的较好流露。为此，教师在组织打击乐器演奏活动时，应引导幼儿多感受、多欣赏；体验、欣赏音乐，熟悉音乐，理解音乐情绪或主题（故事）情绪，引起情感共鸣，大胆表现情绪情感。例如，在打击乐《土耳其进行曲》活动进行时，首先让幼儿聆听乐曲，感受乐曲的节奏特点、曲式结构；然后通过故事讲述、谈话等方式，理解乐曲中所表现的内容与意义：土耳其军队由远及近，军民同欢后又由近及远的场景表现；最后在理解的基础上再次倾听音乐，感受乐曲雄壮有力的节奏特点，为幼儿更好地表现乐曲、演奏乐曲打下良好的基础。

幼儿对音乐的感受受年龄的限制，年龄越小，其感受越是直接的、表面的。除了倾听欣赏音乐外，还可采用其他方式辅助幼儿倾听音乐，如采用故事讲述或动作体验，可帮助幼儿理解音乐的结构和情绪，之后更好地演奏。

 案例链接

> ### 大班演奏活动：士兵突击（体现动作体验在前的设计理念）
>
> 教师先让幼儿扮演士兵，随乐模拟士兵开炮、开枪（步枪、手枪、机关枪）、整队等动作，幼儿通过动作节奏熟悉音乐中与此相对应的几种节奏型，如开炮：| X - | X - | ；步枪、手枪（开枪）：| X X | ；机关枪（开枪）：| XX X | XXX XXX | X X X X 0 | ；士兵行走（整队、慢走、快走、受伤地走、有气势地走、跑）：| X X | X X | XX XX | X . X X . X | XXX XXX | X X X X || 。在探索演奏环节中，幼儿迁移已获得的动作经验，联想到，如炮声"轰—轰"可以用大鼓表现；枪声"砰砰砰"可以用响板、碰铃表现；子弹从空中飞过，可以用铃鼓划个弧度来表现；完成任务后士兵一起整队，可以用几种乐器合奏来表现。这种动作体验在活动前的流程设计，使幼儿伴随着动作的体验自然地感受音乐，理解音乐结构，实现演奏目标。

案例链接

大班演奏活动：小动物郊游（体现故事感受在前的设计理念）

利用童话故事《小动物郊游》帮助幼儿理解音乐的 A—B—A 结构：A 段阳光明媚，小动物们结伴去郊游出行时愉快的脚步——活泼的节奏；B 段乌云密布，电闪雷鸣，下大雨——沉重的节奏；A′ 段雨停了，太阳又出来了，小动物衣服还是湿的，刺猬做好事，帮助大家晾干衣服。与 A 段不同的速度、稍缓又恢复好心情的节奏。简单的、脉络清晰的故事情节，蕴含了不同强弱、不同速度的音响节奏，启发了幼儿选用不同的乐器、不同的速度、不同的力度，自主探索适合的强弱和节奏来演奏乐曲，从中获得演奏的快乐。

（三）尝试探索，创造表现的策略

在演奏活动中让幼儿充分发挥自主性，要多尝试、多探索，实践操作，创造中表现音乐、表达情感，重视幼儿学习品质的培养，使幼儿真正成为学习过程的主人。教师要以引导和鼓励为主，引导幼儿自己寻找问题、解决问题，积极探索和尝试。对幼儿创造性的想法和表现及时给予肯定，并鼓励大家积极尝试，以探索乐器演奏的多种方法，积累经验，提升对音乐的感受和表现力。

1. 鼓励幼儿创造性表现自己对音乐的感受

尊重幼儿对音乐的不同感受和表现方式，要鼓励幼儿大胆表达、表现自己对音乐的感受和理解。

2. 支持幼儿探索乐器音色与演奏方法

引导幼儿通过玩乐器来探索音色的不同，使幼儿进一步了解该种打击乐器的性能和潜在的表现力。也可让幼儿探索乐器的不同演奏方法，引导幼儿发现不同的音色，再联想这像什么声音？可以表现什么声音？还可以鼓励幼儿自制打击乐器，策划思考、选材料和制作乐器的过程，这也是一个想象、创造的过程。例如，鼓励幼儿根据自己所操作的乐器，引导他们联想生活中常见的、可发出声音的、与自己所持乐器相同或相近的物品，发动幼儿从家里找来各类废旧材料，如小棒、铁制小棍、铝盒、易拉罐等，将陶制的小猪装上硬币，充当打击乐器的"沙球"，两个圆形木板钻出洞为"响板"，废旧自行车铃充当"碰铃"，废旧礼品盒中的圆筒配上小棍为"响筒"，饮料罐的铝盖穿上铁丝圈充当"手铃"，还可以制成木鱼、串铃。

3. 鼓励幼儿探索不同节奏，理解各节奏特点和表达的情绪

幼儿探索、设计不同的演奏图谱和不同的配器方案进行简单的配器活动，或者想象某些乐器和节奏组合，可以表现什么场景，编成什么故事。让幼儿探索、讨论如何用恰当的力度、速度、音色及节奏表现故事。例如，打击乐活动《大象和蚊子》，幼儿通过听音乐，然后想象、探索、讨论，设计出轻而慢地敲大鼓，表示大象走路；刮蛙鸣筒，表示大象甩尾巴；摇响串铃，表示蚊子飞；使劲敲大鼓，表示大象生气在使劲跺脚。

（四）注重参与，合作游戏的策略

在打击乐器演奏活动过程中，教师以游戏的方式开展教学，增加活动趣味性，让幼儿在快乐中进行学习，合作中达成默契，完成演奏。

教师有意识地穿插设置的一些游戏环节，能有效培养幼儿遵守规则，特别是游戏规则的能力，也能使打击乐教学现场动静交替、生动活泼。例如，在活动《小兔和狼》中，根据乐曲的特点设置一些"兔子跳比赛""狼追逐兔子"的游戏环节，一是帮助幼儿在游戏中逐步熟悉乐曲旋律，感受 A 段音乐跳跃、B 段音乐沉重的性质；二是让幼儿学习"兔子跳动作"的同时，懂得在活动中与同伴保持一定距离，避免碰撞；还学会了在以乐器演奏兔子逃离狼的追逐时，应体现出音量的大小、敲击时的轻重缓急。这些都增强了幼儿的规则意识。

 二、幼儿园打击乐器演奏活动基本环节的组织与指导

（一）幼儿园打击乐器演奏活动的前期准备

除了选好合适的乐曲，准备好乐器外，打击乐器演奏前最重要的一项准备就是对幼儿进行节奏训练，帮助幼儿储存"节奏语言"，为开展好打击乐器演奏活动奠定基础。教师在培养幼儿节奏感方面可采用以下几种方法。

（1）运用听觉，通过日常生活引导幼儿发现节奏。例如，下雨的哗啦声、动物的叫声、火车的隆隆声、拍球的咚咚声等。

（2）运用身体动作，表现歌曲本身及歌词内容的节奏；也可通过"声势"训练培养节奏感。"声势"训练是奥尔夫教学的一种最简单又最有效的方法，可用抿嘴、弹舌、拍手、拍腿、拍肩、跺脚、捻指等声势进行节奏训练，这种方法具有丰富的音乐表现力。

（3）运用视觉，听节奏自制节奏图谱，使节奏具有形象性，更符合幼儿思维发展特点。

（4）运用嗓音、节奏念白训练节奏。通过用嗓音来模仿熟悉的有关自然界或社会生活的各种声响，用象声词、节奏朗诵等方式将音乐节奏与语言节奏相结合，选择一些幼儿熟悉的、易理解的儿歌、童谣、古诗等，有意识地强调节奏感和幼儿一起朗诵。

（5）运用乐器，或让幼儿自制打击乐器演奏等进行多声部节奏练习。

 案例链接

在幼儿音乐节奏教育方面，奥尔夫将语言与节奏结合的教学方法具有重要的指导意义，通过节奏朗诵活动进行语言节奏教学，把语言作为幼儿音乐发展的基础，幼儿在朗诵时，依据不同的语言内容和朗诵的不同节奏来提取其中的节奏因素，节奏型的选择既要符合音乐本身从简单到复杂的进程，更要符合幼儿的生理发展和认知规律。例如，以字词、姓名、成语、谚语、儿歌童谣、语气游戏、嗓音的声响游戏、节奏朗诵小品等方式做节奏的练习；还可以通过声势活动即用捻指、拍手、拍腿、踩脚等身体动作进行的节奏训练。声势活动在教学中运用的主要方法有节奏模仿、接龙游戏、节奏创作。

（二）幼儿园打击乐器演奏活动基本过程的组织与指导

幼儿园打击乐器演奏活动一般包括欣赏、音乐与乐器匹配、徒手合乐和乐器演奏4个环节。

1. 欣赏环节（完成乐曲的感受与身体动作表现）

（1）导入新内容，激发兴趣。导入的形式可以多种多样，重要的是激发幼儿内在学习动机。内在学习动机是发挥主动性、创造性的前提。可以根据幼儿年龄特点和乐曲内容，选用一些幼儿感兴趣的方式来导入活动，如情境导入、故事导入、游戏导入、歌唱导入、韵律导入等，激发兴趣。

（2）引导幼儿欣赏音乐。通过倾听、欣赏音乐，让幼儿感受音乐的内容、情绪、风格和节奏。

（3）根据音乐创编动作，指导幼儿随音乐编造简单的节奏型和动作，例如，拍手、拍肩、拍腿、踏步、点头、手腕颤动等。

2. 音乐与乐器匹配环节

（1）把握音乐情绪，认识图形谱，匹配乐器。认识各种谱例图形，根据节奏型和音乐情绪选择合适的乐器，认识乐器，探究乐器，学习乐器的使用方法。

（2）参与创作变通总谱。进一步组织幼儿将编造的节奏和动作组合成完整的节奏动作方案，指导幼儿将节奏动作转换成"变通总谱"，将变通总谱转换成打击乐器的实际演奏方案。

3. 徒手合乐环节

教师指挥，徒手练习。教师根据乐谱或音乐指挥，幼儿看指挥徒手练习节奏。

4. 乐器演奏环节

（1）教师指挥，乐器合奏。教师根据乐谱或音乐指挥，幼儿看指挥拿乐器进行合奏。

（2）幼儿指挥，集体合奏。

（3）改变方案，整体表演。根据幼儿合奏效果，优化配器方案（节奏型、所用乐器），幼儿合作整体表演。

打击乐器演奏活动是一个不断积累、不断学习的过程，需要通过一系列的活动才能完成，需要教师心中装有大目标，不断调整小目标，做到循序渐进。只有这样，打击乐器演奏活动才能真正成为幼儿喜爱的活动，才能最大限度地发挥打击乐器演奏活动促进幼儿乐感受力、表现力与创造力的优势与价值。

第四节 幼儿园演奏活动设计与组织的案例及评析

 一、小班打击乐器演奏活动设计与组织的案例及评析

小班节奏游戏活动：大雨小雨

活动目标

1. 感受歌曲旋律，探索用声音的强弱、动作幅度的大小及乐器来表现大雨小雨的声音、力度差异。

2. 初步尝试铃鼓和碰铃的演奏方法。

3. 体验唱歌做游戏的快乐。

活动重点

感受歌曲旋律，初步尝试铃鼓和碰铃的演奏方法。

活动难点

探索用声音的强弱、动作幅度的大小及乐器来表现大雨小雨的声音、力度差异。

活动准备

1. 录制大雨和小雨的声音，大雨和小雨的图片。

2. 音乐准备：《大雨小雨》。

3. 乐器：铃鼓、碰铃。

活动过程

一、播放录音，感受雨声

师：让我们来听一听，这是什么声音？

（根据幼儿听出的结果，出示相应的大雨和小雨的图片，说说下大雨和下小雨时的不同声音和感受。）

二、欣赏歌曲，多元表现

——欣赏歌曲《大雨小雨》。

师：在歌曲中大雨和小雨是怎样唱歌的？请你模仿大雨和小雨的声音来唱歌？

——跟唱歌曲，用琴声提示幼儿声音力度的差异。

师：大雨和小雨的声音力度不同，你能不能用动作来表示大雨和小雨的样子呢？

（请幼儿讨论并示范）

——跟着音乐歌唱，并配合声音和动作的变化。

师：现在我们能不能用声音和动作一起来表示大雨和小雨呢？

三、玩玩乐器，听听声音

——出示铃鼓和碰铃，介绍乐器名称并讨论。

师：这是什么乐器？你们觉得哪一种乐器的声音像大雨，哪一种乐器的声音更像

小雨呢？（请幼儿讨论）

——请两位幼儿分执两种乐器，尝试跟随音乐变化演奏大雨小雨的声音，大家一同跟唱。

——幼儿自由选择乐器，分坐两组，随音乐歌唱并演奏。

师：大雨"哗啦啦"，响亮的声音我们就摇铃鼓，小雨"淅沥沥"，轻轻的声音我们就敲小碰铃，当唱到"快快下"时两种乐器一同演奏，现在让我们一起来演奏吧！

——幼儿交换乐器演奏。

（请幼儿把乐器轻轻放在椅子底下，然后和另一组的小朋友交换位置，用新换的乐器进行演奏。教师可以用动作指挥，提醒幼儿注意声音强弱的变化。）

——欣赏幼儿演奏，并给予肯定。提醒幼儿有序地、轻轻地收好乐器。

知识链接

《大雨小雨》

活动建议

1. 把乐器放在音乐区，供幼儿继续探索、玩节奏游戏。

2. 可分为两个课时进行。第一课时学唱歌曲，第二课时玩节奏游戏。

附歌曲：

大雨小雨

1=D 4/4

佚 名 词曲

5 3 4 2 3 — | 5 3 4 2 3 — | 5 3 4 2 5 3 4 2 |
大雨 哗啦 啦，　　小雨 淅沥 沥，　　哗啦 啦　　淅沥 沥

5 3 4 2 1 1 1 | 6 6 5 5 5 4 | 3 3 3 4 5 — |
大雨 小雨 快快 下，大雨 哗啦 啦，　　小雨 淅沥 沥，

6 6 5 5 5 4 | 3 3 3 4 2 — | 5 5 5 3 5 5 5 3 |
大雨 哗啦 啦，　　小雨 淅沥 沥，　　哗啦 啦　　哗啦 啦

4 4 4 2 4 4 4 2 | 5 3 4 2 1 1 1 | （5 3 4 2 1 1 1）‖
淅沥 沥　淅沥 沥　大雨 小雨 快快 下。

活动评析

打击乐教学是幼儿园音乐教学的重要组成部分，每个幼儿都喜欢敲敲打打，对声音有一种天生的敏感性，打击乐就很适合幼儿这种与生俱来的本能。本次活动从幼儿

的生活和兴趣入手，引导幼儿学习用肢体动作、打击乐器的不同力度表现大雨小雨音乐的强弱，从中激发了幼儿参与打击乐器活动的兴趣，具有以下特点。

（1）内容选择适宜。本活动贴近幼儿生活，抓住了幼儿生活中喜欢雨天，喜欢听雨的声音，还经常跑到雨中手舞足蹈、用小手接雨滴、用小脚踩水坑这一对雨的兴趣点。选择的歌曲《大雨小雨》旋律流畅、节奏简单，音乐形象鲜明，富有童趣，歌词模仿了大雨哗啦啦和小雨渐沥沥的声音，适合小班幼儿。

（2）目标定位适宜。小班打击乐演奏活动的重点是培养幼儿对打击乐的兴趣和良好的听节奏、感受节奏和使用乐器表现节奏的习惯。本次活动目标定位明确，符合幼儿年龄特点和幼儿打击乐发展水平，有利于幼儿今后的发展。

（3）过程方法适宜。本活动主要过程是感受雨声——欣赏歌曲——多元表现——玩玩乐器，听听声音。幼儿由此感受和表现了声音的强和弱，首次使用碰铃和铃鼓对歌曲进行伴奏，知道了乐器的使用方法，并用不同的乐器来表现大雨和小雨，进一步激发了参与打击乐器活动的兴趣，培养了良好的使用乐器的习惯。在活动中，幼儿通过感受、欣赏、探索、倾听、表现表达，手、眼、脑、心并用，多方面得到发展。幼儿演奏过程中在教师的手势及语言提示下进行演奏，在演奏停止时能有意识地控制乐器，使其不发出声音，这都是很好的常规和习惯。幼儿在乐器演奏的同时，还能真正体验到打击乐带来的快乐。

（江西省政府直属机关保育院）

二、中班打击乐器演奏活动设计与组织的案例及评析

中班打击乐器活动：厨房的声音

设计意图

《厨房的声音》是主题教学《奇妙的声音》中的一个音乐活动。幼儿通过学唱歌曲，感受厨房里洗菜、切菜、炒菜等的忙碌情景及由此而发出的各种声音，从而引发幼儿关注生活中的声音，感受不同声音的特性。通过与同伴的合作表演，尝试用生活中常见的物品制造简单的声音效果，能有效地实现倾听和分辨各种声响，并用自己的方式来表达对音色、强弱、快慢的感受的目标，为此设计了此活动。

活动目标

1.熟悉歌曲中表现厨房声音的节奏 | X. X XX 0 |。

2.学会看图谱，尝试用厨具、餐具及其他物品代替打击乐器演奏歌曲，表现厨房的各种声音，体验合作演奏的乐趣。

3.发现生活中的声音，感受不同声音的特性。

活动重、难点

用恰当的用具表现厨房的各种声音，有节奏地演奏，并初步与同伴合作。

活动准备

1. 歌曲《厨房的声音》，厨房各种声音的录音。

2. 幼儿学会演唱歌曲，熟悉厨房做饭时忙碌场景的各种声音。

3. 幼儿在家与家长探讨用厨具、餐具或其他物品代替打击乐器，表现厨房的不同声音，自行准备好想表现厨房某种声音的物品。

4. 节奏图谱。

活动过程

一、感受厨房的声音

（1）播放厨房里的声音录音，让幼儿听辨并练习节奏。

① "乒乒乓乓" 瓶罐碰撞的声音，节奏练习：4/4 | X. X XX 0 |。

乒 乒乓乓

② "哗啦哗啦" 洗菜的声音，节奏练习：4/4 | X. X XX 0 |。

③ "嘭恰嘭恰" 切菜的声音，节奏练习：4/4 | X. X XX 0 |。

④ "嘶嘶喳喳" 炒菜的声音，节奏练习：4/4 | X. X XX 0 |。

（2）播放歌曲《厨房的声音》，听音乐拍打歌曲中表示声音的节奏。

二、制造厨房的声音

（1）师：厨房有这么多美妙的声音，我们可以用哪些物品来模仿，制造出厨房的各种声音呢？

（2）幼儿展示自备的各种用具：勺子、筷子、瓶子、碗、盘子、盆等，说说自己所带的物品准备模拟厨房的哪种声音？并打击节奏演示。

（3）根据幼儿的准备和演示，集体讨论、协商按厨房的4种声音分成4个小组坐好，组成乐队方阵。

（4）分组演奏练习："乒乒乓乓" 瓶罐碰撞的声音，"哗啦哗啦" 洗菜的声音，"嘭恰嘭恰" 切菜的声音，"嘶嘶喳喳" 炒菜的声音，节奏为 | X. X XX 0 |。

三、演奏厨房的声音

（1）讨论：敲击各种用具可以模拟厨房的声音，但是如果大家各自敲打，声音会很嘈杂，怎么样才能让声音更和谐、更好听、更美呢？

小结：大家要协调统一，看指挥，跟着音乐节奏敲击。

（2）看图谱打节奏。出示《厨房的声音》图谱，引导幼儿熟悉图谱，熟悉打击乐节奏。

介绍图谱：图上各种餐具、厨具组合图片表示各种 "乐器" 一起演奏；洗菜、切菜、炒菜、使用调味品等场景图片，表示分别用相应的 "乐器" 轮流演奏。

（3）教师清唱，引导幼儿看图谱打击 "乐器"，让幼儿初步学会看图谱演奏。

（4）播放歌曲《厨房的声音》，在熟悉图谱的基础上，指挥幼儿合作演奏。

延伸活动

（1）把各种 "乐器" 放入音乐角，在区域活动中，幼儿自由组合临时小乐队，演奏《厨房的声音》。

（2）鼓励幼儿在家与家长一起用不同材质的餐具、厨具或其他物品演奏歌曲，组成家庭小乐队，演奏《厨房的声音》。

（上高县幼儿园　曹雪萍）

活动评析

1. 活动内容选材来源于幼儿的生活，符合幼儿年龄特点和生活经验

厨房是幼儿熟悉的场所，妈妈下厨房也是幼儿常见的场景，因此，《厨房的声音》这首歌曲能引起幼儿的共鸣。歌曲的演唱及厨房里各种声音的再现，引发了幼儿对声音的兴趣，使其善于倾听、发现、感受不同声音的特性，并能创造性地模仿、制造生活场景中的声音效果，有利于帮助幼儿实现"喜欢倾听各种好听的声音，感知声音的高低、长短、强弱等变化"的目标。

2. 活动过程充分体现幼儿是活动的主体，发挥其自主性和主动性

本次活动充分发挥了幼儿的自主性和创造性，让他们在家长的支持下，尝试用合适的厨具、餐具及其他物品来充当打击乐器，制造厨房的声音效果，并在教师的引导下，通过节奏和力度的控制把噪声变成乐音。这也正是成人尊重、支持和引导幼儿自主表达创作的表现。整个活动中教师的主导性与幼儿的主体性有效结合，让幼儿沉浸在声音的趣味探索中，在舒畅、愉快的音乐中，表现出浓厚的兴趣。

3. 活动过程中运用游戏、体验、图谱等多种方式帮助幼儿理解图谱，有利于幼儿进行打击乐器演奏

首先通过多媒体教学引发幼儿对厨房里的声音产生兴趣，激发自己去演奏厨房里的声音；然后提供厨房里真实的各类用具，以游戏的方式再度激发幼儿打击乐器的兴趣，幼儿在亲身体验过程中感知、表达节奏；最后教师通过图谱教学引导幼儿轮奏、合奏，整个活动层次清晰，环环相扣，很好地达成了教学目标。

附厨房的声音（简谱）：

厨房的声音

1=F 4/4　　　　　　　　　　　　　　　　　　　　　歌曲

```
5·  5̇ 1   -  | 3 2 1   -  | 2· 3̲ 4 2 | 3  -  -  -  ‖
碗   筷 声      调 羹 声,     妈  妈 下 厨   声,

3· 3̲ 1 1 0 | 2· 2̲ 4 4 0 | 5· 3̲ 3̲ 3̲ 0 | 4· 4̲ 2̲ 2̲ 0 |
乒  乓 乒 乓   哗 啦 哗 啦,    嘭 恰 嘭 恰,     嘶 嘶 喳 喳,

5· 6̲ 5 4 | 3 2 1 - | 5̲ 5̲ 5 - - | 1̲ 1̲ 1 - - ‖
厨   房 里 大  合 唱,    真 美 啊,       真 美。
```

厨房各种声音节奏练习的图谱如图 2-4-2 所示。

4/4

（a）乒乒乒乒

4/4

（b）哗啦哗啦

4/4

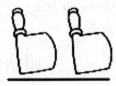

（c）嘭恰嘭恰

4/4

（d）嘶嘶喳喳

图 2-4-2　厨房各种声音节奏练习的图谱

附厨房的声音（图谱）：

中班打击乐：厨房的声音

4/4

三、大班打击乐器演奏活动设计与组织的案例及评析

大班打击乐器活动：土耳其进行曲

活动目标

1.熟悉乐曲旋律和结构，感受乐曲雄壮、有力的进行曲风格。

2.学习借助图谱运用声音、动作表现乐曲节奏。

活动重点

熟悉乐曲旋律和结构、感受乐曲的风格。

活动难点

借助图谱运用声音、动作表现乐曲节奏。

活动准备

图谱，《土耳其进行曲》音乐磁带或CD。

活动过程

一、欣赏乐曲，感受氛围

师：今天，老师给小朋友们带来了一首乐曲《土耳其进行曲》。我们来听一听，听完后告诉老师你们有什么样的感觉？（幼儿完整欣赏乐曲。）

——音乐听完了，你们有什么感觉？好像看到了什么？（军队的叔叔在踏步）

小结：这首《土耳其进行曲》雄壮有力，就像军队迈着整齐地步伐雄赳赳、气昂

知识链接

《土耳其进行曲》

昂地向前进。

——欣赏乐曲第二遍,感受音乐的结构。

教师提问:这首曲子分几段?哪两段的音乐是一样的?这是什么样的结构?(引导幼儿了解 ABA 的曲式结构)

——欣赏乐曲第三遍,感受音乐的风格和特色。

再次播放乐曲,引导幼儿边听音乐边模仿士兵行军、开枪、开炮等动作,引领幼儿进一步感受进行曲的音乐特色。

二、认识符号,熟悉图谱

——出示图谱:刚才我们做了神气的小士兵很开心,有许多符号娃娃看到了,它们排着队也赶来为我们加油呐喊呢,看看有谁?（♪、●、〜〜〜〜 ）

——它们呐喊的声音都不一样,请你们仔细听,判断一下分别是哪种符号娃娃的呐喊声?

（♪发出叮的声音,〜〜〜〜 发出唰啦啦啦的声音,●发出笃的声音。）

——现在我们分别用 3 种声音来读谱。教师带领幼儿无伴奏读谱。(图谱附后)

——幼儿随音乐读谱。

三、肢体表现,完整演奏

师:符号娃娃们除了想用声音来表现外,它们还想加入动作呢!想想这 3 种符号我们分别可以用什么动作来表示呢?

——我们跟着音乐来一边呐喊,一边做动作吧!(看清图谱,用声音、动作结合读谱。)

——分 ♪、●、〜〜〜〜 3 种角色演奏。

——交换角色练习两次。(看教师指挥演奏,倾听音乐。)

四、结束

师:今天,我们在《土耳其进行曲》中和符号娃娃们又说又做动作,很开心,下一次我们加入其他的小乐器再来玩一玩!

活动建议

1. 在看教师指挥的基础上,培养幼儿自己指挥进行演奏。

2. 将图谱展示在表演区域中,供幼儿参考练习。

附符号图谱:

♪ — 碰铃(或三角铁)、大鼓、吊钹；● — 圆舞板(或木鱼)；

〜〜〜〜 — 铃鼓(或串铃、沙球摇奏)。

供幼儿使用的图形谱如下。

活动评析

1. 注重幼儿感受与欣赏，为幼儿打击乐器演奏奠定基础

打击乐活动，首先要帮助幼儿欣赏、熟悉、感受、理解音乐的内容、性质、风格及乐器结构，让幼儿熟知与了解各种打击乐器并会操作。教师不能目的性太强，只注重自己如何教，忽视幼儿如何学的问题。本活动始终抓住对音乐的欣赏，3 遍音乐欣赏均赋予了不同的任务。

2. 整个活动，重点突出，条理清晰，由易到难，循序渐进，环环相扣

活动从欣赏入手，听 3 遍音乐完成 3 项任务：初步感受歌曲氛围；感受歌曲结构，了解 ABA 的曲式结构；感受音乐的风格和特色，引导幼儿边听音乐边模仿士兵行军、开枪、开炮等动作，进一步感受进行曲的音乐特色，可谓效率高，效果好；接下来，有趣的符号娃娃的出现，把幼儿带进了图谱世界，大家辨谱、读谱，熟悉了节奏和乐器，为下一步演奏做好准备；最后环节，肢体表现，加入动作，演奏活动便顺理成章了。

3. 活动中还可进一步发挥幼儿的自主性，真正体现幼儿是活动的主体

作为大班的音乐活动，可以更多地发挥幼儿的主导地位，把活动充分交给幼儿，让幼儿自己在活动中去探索、表现、创造，让幼儿能真正地玩音乐。例如，分角色演奏中乐器的提供与选择，甚至图谱的出现，都感觉教师预设得过多，让幼儿自由想象、自主选择探索得不够。如果先不出示图谱，改为由幼儿联想、操作选择什么乐器表现什么音乐情绪动作（行军、开枪、开炮等），然后再共同商定配器方案，画出图谱，对幼儿发展的影响也许又不一样了。

（江西省政府直属机关保育院）

技能实践

知识链接

《赛马》

1. 任选一内容设计一个幼儿园打击乐器演奏活动。
2. 根据《赛马》音乐，设计一个幼儿园打击乐器演奏活动。

思考与实训

一、思考题

1. 简述幼儿园打击乐器演奏活动目标制定的依据。
2. 简述打击乐器演奏能力发展的特点。
3. 幼儿打击乐乐曲及乐器应如何选择？
4. 幼儿园常用打击乐器有哪些？打击乐器如何配备？如何选择？如何配器？
5. 简述打击乐器演奏活动组织与指导的要点。

二、案例分析

材料：

教学实录

师：刚才我们听了一遍音乐，现在我把音乐的节奏都制成了节奏卡片，大家跟我学，我拍一遍，你们拍一遍。

幼儿学几遍后。

师：请从椅子底下拿出乐器跟我打节奏。（一遍又一遍。）

再合奏几遍，结束。

问题：

1. 请评价这次活动。

2. 打击乐器演奏活动中如何使幼儿的主体地位得到真正的体现？

3. 如何通过打击乐器演奏促进幼儿多方面能力的发展？

三、章节实训

1. 幼儿园打击乐器练习

实训要求

（1）熟悉学前儿童常用乐器，掌握其演奏方法。

（2）练习并掌握基本节奏型，用乐器演奏。

2. 幼儿园打击乐器演奏活动的设计

实训要求

根据素材（音乐 、故事）设计幼儿园打击乐器演奏活动。

3. 幼儿园打击乐器演奏活动的组织与指导

实训要求

（1）尝试演奏现成的幼儿园打击乐作品，交流演奏和指挥的心得。

（2）尝试执教现成的幼儿园打击乐器演奏教学方案作品，然后交流心得。

4. 幼儿园打击乐器演奏活动的研究与评价

实训要求

（1）集体研究各种包含器乐表演的综合性艺术表演活动的影像资料。

（2）收集幼儿演奏活动设计方案，并对其进行评价。

第五章 幼儿园音乐游戏活动的设计与指导

徐老师带领小一班的孩子们在儿歌式的音乐中做起了快乐的"草地舞"游戏，徐老师让孩子们化身为小蚂蚁，在不同朋友的来临中逐渐进入不同的游戏情境，孩子们玩得乐此不疲；胡老师和中三班的孩子们以小老鼠找朋友为线索，通过情境的创设，在对已学歌曲进行巩固的同时，让孩子们掌握找朋友的节奏和动作，最后增加的"猫来了"情节让游戏活动更富有趣味性；王老师和大二班的孩子们变身为特别的机器人，在王老师的逐步提示下，小机器人们跟随节奏定点摆造型，又在逐步放手中，小机器人们自由探索输送能量的动作，尝试着理解音乐的特性进行创编。

展示结束后，园长安排园内老师在观摩后通过分组交流的方式，对3个活动进行亮点评定和不足建议，并针对其中一个活动探讨：在音乐游戏中，如何发挥音乐特性，又兼顾"趣"与"乐"？老师们在对活动的深入剖析后，既对执教教师的亮点教学给予了充分的肯定，又提出了智慧的建议，针对性地消除了青年教师对音乐游戏教学中的一些疑虑。

问题： 蹦蹦跳跳是幼儿的天性。在过去的音乐教育中，往往是教师"教"，幼儿"学"即可，忽视了幼儿的亲身体验。音乐游戏通过把音乐、舞蹈、游戏等有机地结合起来，让幼儿在享受美的音乐同时得到快乐。究竟幼儿园的音乐游戏活动应该怎样设计和指导呢？

学习目标

1. 了解幼儿园音乐游戏活动的主要内容。
2. 学会如何为幼儿选择音乐游戏作品。
3. 理解和学会制定幼儿园音乐游戏活动目标。
4. 学会设计幼儿园音乐游戏活动。
5. 掌握音乐游戏的各种导入方式及指导幼儿园音乐游戏活动的策略。

知识结构

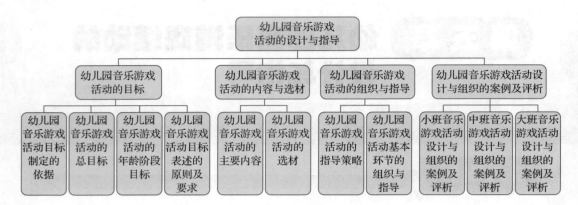

第一节 幼儿园音乐游戏活动的目标

音乐游戏就是幼儿教师有目的、有计划地把音乐的教学内容用游戏化的形式呈现出来，使音乐与游戏融为一体，在歌曲或乐曲伴奏下进行的游戏。它是一种有规则的游戏，是以发展幼儿的音乐能力为目标的一种游戏活动。它具有突出的教育作用，集中体现了音乐的艺术性、技能性与幼儿的年龄特点和发展水平之间的对立统一。教师在组织音乐游戏中，渗透了品德教育和审美教育。幼儿在自由的游戏中可获得更多积极情绪情感的享受和体验，进一步促进幼儿对音乐活动的稳定兴趣及积极、主动个性的形成。

一、幼儿园音乐游戏活动目标制定的依据

（一）《指南》和《纲要》的精神

艺术教育的目标是使幼儿"喜欢参加艺术活动，并能大胆地表现自己的情感和体验，能用自己喜欢的方式进行艺术表现活动"。强调把游戏作为对幼儿进行全面发展教育的重要形式，这也是成人对幼儿需要的满足、幼儿天性的呵护、对幼儿成长的善待。

游戏是幼儿最喜爱的方式。幼儿在音乐游戏中通过听听、唱唱、动动、玩玩，增强对音乐的兴趣，掌握一定的音乐知识，培养音乐节奏感，提高对音乐的辨别能力和感受能力，促进动作的协调发展，发展想象力、创造力、主动性和积极性，培养幼儿积极愉快的情绪和良好的个性品质，音乐游戏是促进幼儿全面发展的有效手段。

（二）幼儿身心发展的规律和学习特点

以"动"与"玩"的游戏契合幼儿感知——动作性审美的特点，符合幼儿生理、心理发展的特点。而游戏精神的内在特征正是以其自由本质满足了幼儿的心理情感需要，满足自由独立、肯定自我、追求力量、渴望成长的心理表达，从而对幼儿产生了巨大的吸引力，具有独特的审美效应。

　　丰富多彩的音乐游戏活动，常常带有童话色彩，有角色、有故事、有剧情，它以音乐的形象性、情感性陶冶幼儿，满足幼儿好动、好玩的身心发展需要。音乐游戏目标的制定就要体现幼儿想象力、创造力的发展。幼儿好动，喜欢运动。音乐游戏中，幼儿在走、跑、跳、钻、爬等动作中发展了大肌肉，从而促进幼儿动作协调能力的发展。

 案例链接

音乐游戏：小鱼游

　　幼儿观察鱼的外部形象和运动的状态后，随音乐用自己的身体动作来表现：身体微蹲，双手合十，扭动身体和手指，头向前倾做鱼儿游的动作、钻水草的动作、嬉戏的动作；身体蜷缩或站立不动或展开双臂装扮成水草、珊瑚、石头来躲避危险。那时那刻，活动室的每个角落都呈现着千姿百态的小鱼影子。这样通过提高大肌肉的运动机能，有效地促进幼儿身体基本动作的发展，同时锻炼了幼儿的应变能力，增强身体的灵活性。

（三）音乐游戏活动本身的特点

　　制定音乐游戏活动的目标时还要依据音乐游戏活动本身的特点。音乐游戏将音乐和幼儿有效地沟通起来，能够调动幼儿学习音乐的积极性，调节课堂气氛，让幼儿更快、更好地记住歌词及节奏和旋律，使音乐教学收到事半功倍的效果。从音乐游戏的本质属性来看，有以下特点。

　　1. 音乐游戏是一种快乐的行为，具有愉悦性

　　音乐游戏能给幼儿愉悦的情绪主要表现在3个方面：一是音乐游戏适应幼儿的需要和身心发展水平，幼儿在游戏中由于能够积极活动，因此感到了极大的快乐；二是在音乐游戏中，幼儿能控制所处的环境，表现自己的能力和实现愿望，从成功和创造中获得愉快；三是音乐游戏中没有强制的目标，没有压力，因而幼儿感到轻松、愉快。

　　2. 音乐游戏是重过程、轻结果的行为

　　音乐游戏没有强烈的完成任务的需要，没有外部的控制。因此音乐游戏行为的目标可以根据游戏者的意愿而发生变化。其行为是自发的，但并不需要幼儿在游戏中明确和追求完成这一目的。

　　3. 音乐游戏是不真实的，富有想象力的行为

　　音乐游戏和工具性行为不同，它是一种虚拟的、假装的行为。幼儿在音乐游戏中不是机械的模仿，而是通过丰富的联想和想象，将生活中的表象组合成新的表象运用到音乐游戏中去。

　　4. 音乐游戏是一种非强制性的行为，具有主动性

　　幼儿在音乐游戏中自由选择玩伴、玩法，用自己喜欢的语言、动作、方式去表达音

乐。幼儿的现实世界是属于成人的，他们由于不成熟而表现出来的叛逆、幼稚的行为，只有在属于他们的游戏世界中才能被接受，因此，幼儿在音乐游戏中将平时难以实现的愿望表达出来，使自己成为游戏的主人。

例如，在玩音乐游戏《木头人》中，到最后的"不许说话，不许动"时，很多幼儿都趴在地上，摆出各种各样夸张的姿势，实际上就是在弥补内在的需要，因为在日常生活中，许多夸张的动作都是不被成人提倡的。因此，幼儿在游戏中总是愿意积极主动地参与，表现出极大的主动性。

 二、幼儿园音乐游戏活动的总目标

音乐游戏活动的总目标是幼儿园音乐游戏教育总的任务和要求，它是幼儿园音乐游戏教育活动目标最概括的表述。具体内容如下。

1. 情感目标

（1）乐意参与音乐游戏活动，有积极的态度与同伴游戏。

（2）体验并享受音乐游戏过程的快乐。

2. 认知目标

感受音乐的旋律、节奏、风格，能跟随音乐的变化做动作。

3. 技能目标

（1）创编游戏情境和动作，探索游戏新规则。

（2）能听音乐的信号，在游戏中调控自己的身体姿势和空间位置。

三、幼儿园音乐游戏活动的年龄阶段目标

（一）小班（3~4岁）目标

1. 情感目标

（1）愿意与同伴一起游戏，体验音乐游戏的快乐。

（2）喜欢参加集体的音乐游戏。

2. 认知目标

初步感受音乐，能跟随音乐的变化做动作。

3. 技能目标

（1）理解游戏情境并懂得遵守游戏规则。

（2）能在游戏中控制自己的身体姿势。

（二）中班（4~5岁）目标

1. 情感目标

（1）在音乐游戏中，能和同伴协调配合。

（2）喜欢参与音乐游戏，感受愉快的游戏氛围。

2. 认知目标

感受乐曲的风格，能随音乐协调合拍地做动作。

3. 技能目标

（1）尝试创编新的游戏情境和动作，探索游戏规则，能根据动作和语言的提示，记忆游戏情节。

（2）尝试听音乐的信号，调控自己的位置。

（三）大班（5~6 岁）目标

1. 情感目标

（1）在音乐游戏中，能运用多种方式结伴合作游戏。

（2）积极参与音乐游戏，体验同伴间愉快交流的情感。

2. 认知目标

理解音乐的性质，能随音乐乐段、节奏、速度的变化做动作。

3. 技能目标

（1）能积极创编相关的游戏情境，并主动探索游戏新规则。

（2）能听音乐信号快速反应，并记忆空间位置，协调控制自身的动作。

四、幼儿园音乐游戏活动目标表述的原则及要求

1. 音乐游戏活动目标的表述必须遵循行为化原则

第一，强调目标包括音乐知识、技能的获得与音乐感的发展，努力做到在考虑审美情趣目标的同时，将音乐知识、技能获得的目标摆在一个适当的能够起积极配合作用的位置上。对于新教师而言，不失为是一种快速有效地掌握表述音乐教育活动目标的好办法。

第二，必须针对本班幼儿最近的发展状况和发展趋向，如最近本班幼儿在音乐游戏活动时不遵守游戏规则的情况，在紧接着组织的音乐游戏活动中，根据这一问题有针对性地制定目标，纠正幼儿不遵守音乐游戏规则的不良习惯，以向着音乐游戏目标要求的方向发展。

第三，必须恰到好处地发掘和利用原有音乐教材的教育潜力。符合 3~6 岁幼儿学习的音乐作品有很多，由于各种原因，幼儿教师不可能做广泛地搜集和选择。因此，就要对现有的音乐教材进一步挖掘，选择出符合该年龄段幼儿现阶段音乐游戏活动需要的教材内容，并制定出适宜的目标。

2. 音乐游戏活动目标表述时的具体要求

第一，必须固定将幼儿作为行为发出的主体，陈述时主语可以不出现。例如，大班音乐游戏《快乐的机器人》的活动目标为：能认真倾听音乐并感受✕✕丨✕✕的音乐节奏；在熟悉音乐节奏的基础上会进行机器人传递游戏，理解机器人传递的模式；体验同伴间合作游戏的默契与快乐。这 3 个目标均是以幼儿作为行为发出的主体，这样容易使教师在组织活动时清楚地把握目标，调整自己的教学节奏，有利于目标的实施。

知识链接

大班音乐游戏《快乐的机器人》

第二，必须陈述可见的行为，必要时可补充说明该行为属于哪一类发展目标。例如，活动《大鞋和小鞋》中清楚地表明了要求幼儿感受和表现的是音乐的强弱和节奏；要求幼儿探索的是用不同的方法敲椅子，表现音乐中节拍的强弱等。

第三，必要时还可补充说明该行为发生的附加条件和行为反应水平的限定语。例如，"在老师的启发下""在熟悉音乐节奏的基础上""在自由空间表演时"等，表明幼儿在活动中的表现可能是缺乏自信心、独立性和熟练性的，有的动作发生需要一定的空间或情景等。

IIIIIIII　第二节　幼儿园音乐游戏活动的内容与选材　IIIIIIII

 一、幼儿园音乐游戏活动的主要内容

幼儿园音乐游戏活动的主要内容多种多样，不同的分类方式有不同的内容。根据目前幼儿园音乐游戏活动的实践，可以大致做以下归类。

（一）从游戏的内容和主题来分，可以分为有主题的音乐游戏和无主题的音乐游戏两类

1. 有主题的音乐游戏

有主题的音乐游戏一般有一定的内容或情节的构思，有一定的角色。幼儿在音乐游戏中根据游戏中的角色模仿一定的形象，完成一定的动作。

 案例链接

音乐游戏：小猫敲门

由教师和幼儿分别扮演"小猫"和"老鼠"的角色。根据游戏中的情节内容，模仿小猫轻轻地走路和躲藏、学小猫叫及老鼠机灵害怕等动作，按照游戏中的情节提示进行游戏。

游戏玩法：前奏，小老鼠到处窜来窜去偷东西吃。

[1]～[2]小节：小猫做敲门状。

[3]～[4]小节：小老鼠右手放在耳边倾听敲门声。

[5]～[6]小节：小猫用力敲门。

[7]～[8]小节：小猫很神气地用手拍胸脯。

[9]～[12]小节：小老鼠轻声地问，小猫司令很神气地回答。

[13]～[20]小节：小老鼠东窜西窜，边跑边喊"救命"，小猫司令大叫一声"喵呜"，向小老鼠猛扑过去。

第二遍音乐：小猫追小老鼠，小老鼠可蹲下躲避。

游戏规则：

（1）小猫司令在最后一句"喵呜！"后才能向小老鼠扑去，小老鼠才能逃走。

（2）被捉住的小老鼠停止一次游戏。

2.无主题的音乐游戏

无主题的音乐游戏一般没有一定的情节构思，只是随音乐做动作，相当于律动或律动组合，但这种动作带有一定的游戏性，即含有游戏的规则。例如，《抢椅子》的游戏，幼儿只是随着乐曲声自由地做各种动作，但是当音乐一停，必须抢坐一个椅子，这便是游戏的规则。

（二）从游戏的形式来分，可以分为歌舞游戏、表演游戏和听辨反应游戏

1.歌舞游戏

歌舞游戏是指主要侧重于歌唱和韵律活动的游戏。这种游戏的特点是：按照歌词、节奏、乐句或乐段的结构做动作、变化动作和进行游戏。这类游戏的规则通常定在歌曲的结束处。例如，《碰一碰》《找小猫》《卷炮仗》《套圈》《猴子鳄鱼》等。

歌舞游戏与有主题的游戏有所不同，它可以有较明显的游戏主题、内容，也可以没有专门表现情节和角色的音乐，相对地比较侧重于幼儿的创造性动作表现。例如，《猫捉老鼠》的游戏，幼儿在熟悉并学会演唱歌曲的基础上，可以根据歌词的词意自由做表演动作，分别扮演大猫和老鼠；当唱完歌曲的最后一个音后，扮演大猫的幼儿才可去抓"老鼠"。

2.表演游戏

表演游戏是指主要侧重于按音乐性质变化进行情节和角色表演的游戏。这种游戏的特点是：按专门设计组织的不同音乐做动作、变化动作和进行游戏。例如，《熊与石头人》《老鹰捉小鸡》等。

表演游戏的情节和角色通常都有专门的音乐来表现，也相对比较强调情节和角色的表演。例如，游戏《猫捉老鼠》，音乐由 4 个部分组成：第一部分是"小老鼠跑来跑去"；第二部分是"小老鼠吃米"；第三部分是"小老鼠睡觉"；第四部分是"猫来了，小老鼠逃回家"。这样，幼儿在游戏中，随着音乐的变化用动作和想象来表达自己的情感和对音乐的体验，乐在其中。

表演游戏从游戏内容上看，一般有一定的情节和角色；从游戏形式上看，带有较强的表演性。

3.听辨反应游戏

听辨反应游戏指侧重对声音或音乐的听辨结果进行快速反应，以培养幼儿对音乐的高低强弱、音色等的分辨能力。它一般没有固定的游戏情节或内容，以对音乐要素的反应和理解为主。这种游戏只要求按规定方式对音乐或声音的某种要素做出反应，如《什么在响了》，要求分辨的是熟悉的乐器。

例如，音乐游戏《什么乐器在唱歌》要求分辨的是乐器的音色；游戏《奇怪的声音》要求分辨声音的强和弱，并用身体动作（如踩脚表示强，拍手表示弱；伸展双臂表示强，

双臂屈肘抱肩表示弱……）加以反应。

（三）从游戏的作用来分，可以分为节奏训练类音乐游戏、音准训练类音乐游戏、培养音乐感受力的音乐游戏、训练动作与音乐协调类的音乐游戏

1. 节奏训练类音乐游戏

例如，"宫格"游戏，可以依据幼儿的接受能力分为六宫格或八宫格，是几宫格就拿出几张扑克牌。扑克牌背面朝上（背面表示空拍），教师可任意把扑克牌翻到正面（正面表示拍手），教师再以固定节拍从头到尾指向扑克牌。这有助于训练幼儿的反应能力和对节奏的认识。

2. 音准训练类音乐游戏

在日常生活中，幼儿可以接触到很多和音高有关系的小旋律。教师可根据幼儿接触到的音高来设置音乐游戏。例如，"纱巾"游戏，准备两条纱巾，由两名幼儿分别抓住纱巾的两头，一条纱巾在上，一条纱巾在下，分别规定两个不同的音高，一般都是以5和3开始，因为这两个音比较容易掌握。上面的纱巾为5，下面的纱巾为3。教师请幼儿轮流当指挥，小指挥指到哪条纱巾其他幼儿就唱哪条纱巾所代表的音高。幼儿不仅能准确地掌握音高，而且也满足了他们的表现欲望。

3. 培养音乐感受力的音乐游戏

例如，"涂鸦"游戏，播放一段旋律起伏较大的音乐，让幼儿准备好纸和笔，在纸上画出所听到音乐的旋律线，由于每个幼儿的音乐感受不一样，因而幼儿的涂鸦也会有所不同。这既能提高幼儿的音乐感受力又能提高幼儿的自信心。

4. 训练动作与音乐协调类的音乐游戏

例如，"律动"游戏，就是根据所听到的音乐让幼儿用肢体表示出来，如拍手、拍腿、跺脚及打响指等。

二、幼儿园音乐游戏活动的选材

正确选材是音乐游戏良好的开端。音乐游戏形式多样，种类很多，有易有难。选材时应该结合幼儿的年龄特点及本班的实际水平，根据教育目标和要求进行挑选或改编。音乐游戏教材应从以下几方面着手选择。

（一）选择形象、节奏鲜明、对比性强的音乐

在为幼儿选配音乐时，应注意选择富有趣味的音乐，有歌词或便于哼唱的乐曲，因为幼儿非常喜欢边唱边活动，如果是乐曲，最好便于幼儿哼唱。这样即便没有成人为他们伴奏，他们也能自己边哼边玩。另外，选择的音乐要形象、节奏鲜明、对比性强、乐段清楚、结构要工整，便于幼儿用不同的动作来表现音乐所要表达的不同内容。

（二）选择具有趣味性的情节、角色、动作的音乐

音乐游戏的内容必须考虑是否能够激起幼儿的兴趣及符合幼儿的年龄结构特点，这就要想到音乐游戏中的情节和角色。首先游戏的情节要有高潮，能使幼儿在心理上得到满

足，其次游戏的内容应能调动全体幼儿参加游戏的积极性，让他们在游戏中获得快乐。

选择音乐游戏中的情节和角色要注意以下几点：一是情节和角色应是幼儿易用音乐来表现的；二是情节和角色应是幼儿所熟悉和喜欢的，易让幼儿获得生理和心理满足的；三是情节和角色应是具有丰富教育潜能的；四是游戏的情节应为幼儿所理解，角色的活动应贴近幼儿生活。

例如，小班幼儿喜欢玩捉迷藏的游戏，藏的时候只要自己看不见别人就以为藏好了，藏好后，不少幼儿还喜欢被别人找到。根据这一年龄班幼儿的特点，选用情节简单的《找小猫》游戏他们就非常喜欢。中、大班幼儿对《穿斗篷的小孩》这一游戏很感兴趣，他们对树林中远远站着一个穿斗篷的孩子这一情景，会有极大的好奇心，想弄清他是谁。因此，如果能根据幼儿年龄特点，知识经验基础，挑选适合各年龄阶段幼儿理解水平的游戏教材，会取得良好的教学效果。

音乐游戏多数是音乐与动作配合进行的。因此，在选材时还要考虑幼儿随音乐动作能力的发展水平，可以随着幼儿年龄增长不断增加动作难度。

（三）合理投放音乐游戏操作材料

音乐游戏中适宜的游戏材料运用能激发幼儿的学习兴趣，帮助幼儿对音乐的感受和体验，教师在投放音乐游戏操作材料时要注意形象美观、操作简单、有助于幼儿动作表现。

例如，在组织音乐游戏《盆碗碟杯在唱歌》时，投放了盆、碗、碟、杯、筷子等这些厨房用具当道具，幼儿随着音乐节奏敲击各种道具，像个小小的演奏会，幼儿在游戏中体验到了音乐节奏演奏的快乐。

第三节　幼儿园音乐游戏活动的组织与指导

一、幼儿园音乐游戏活动的指导策略

（一）引奇激趣策略

根据幼儿好玩、好奇、好模仿的特点，游戏活动要有情趣性和探索性。只有在游戏中不断提供新的刺激，激发幼儿的好奇心，吸引幼儿的注意力，才能调动幼儿的积极情绪，让幼儿乐于展示自己，从中体验到快乐。

例如，音乐游戏《丢手绢》，幼儿从中可以感受奔跑的自由、与同伴相互追逐的紧张与快乐。"谁会被丢到手绢呢？""快跑！加油"这些对于幼儿来说都是好奇和有趣的，这些感觉会驱使幼儿变"要我玩"为"我要玩"。

好玩的游戏很多，只要教师设计巧妙、准备充分、深入游戏情境中，以丰富的表情、神秘有趣的话语组织教学，相信幼儿能在整节活动中始终保持愉悦的情绪。

（二）凝神倾听策略

通过"倾听"的音乐游戏教学策略可以培养幼儿对艺术感受美和欣赏美的能力，从而

实现《纲要》艺术领域的目标中指出的"能初步感受艺术中的美"。

例如，在音乐游戏《灰熊要发怒》中，教师始终为幼儿提供了一个"倾听"的环境，不强调幼儿的唱，注重幼儿对音乐轻重的感知及对游戏流程和游戏规则的了解。活动开始部分教师引导幼儿通过倾听《灰熊要发怒》的故事导入歌词，再为幼儿提供倾听的机会和条件，引导幼儿初步感知歌曲的轻重，知道在琴声变小时"走路轻轻地"，在琴声变大时"摇醒"大灰熊，在琴声结束时变成"木头人"。

整个游戏过程中，教师的导语和琴声的轻重是关键。只有轻重明显的琴声和范唱才能让幼儿感知出歌曲的轻重。在活动中教师加强"轻重"的力度，配以肢体语言帮助幼儿去感知歌曲，去了解游戏规则，在不断的游戏过程中巩固对歌曲的感知，对游戏规则的理解。教师最后利用"与灰熊跳舞"的环节让幼儿在熟悉的歌曲中放松自己，体会与教师、同伴一起参与音乐活动的乐趣。在这个活动中幼儿是快乐的，没有"不会玩"的负担，有的是大胆参与和认真倾听的机会，获得的是一点点的自我提升。

（三）交换游戏策略

幼儿好玩、爱模仿，喜欢扮演多种角色。利用幼儿爱模仿的特点，尤其是小班幼儿，采用交换角色的策略，能满足幼儿扮演不同角色的想法，充分调动幼儿的主动性，培养幼儿的模仿兴趣，激发幼儿的交换游戏意识。例如，"点兵点将"的游戏策略也可以采用。不仅每个幼儿都有参与的机会，游戏规则公平公正，而且可以引发幼儿的好奇心，调动幼儿的积极性，下一个被点到的会是谁呢？幼儿会不自觉地被吸引，参与到游戏中。被点到的幼儿则交换游戏角色，充当"点兵点将"的主角，体验不同的游戏乐趣。

（四）游戏示范策略

示范法对教师来说是示范，对幼儿来说是借鉴和模仿，幼儿有很强的模仿本能，因此，提供一个正确体现作品形象的、熟练的示范是有必要的。这样的模仿不能局限幼儿的想象力和创造力，因为每一位幼儿都有创造的需求，都需要独特的表现。例如，在音乐游戏《灰熊要发怒》中，教师先引导幼儿倾听故事，观看图谱了解歌词的内容，再通过语言引导幼儿模仿"灰熊发怒"和"木头人"，并鼓励幼儿创编不同的动作。

在游戏前，教师示范了游戏的过程，而其中的动作是幼儿的自主创编。这样的示范既起到了提示作用，又对幼儿的创作起到了促进作用，能激发幼儿的创编兴趣。

二、幼儿园音乐游戏活动基本环节的组织与指导

幼儿园音乐游戏活动过程主要包括教师的导入、游戏过程和评价几个环节。

（一）导入环节的组织与指导

为了激发幼儿参与音乐游戏的兴趣，活跃幼儿思维，教师可采用儿歌谜语式、情境表演式、歌词朗诵式等导入方式，后两者方式也有助于幼儿对音乐游戏规则及内容的理解。

案例链接

　　在教师教唱《鞋子也会嗒嗒响》新歌时，先让小朋友们猜个谜语："两只小船，无桨无蓬，十个小孩，分坐船中，白天来来去去，晚上人去船空。小朋友们，你们说这是什么东西呀？"孩子们猜到鞋子的谜底后，兴奋不已，接着对玩有关鞋子的音乐游戏也兴趣盎然。

　　其中情境表演式和歌词朗诵式两种导入方式，比较适合当音乐游戏中歌词内容的语言较为抽象复杂，叙事性较强，有相对完整的故事情节的歌曲。例如，歌曲《小老鼠打电话》，教师首先为幼儿创设一个打电话情境，帮助幼儿理解故事情节、角色的活动贴近幼儿生活。这样，玩起来幼儿的想象才能活跃，感情才能逼真。

　　歌词朗诵式即将歌词单独分离出来，用教儿歌和诗歌的教学方法进行教学，分解歌曲学习的困难，重点地学习歌词，使幼儿更加关注歌词的韵律节奏等方面的审美特征。例如，大班的音乐《小乌鸦爱妈妈》是一首曲调优美、活泼动听的歌曲，表现了小乌鸦爱妈妈的情感，歌词很长，幼儿难于记忆，教师可以利用图片记忆法让幼儿先学会歌词，有助于幼儿对歌曲内容情绪的理解与感受，提高歌唱的兴趣性和表现力，然后再开展音乐游戏时，幼儿就能够很好地理解和玩起来。

（二）幼儿园音乐游戏活动基本过程的组织与指导

　　整个音乐游戏活动的基本过程就是游戏的过程，该环节的组织与指导，主要有3种模式。

　　1. 模式一：示范→模仿→练习的模式

　　这种模式的基本过程的组织与指导如下。

　　（1）教师用容易让幼儿清楚感知的方法演示游戏的玩法。

　　（2）教师组织幼儿倾听、熟悉游戏的音乐，或者教幼儿学习游戏中的歌曲、表演动作。

　　（3）教师用边示范、边讲解，边带领幼儿游戏的方法帮助幼儿了解和熟悉游戏的玩法。

　　（4）教师组织幼儿连贯地进行游戏。

案例链接

　　在大班艺术活动《有趣的皮影人》中，教师通过引导幼儿再次观看皮影戏，使幼儿更加直观地了解影片中皮影人老奶奶和小朋友所表现的动作。因为只有让幼儿清晰地了解、感知游戏的玩法——具体操作，才能使幼儿掌握活动的内容，从而进一步地开展活动的下一环节。然后教师再通过对个别幼儿动作的解析，使幼儿进一步的了解从哪段音乐开始摆造型。同时，也使幼儿进一步地了解、熟悉音乐。类似这样的律动活动，在活动的开展中，让幼儿跟着节拍表现动作是极为重要的。因此，教师可以通过对个别幼儿动作的解析来达到活动的目的。其次教师带领幼儿随音乐表现皮影人摆造型，这一环节不仅使幼儿进一步感知游戏的玩法，音乐的节拍。同时，鼓励幼儿根据自己的意愿大胆地创编皮影人的动作，使活动得到了更好的效果。最后教师讲解、示范，在这一环节中，教师不能一味地要求幼儿随着教师的意愿进行机械的模仿尝试，在这个环节中，教师应鼓励、引导幼儿在模仿的基础上根据自己的意愿进行大胆的尝试创编，使活动真正地起到幼儿爱学、乐学的目的。

2. 模式二：先分解后累加的模式

这种模式的基本过程的组织与指导如下。

（1）教师将游戏中占主要地位的歌曲或韵律动作分解出来，作为歌唱活动或韵律活动的材料单独使用，使幼儿能够掌握，即难点前置，有效地融入游戏元素，使活动的难点有效地进行解决，使活动开展得更具有效性和有趣性。

例如，大班艺术活动《do re mi》，可以通过以手位动作使幼儿感知 do re mi 3 个音是越来越高的。以此类推，同时学唱歌曲难点。这一方式，使幼儿在与教师一起游戏的过程中不仅解决了歌曲的难点，同时也提高了幼儿对活动的兴趣。

（2）在幼儿已掌握歌曲或韵律活动的基础上，教师再向幼儿提供游戏中的其他音乐材料和游戏玩法，然后用类似模式一中的方法教幼儿玩这个游戏；或者教师提供游戏中的其他材料，并以材料为线索，引导幼儿共同创编游戏的玩法，然后通过反复玩这个游戏的方法，逐步达到熟练掌握。

例如，在大班艺术活动《do re mi》中，教师在幼儿解决了歌曲的难点后，还利用一些辅助材料——3 棵不同高度的大树（最矮的表示 do，中间的表示 re，最高的表示 mi），以此类推，引导幼儿进行创造性的游戏。这不仅使幼儿进一步掌握了活动的内容，还使活动的开展更具有效性。

3. 模式三：先玩游戏→后玩音乐游戏的模式

这种模式的基本过程的组织与指导如下。

（1）教师将音乐游戏中的游戏部分抽取出来，让幼儿用模仿或创造的方法学会玩这个游戏，即让幼儿熟悉游戏后再进行活动，便会事半功倍，而且能极大地激发幼儿的学习兴趣。例如，在大班艺术活动《小熊找家》中，结合幼儿活动前已经会玩抢椅子这个游戏的经验基础，引导幼儿进一步了解游戏《小熊找家》的规则与玩法并将两者结合起来，为下一环节小熊找家做好铺垫。

（2）教师向幼儿提供音乐，让幼儿用集体讨论的方法想出如何将游戏过程与音乐的各个部分相匹配。在这个过程中，教师利用歌曲本身的故事引出了音乐。

（3）教师组织与指导幼儿跟随音乐练习玩这个游戏。

案例链接

大班的艺术活动《小熊找家》，它通过音乐的不同变化，使幼儿感受小熊是在森林中玩耍，同时在音乐结束后倾听独白中问：谁是小熊？使幼儿意识到音乐一停即是抢椅子的环节，抢不到椅子的幼儿为小熊，小熊找不到自己的家迷路了。通过这样的一个环节，使幼儿在讨论的过程中，有效地、自主地将抢椅子的游戏与小熊找家的音乐进行了结合。有了前面环节的铺垫，在后面的环节中，幼儿会很快地融入角色进行了游戏，并能跟着音乐的变化更换自己的动作。同时，在游戏中，能正确地面对自己的成功与失败，真正的在活动中体验游戏的快乐。最后在活动结束时，通过再次完整地游戏一次，使幼儿进一步地感受到音乐活动所带来的快乐。而整个过程改变了以往教师一味传授的形式，而是引导幼儿在玩（歌曲内容游戏）的过程中，感受音乐的不同风格，同时大胆地表现音乐。在活动的结束部分，为幼儿设置一个"小舞台"，让幼儿上台表演。这既锻炼幼儿的胆量，同时也给幼儿提供了一个充分展现自己的机会，使幼儿兴趣盎然地参与其中。

无论是哪种模式的音乐游戏，教师在组织游戏过程中应运用以下指导策略。

1. 语言与非语言的方式相结合

宽松、自由、支持性的游戏环境，离不开教师在教学中积极的语言指导，因为语言指导可以让幼儿更快、更好地理解游戏规则和玩法，但是非语言指导更能让幼儿在情感上有良好的体验。教师支持性的态度，如一个微笑、一个鼓励的眼神、一个表扬的手势等都会让幼儿更积极地参与游戏，更乐于表现自己的能力。所以，在音乐游戏中，教师要用积极的情绪鼓励幼儿参与游戏活动。

教师还可以通过问题讨论的方式引导幼儿发现解决问题的办法，或者给幼儿间接地提出问题解决的方法。

2. 鼓励幼儿在游戏中亲身体验

幼儿是以直觉行动性思维为主，他们的学习是以直接经验为基础的，通过直接感知、实际操作和亲身体验中获得经验。因此，在音乐游戏开展的过程中，教师应注重面向全体幼儿，鼓励每个幼儿参与到游戏活动中，尽可能关注到每一个参与游戏活动的幼儿。例如，在进行《一只小老鼠》音乐游戏的时候，教师说："请大家一起表演小老鼠害怕的样子，然后再一起表演老猫威武的样子"；也可以请幼儿个别示范，以锻炼幼儿的胆量，同时鼓励害羞的幼儿向个别示范的幼儿学习。通过多种方式加强幼儿的亲身体验，使幼儿愿意参加音乐游戏，并且能在游戏中获得社会性创造能力的发展。

3. 兼顾娱乐性与教育性

幼儿园游戏本身所具有的娱乐性与教育性决定了教师对游戏进行指导时必须也要兼顾游戏的双重性质。它的"教育性"表现在游戏发生的各种条件上，如教师选择的音乐类型、设计的游戏环境、提供的游戏材料等，因此要考虑到游戏的教育性是否有利于幼儿的身心发展。

4. 注重音乐游戏的"游戏性"

音乐游戏是以音乐为媒介进行的游戏活动，归根结底，它是一种游戏活动而不是音乐活动。音乐在其中只起到了辅助的作用，并不能作为音乐游戏的主体。

因此应注重"游戏性"先于"表演性"，教师要按照游戏活动的本质特点来组织和指导幼儿的音乐游戏，让幼儿在活动中产生"游戏性"体验。

教师首先应当保证幼儿拥有自由选择和自主决定的权利，即幼儿对音乐作品的理解和表现的方式方法应当拥有绝对的自由，而不是听从教师或由教师规定。同时，教师的指导不能剥夺幼儿的"游戏性"体验。教师必须给幼儿自主游戏、协商配合的时间和空间，允许幼儿探索、讨论，尊重他们的理解与表现，教师做积极的引导者而不是指挥者和导演。

总之，教师在组织和指导音乐游戏时，还应处理好以下几种关系。

一是教育与娱乐的关系。音乐游戏不应该仅仅让幼儿满足于娱乐，而应该让他们在娱乐的同时增长知识和经验，促进各种能力的发展。

二是规则与自由的关系。音乐游戏中的宽松、自由必须建立在一定规则的基础上。

三是现实与创造的关系。在音乐游戏中，教师要鼓励幼儿在现实的基础上发挥想象力和创造力，提高幼儿的审美情趣。

四是自主与指导的关系。教师在鼓励幼儿自主尝试、探索的前提下，给幼儿适当的帮助是非常重要的，它能让幼儿在尝试的过程中获得成功感和自信心。

> 知识链接
>
> 介绍几种有效的音乐游戏组织设计方法

|||| 第四节 幼儿园音乐游戏活动设计与组织的案例及评析 ||||

 一、小班音乐游戏活动设计与组织的案例及评析

> ### 小班音乐游戏：水果宝宝在哪里 ①
>
> **活动目标**
>
> 1. 乐意扮演水果宝宝随着音乐做游戏。
> 2. 初步体验大小伙伴一起跳跳玩玩的乐趣。
>
> **活动准备**
>
> 1. 布置果园场景，3个水果头套、3个自制大水果、水果挂饰，音乐《水果宝宝在哪里》。
> 2. 大班幼儿戴上3个水果头套，分别扮演苹果、香蕉和西瓜宝宝，并会玩游戏《水果宝宝在哪里》，愿意和小班幼儿一起玩。
>
> **活动重点**
>
> 扮演水果宝宝随着音乐做游戏。
>
> **活动难点**
>
> 与同伴一起和谐地进行音乐游戏。
>
> **活动过程**
>
> 一、感受游戏《水果宝宝在哪里》
>
> 1. 进入果园（教师扮演"水果妈妈"，带领幼儿进入活动室。）

---

① 徐斐. 在音乐活动中引发小班幼儿主动学习——以小班音乐游戏"水果宝宝在哪里"为例［DB/OL］. http://www. yejs. com. cn/yjll/article/id/49082. htm. 2014-08-24.

提问：看看果园里有什么？

2. 和水果宝宝打招呼（请3个大班幼儿分别扮演苹果、西瓜、香蕉宝宝出场）

（1）水果宝宝也来和我们一起玩游戏，我们一起把它们叫出来吧！水果宝宝在哪里？

（2）引导幼儿和水果宝宝打招呼："瞧，水果宝宝来了！和水果宝宝问声早吧！"

（3）3个水果宝宝分别和小朋友们呼应："我是大大的西瓜宝宝。""我是圆圆的苹果宝宝。""我是弯弯的香蕉宝宝。"

3. 在音乐中欣赏、感受游戏《水果宝宝在哪里》

（1）哥哥姐姐分别扮演苹果、香蕉、西瓜宝宝，在《水果宝宝在哪里》的音乐中玩游戏。

（2）提问：水果宝宝刚刚在干什么？（教师用躲藏的肢体动作暗示幼儿）

（3）小结：水果宝宝真淘气，和我玩起了捉迷藏。

二、幼儿扮演水果宝宝，与同伴一起做游戏

1. 自选水果宝宝，角色扮演（每人挑选自己喜欢的水果挂饰）

（1）提问：你们喜欢哪个水果宝宝？

（2）引导幼儿挑选自己喜欢的水果宝宝，挂上该水果挂饰，扮演该水果宝宝。

（3）水果妈妈和自己的水果宝宝抱一抱。

2. 和哥哥姐姐一起玩游戏

（1）玩第一遍游戏时重点观察与指导：幼儿听到相应的音乐是否会躲藏和出来。

（2）玩第二遍游戏时重点观察与指导以下几方面。

①哥哥姐姐是否能帮助弟弟妹妹根据音乐的提示进入游戏。

②幼儿容易搞不清楚的地方，音乐可以暂停，教师随机提问或演示。

③播放完"苹果苹果／西瓜西瓜／香蕉香蕉在哪里？在这里"，音乐可以暂停，教师引导与示范。

3. 幼儿自己玩游戏《水果宝宝在哪里》

（1）第一遍玩游戏：哥哥姐姐做小观众，弟弟妹妹听音乐玩游戏。当音乐唱到"1、2、3，不见了"时，音乐暂停。

（2）引导幼儿："哥哥姐姐看看弟弟妹妹都躲对了吗？""有没有水果宝宝躲到别人家里去了呀？"

（3）第二遍玩游戏：交换水果道具位置，重点观察与指导以下几点。

①交换水果道具位置后，幼儿的游戏状况。

②引导哥哥姐姐帮助找错家的水果宝宝。

4. 大小伙伴一起玩游戏（在音乐声中离开教室）

活动评析

1. 游戏活动设计符合主题内容，满足幼儿学习需要

通过对主题内容的深入挖掘，教师萌发了设计水果主题音乐游戏的灵感，实现教师对这个主题的一个小小的"理想"，这样的设计既符合主题的要求，又能满足幼儿的兴趣。根据幼儿的年龄特点和学习特点，创设适宜的游戏，促使幼儿主动学习。

2. 游戏材料设计巧妙，引发幼儿主动参与游戏

音乐的审美体验与生活体验是紧密相连的，教师巧用材料，创设生动的情境，体现音乐活动的情境性和趣味性，帮助幼儿进入自主学习的状态。3 个夸张的水果模型营造出有趣的果园场景，加上 3 个大班幼儿的角色扮演，在视觉上刺激小班幼儿主动参与游戏，激发了他们的游戏积极性。此外，水果模型的可移动性，能促使幼儿获得游戏经验，激发幼儿主动学习的兴趣。

3. 游戏方式运用独特，满足幼儿情感和表现的需求

《指南》提出："3~4 岁的幼儿喜欢听音乐或观看舞蹈、戏剧等表演。创造机会和条件，支持幼儿自发的艺术表现和创造。"音乐游戏《水果宝宝在哪里》从幼儿的情感需求出发，采用了"大带小"的形式。小班幼儿渴望与哥哥姐姐一起活动、一起学习，也热衷于模仿哥哥姐姐的行为。通过欣赏大班幼儿夸张的表演，小班幼儿真切感受到了游戏的乐趣，很快就进入了音乐情境，与大班幼儿一起做游戏。榜样示范，诱发小班幼儿的音乐表现力，像模像样地做着有趣、夸张的动作，在愉快的音乐氛围中大胆表现，可爱、稚拙、滑稽。

4. 关注幼儿在游戏中的体验，促进幼儿大胆表现

教师较关注幼儿的情绪体验。游戏中教师要重视幼儿在游戏活动中的感受和体验，相信他们一定会把情感、艺术表现融为一体。当小班幼儿首次脱离大班幼儿独立游戏成功，大班幼儿一起为他们热烈鼓掌时，教师要给予赞赏的眼神、鼓励和赞扬，鼓励幼儿自主地表达和表现，并引导大班幼儿与小班幼儿互相爱护，共同创造愉快情绪。

 二、中班音乐游戏活动设计与组织的案例及评析

中班音乐游戏：找小猫

活动目标

1. 学唱歌曲并能边听音乐边做游戏，体验游戏的快乐。
2. 学会听指令游戏，有一定自控能力，能遵守游戏规则。

活动准备

1. 猫妈妈头饰。
2. 捉迷藏游戏的环境布置。
3. 已掌握猫走步的动作。

活动重点

学习根据歌词内容做相应动作。

活动难点

遵守游戏规则，听懂教师的指令，能找到不一样的躲藏方式。

活动过程

一、小猫去森林

师：今天的天气真好，猫妈妈准备带小猫们去森林里玩捉迷藏游戏。

——幼儿和教师一起学猫叫声，并用猫步进场。

师：瞧，我们今天来到森林里了，你们看森林里有些什么呀？如果要玩捉迷藏的游戏，我们可以躲在哪里呢？（引导幼儿认识周围的环境）

二、小猫学唱歌

（1）师：玩捉迷藏之前我们先要学会一首《找小猫》的歌曲，按照歌曲要求来捉迷藏。

——教师范唱歌曲。

（2）师：刚才歌里唱的是谁和谁在做什么？小猫和猫妈妈玩捉迷藏，心里怎么样？（高兴）小猫捉迷藏的时候可以躲在哪里呢？小猫躲好以后，怎样才不会被猫妈妈发现？

——幼儿学唱歌曲。

三、小猫捉迷藏

（1）师：小朋友们可真聪明，一下就学会了《找小猫》的歌曲，现在就和猫妈妈一起来玩捉迷藏的游戏吧！等会儿小猫唱完第一段歌曲以后就去找个地方躲起来，别乱动，被猫妈妈找到的小猫，猫妈妈会摸摸它的头。当唱完两段歌曲后，猫妈妈会喊还有小猫在哪里呀？没有被发现的小猫就站出来：在这里！

——第一遍游戏。

（2）教师表扬遵守游戏规则，唱完第一遍歌曲后再躲藏的幼儿。

——第二遍游戏。

（3）教师表扬躲好后没有乱动，没有发出声音的幼儿，提醒其他幼儿躲好后不乱动。（根据实际情况特别表扬找到不一样的躲藏方式的幼儿，如趴在草丛里，并请没有被发现的幼儿来说说自己是躲在哪里的。）

——第三遍游戏。（视幼儿情况决定游戏次数）

四、小猫要回家

师：小猫们，今天玩得高兴吗？天黑了，小猫的肚子也饿了，跟猫妈妈一起回家吃饭吧。

活动建议

可在户外活动时组织幼儿玩此游戏。

附歌曲：

找小猫

1=D 2/4

汪爱丽　词曲

```
[1]                    [3]                   [5]
5 6  5 3 | 2 - | 5 6  5 3 | 2 - | 6 6  6 6 | 5 3  5 |
许多 小花  猫    喵呜 喵呜    叫    我们 今天   真高  兴

[7]                [9]                  [11]
6 6  6 6 | 5 3  5 | 1 2  3 4 | 5 6  5 | 5 4 3 2 1 - |
要和 妈妈   做游  戏   找个 地方   躲躲  好  妈妈 快来 找
一会 妈妈   就来  找   找呀 找呀   找呀  找  小猫 找到 了
```

活动评析

　　幼儿喜欢音乐游戏，特别是躲猫猫的游戏，有神秘感。在本次活动中可以充分体现良好的师幼互动。虽然它只是一个简单的音乐游戏，但是它有值得深入挖掘的教育价值：首先猫是幼儿熟悉的小动物，幼儿喜欢它，爱模仿，通过游戏幼儿知道猫轻声走路；让幼儿有大胆表达表现的机会，最后幼儿在游戏中可以感受到与教师平等的关系，体会浓浓的亲情，让幼儿得到充分的发展。

　　游戏适合中班幼儿的年龄特点，充分激发了幼儿游戏的兴趣。在游戏的过程中能用多种形式让幼儿反复游戏，保持游戏的兴致和积极性。幼儿在整个音乐游戏的过程中能将平时积累的知识充分、自然地表现出来，体现师幼之间快乐的学习与教学。幼儿有自主性，能自由的游戏。良好的师幼互动在不知不觉中形成了。

　　活动的目标有针对性，可以将整合的内容在目标中体现出来。幼儿在讲述自己躲藏的位置时可以鼓励他们相互交流，进一步提高幼儿的交往能力。

三、大班音乐游戏活动设计与组织的案例及评析

大班音乐游戏：老狼[①]

活动目标

1. 喜欢玩音乐游戏，体验音乐游戏的快乐。
2. 能大胆地表现老狼的动作和神态，进一步提高音乐的表现力。

活动准备

准备老狼及小羊的头饰，水彩笔每人一支，每人准备一把小椅子，老狼的录音。

活动过程

一、创设情境，激发幼儿兴趣

　　师：小朋友们，现在带上你的小耳朵听听谁来了？（教师播放老狼的录音，并配合录音表现老狼的形象。）

　　师：老狼来找吃的了，它会找到谁呢？今天我们将要玩一个《老狼》的游戏，先听听音乐中的第一段，老狼长什么样？

二、欣赏第一段，感受老狼的形象

　　师：刚才听到的是一只什么样的老狼，可以用哪些动作来表现它？现在老师请一些小朋友来表演一下这只坏老狼。（部分幼儿表现老狼的形象）

　　师：现在我们一起来扮演这只贼头贼脑、张牙舞爪的老狼。

三、欣赏第二段，练习游戏动作

　　师：这只坏老狼来找吃的，可怜的小羊被发现了，请问小羊有没有被吃掉？谁保护了它？现在我们来听一听音乐中的第二段。（教师边唱边做音乐中第二段的动作）

---

　　①　妈咪爱婴网 http://www.baby611.com/jiaoan/db/mu/201111/2176384.html.

师：听完了这一段就真相大白了，谁请谁保护了小羊？（小朋友请黑猫警长）

师：现在我们一起学一学歌里聪明勇敢的小朋友。（教师与幼儿共同做音乐第二段的动作）

四、作画请黑猫警长

师：这可是一只很坏的老狼，只是说而没看到黑猫警长是不会怕的，老师已经准备好了一只黑猫警长了，小朋友们也赶快动手在自己的左手心用椅子旁边的水彩笔画一只猫的头像。（教师神秘地说："老狼来了"，迅速转身在黑板画一只简笔画猫头像，幼儿跟着画。）

五、教师与幼儿配合开始第一次游戏

师：我们要开始游戏了，小朋友们先带上小耳朵认真听怎么玩。

（1）第一段：扮演老狼的教师贼头贼脑、张牙舞爪地四处张望，流着口水，饿着肚子想吃小羊的样子。

（2）第二段：［1］～［2］小节，全体幼儿站立，边唱边指着老狼；［3］～［4］小节，右手张开，用力地向右边甩；［5］～［6］小节，用手围着自己的小椅子，保护"小羊"；［7］～［8］小节，踏步走到自己的小椅子背后；［9］～［12］小节，伸出画有黑猫警长的左手，右手做抓"老狼"的动作；［13］～［22］小节，右手做枪状，听音乐在小椅子的上下、左右、前后有节奏地开枪，并发出"叭叭"的声音。老狼做抱头四处逃窜的狼狈相。

活动延伸

更换角色，重复游戏数遍

活动评析

以音乐欣赏来启迪幼儿的心灵、智慧和思维，不仅是对幼儿艺术素质的培养，更是达到其全面发展的捷径。抓住这一点，结合幼儿喜爱的游戏，音乐游戏对幼儿的影响也就不言而喻。

《老狼》这一音乐游戏有幼儿熟悉的老狼形象，还有需要保护的小羊形象，容易引发幼儿的情感共鸣，角色较易表现，幼儿也感兴趣。但本次活动内容设计的量太大，幼儿在没有熟悉音乐，熟悉歌词的情况下，音乐游戏的展开很难，这会导致一系列的问题。如果能分课时设计或采用图谱等形式帮助幼儿熟悉音乐会更好。

在示范表演环节中，没有请其他教师帮忙扮演不同的角色，教师自己会很辛苦，也会影响幼儿记忆表演歌曲中的第二段。在教学设计中，音乐游戏的重难点没突出，没有攻破。多设计一些形象具体的情境教学会更好，更能吸引幼儿的兴趣，引发幼儿的表演欲望。

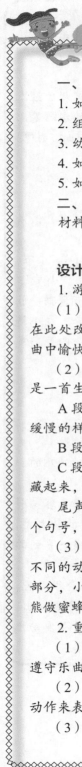

思考与实训

一、思考题

1. 如何为幼儿选择音乐游戏作品?

2. 组织与指导幼儿园音乐游戏活动有哪些方法?

3. 幼儿园音乐游戏活动有哪些导入方式?

4. 如何组织好幼儿园音乐游戏活动?

5. 如何组织与指导幼儿园音乐游戏活动过程?

二、案例分析

材料:

中班音乐游戏:熊和蜜蜂

设计意图

1. 游戏选材与创编

(1)本次活动选自许卓娅老师的《创造性律动》一书。原活动是一节韵律活动,在此处改变为音乐游戏,结合音乐将故事"小熊喝蜜"与乐曲相结合,让幼儿在乐曲中愉快地扮演相应角色进行游戏。

(2)游戏音乐作品说明:《熊和蜜蜂》的律动选用的音乐是《海琼斯小夜曲》,这是一首生动活泼,轻松愉快的乐曲,全曲由3段组成。

A 段乐曲较平稳,给人以稳步行进的感觉,就像肥胖、笨重的小熊走路时沉重缓慢的样子。

B 段乐曲的旋律起伏明显,连贯流畅,似乎看到小熊喝蜂蜜时的满足感。

C 段乐曲急促紧张,给人一种快速敏捷的感觉,用不同的身体动作表现小熊躲藏起来,悄无声息的情形。

尾声部分的前中部分连贯流畅,后半部分的转折变化则总结性地为乐曲做了一个句号,好像小熊气喘吁吁逃回了家。

(3)游戏玩法与规则:A 段音乐时幼儿合拍学小熊走路找蜂蜜;B 段音乐时创编不同的动作表达喝蜂蜜的满足感;C 段音乐时小熊蹲下躲好,蜜蜂出来找小熊。尾声部分,小熊逃回家,蜜蜂出来蛰小熊,然后为了可以让游戏循环,被蜜蜂蛰到的小熊做蜜蜂,循环游戏。

2. 重难点的设置与处理

(1)教学重点:游戏中知道蜜蜂追逐时"小熊"应迅速躲避,倾听音乐尾声,遵守乐曲结束时迅速回到座位的游戏规则。

(2)教学难点:小熊喝蜂蜜后突然看到蜜蜂追来,需要躲避的心理变化用表情、动作来表现,这对中班幼儿来说有一定的难度。

(3)教学方法:课件演示法、图谱标示法、语言引导法、活动游戏化等。

为了让幼儿兴趣浓厚，在本次活动中选择了幼儿熟悉的卡通动物形象小熊维尼，结合故事制作幻灯片引用到活动中，以促进幼儿想象，在故事的情境下帮助幼儿熟悉乐曲的结构和旋律。

活动目标

1. 感受音乐中两种不同的形象，合拍的模仿小熊走，运用神态及动作自由表现小熊喝蜂蜜时的满足感及躲避蜜蜂的恐惧感。

2. 根据游戏情景，借助角色的暗示，知道"蜜蜂"追来时，小熊应躲避不动。

3. 乐于参与游戏，愿意在集体面前大胆表现自己，体验游戏的快乐。

活动准备

1. 音乐《海琼斯小夜曲》。

2. 课件、图谱。

3. 红包、狗熊妈妈胸饰，蜜蜂胸饰。

活动过程

1. 复习歌曲。

2. 演示课件，了解游戏的故事情节。

（1）出示图片，师：孩子们，你们看这是谁呀？（熊）这个呢？（蜜蜂）

小熊和蜜蜂之间发生了一件有趣的事，我们一起来看一看吧！

（2）课件演示，师：小熊和蜜蜂发生了一件什么事呢？

3. 完整欣赏乐曲，进一步感知乐曲的旋律和节奏，理解每段音乐所表现的不同情节。

（1）师：这件有趣的事藏在一段音乐里，我们一起来听听，哪里是小熊出来了？哪里是小熊喝蜂蜜，哪里是蜜蜂飞来了？哪里是小熊跑回家？

（2）完整欣赏乐曲。

（3）师：开始的时候是谁来了？什么地方你听出来了吗？

4. 分段感知乐曲，创编角色游戏动作与图谱。

（1）师：如果你是小熊，肚子饿的时候是怎么走路的？我们跟着音乐一起来走一走？

（幼儿自由行走）

师：让我来看看小熊是怎么走的？刚刚有几个熊宝宝走得很像，我们一起来看一看。

师：它是怎么走的？有这样走的，嗯，还有那样走的，肚子很饿，能不能走得快？

师：我们一起跟这个小熊学一学。

师：走不快，一下一下的，我们跟着音乐，看着图谱，一起来做一做。

师：熊宝宝，我们去找一找吃的。

（2）师：走了半天，瞧！好大一罐蜂蜜呀！熊宝宝，你们怎么喝的？还会怎么喝？

师：啊！小熊喝了蜂蜜，感觉怎么样？

师：我们回忆一下，小熊喝蜂蜜，做了哪些动作？

师：我们跟着音乐来做一做。

（3）师：哎呀！不好了！蜜蜂来了！小熊该怎么办呢？

师：只能蹲在那儿不动，但是蜜蜂飞来飞去，它心里会怎么样？（很害怕）

师：我们来看看这个熊宝宝怎么表示害怕的？

师：熊宝宝们，你们听……

（4）师：熊宝宝们，我们什么时候才能逃回家？

听好，（蜜蜂打哈欠啦）让我们一起逃回家吧！

（5）回忆4个游戏环节，完整做两遍动作。

（6）师：刚刚老师把这个有趣的故事画了一张图谱。我们听音乐，看着图谱，在座位上做一做吧！

（7）师：这一次不看图谱能不能玩？我们一起来试一试。如果你不记得动作了，可以看看图谱。

5.分角色表演完整地跟随音乐做游戏。

师：《熊和蜜蜂》这个好玩的游戏，小熊在玩的时候，如果最后被蜜蜂蛰到了，就要去做蜜蜂，明白了吗？

（1）师：嗯，坐了半天，肚子好饿，宝宝们，快跟熊妈妈找东西吃吧！（完整游戏第一遍）

（2）师：哎呀！这个熊宝宝身上怎么多出一个大包？（被蜜蜂蛰了）哎，我可怜的孩子。

（3）师：其余熊宝宝要注意了！好像没吃饱，我们再去找点吃的吧！（完整游戏第二遍）

（4）师：真难过，又有一些小熊被蛰了，这次出去找蜂蜜可千万要保护好自己啊！（完整游戏第三遍）

（5）师：今天被蜜蜂追了那么多次，各位小熊都气喘吁吁了，让我们一起听着音乐，休息会儿吧。

本次活动中利用图谱帮助幼儿合拍表现熊走路及创编记忆几种表达喝蜂蜜满足感的动作。

问题：请评析上述音乐游戏活动。

三、章节实训

学生自主选择同伴，分成6组，抽签设计并组织开展下述音乐游戏活动。

（1）音乐游戏《什么乐器在唱歌》（大班）。

（2）音乐游戏《熊和蜜蜂》（中班）。

（3）音乐游戏《买菜》（大班）。

（4）音乐游戏《找一个朋友碰一碰》（小班）。

（5）音乐游戏《蔬菜宝宝在哪里》（小班）。

（6）音乐游戏《鞋子也会嗒嗒响》（中班）。

第三部分

美术教育活动

第一章 幼儿园美术欣赏活动的设计与指导

引入案例

在欣赏索拉瑞奥的《有绿色靠垫的圣母子》中的师幼对话如下。

师：看到这幅画，你有什么感觉？

幼1：我觉得妈妈很爱孩子。

幼2：我很激动。

师：很激动？说说你为什么激动。

幼：因为我觉得很漂亮，颜色很鲜艳。

师：哪些地方很鲜艳？

幼1：妈妈的衣服，小宝宝的身体和屁股。

幼2：小宝宝胖胖的，很可爱。

幼3：小宝宝的屁股很光滑，很舒服，我都想摸一摸了。

幼4：我感觉我想搂一搂小宝宝。

幼5：小宝宝的头发是红色的，很好看。

问题： 幼儿感受到了该艺术作品传递的哪些情感和意义呢？你觉得什么样的作品适合给幼儿欣赏呢？该如何组织与实施美术欣赏活动呢？

知识链接

《有绿色靠垫的圣母子》（索拉瑞奥）

学习目标

1. 了解幼儿园美术欣赏活动的总目标、各年龄阶段目标及撰写要求。
2. 了解美术欣赏活动的内容、选材及美术欣赏活动的组织与指导等相关知识。
3. 学习幼儿园美术欣赏活动设计与组织的案例与评析技巧。

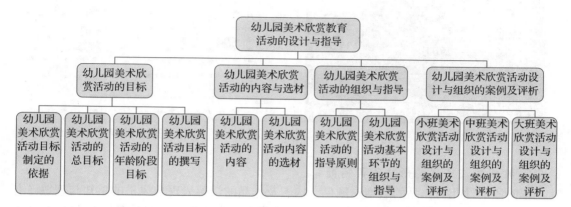

幼儿园美术欣赏活动是指教师引导幼儿欣赏和认识美术作品、自然景物和周围环境中的美好事物，了解对称、均衡、变化等形式美原理，感受造型、色彩、构图等艺术手法及情感表现，激发幼儿的审美情趣，提升审美能力的活动。在整个审美过程中，幼儿的感知、想象、理解的心理过程和情感因素一起贯穿其中。

第一节　幼儿园美术欣赏活动的目标

一、幼儿园美术欣赏活动目标制定的依据

幼儿美术欣赏能力的发展活动目标的制定既要把握幼儿美术欣赏能力的发展规律，又要把握每个幼儿个体之间的差异性，这样确立的目标才能促进每个幼儿美术欣赏水平的发展。

（一）幼儿美术欣赏能力的发展规律

随着认识能力的发展，幼儿美术欣赏的发展不仅与生理机能有关，而且受到其社会认识的制约。在美术欣赏感知和理解方面，表现出以下特点。

1. 对作品内容的感知先于对作品形式的感知

这一阶段的幼儿还没有完全形成一种真正意义上的审美态度，而只是一种求实的态度。当一件美术作品呈现在面前时，他们首先感知到的是作品的内容，很少有意识注意到作品的形式审美特征。且这种对作品的感知与理解仅仅是浅表层次上的，还不能深入地感知作品内容所蕴含的深刻主题及所反映的精神内涵。例如，幼儿在欣赏农民画《扬州三月》（图3-1-1）时，一下就注意到了画面中的大树，"这棵大树太漂亮了，有好多好多这种弯弯的线条，像孔雀开屏的样子，所以很美丽"。幼儿在欣赏蒙德里安的《百老汇的爵士乐》（图3-1-2）时，说："我看到很多小格子，有点像迷宫，又感觉像一块美丽的布"。

图 3-1-1　扬州三月

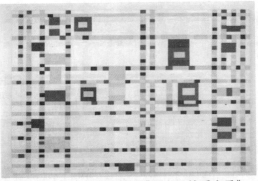

图 3-1-2　蒙德里安的《百老汇的爵士乐》

2. 初步关注作品的形式审美特征

本阶段的幼儿对作品的造型、颜色、构图及作品的情感表现与风格的感知与理解已有所表现。在线条与形状的感知方面，此时的幼儿总是喜欢把它与具体的形象联系起来谈论；对色彩的认识，此时的幼儿由辨认颜色、正确配对逐渐向指认和命名发展；在空间构图感知方面，有相当一部分幼儿已经具备了感知美术作品的空间深度的能力；在作品的风格感知方面，有研究表明，幼儿表现出对作品风格感知困难，易受作品内容的控制，但通过训练，6 岁的幼儿慢慢能够感知作品风格。例如，在欣赏《百老汇的爵士乐》时，有的幼儿说看到这些小方块感觉很高兴，原因是"因为它们的颜色都是深和浅在一起的""线条交叉在一起，感觉很舒服，看起来很整齐"由此可见，幼儿已经能表现出画面构图的节奏；在欣赏毕加索的《格尔尼卡》（图 3-1-3）时，有的幼儿说用直直的线条画躺在地上的人，表示他已经死了。的确，当生命成水平状态时，暗示休息甚至是死亡，由此我们可以看出，幼儿能感受到线条和形状所表现出的情感。

图 3-1-3　毕加索的《格尔尼卡》

3. 偏爱熟悉的、具有现实意义及色彩明快的作品

作品的内容是否客观、真实地再现了现实世界，作品的色彩是否丰富、鲜艳，是他们判断作品好坏的两个最主要的标准。幼儿喜欢的是再现性的作品和能够识别出作品中所描绘的对象的非再现作品。有研究结果表明，6 岁的幼儿对什么样的画是美的还没有一致的标准。绝大多数幼儿认为：画有花、动物、家庭摆设、小鸟等幼儿经验中熟悉的、美好的、使人愉快的事物的作品是美的；而画有残骸、人的脑壳、人形怪物等东西的作品是丑的。

另外，幼儿把具有明快色彩的作品作为自己喜欢的对象。随着年龄的增长，幼儿对美术作品喜爱的原因越来越偏向形式特征和技巧方面，如涂得好不好、画的像不像等。例如，有的幼儿在谈到喜欢《百老汇的爵士乐》的原因时，说："他画这些线的时候画得很直，这些涂的颜色很漂亮，没有涂到外面去"。

（二）幼儿美术欣赏能力的差异性

1. 同龄幼儿美术欣赏能力存在差异

同龄幼儿美术欣赏能力是存在差异的，究其原因有两方面。一方面是幼儿自身内因造成的，如认知方面、理解能力方面、语言方面等强弱不同。例如，有的幼儿在美术欣赏活动中表现得非常活跃，语言表达流畅，用词丰富，对作品的理解很到位，能展开丰富的联想和想象，而有的幼儿对于绝大多数的美术欣赏作品的提问几乎都不能作答，从他们的老师那了解到，这些孩子在日常教学活动中的表现也不尽如人意，表现落后于一般幼儿。另一方面是外因造成的，如家长与教师的教育方面、所生活的环境方面等因素。那些对美术作品的感知能力、联想与想象能力及情绪情感反应都突出的幼儿，其家长往往很重视对他们知识深度和广度的培养。例如，小班幼儿欣赏卡萨特的《洗澡》（图3-1-4）时，有的幼儿只是说："她们在洗脚"，但有的幼儿会说："小女孩在自己家里脱了衣服在泡脚，还有个穿裙子的妈妈在边上。妈妈在给她泡脚。"而在欣赏卡萨特的《海边的两个孩子》（图3-1-5）时，有的小班幼儿说："两个小女孩穿了裙子，一个小女孩头上帽子有蝴蝶结，她们在沙滩上钓鱼。"由此可见，同一年龄的幼儿在认知上、语言上的差异，可能会导致感知能力方面的差异。

图 3-1-4　卡萨特的《洗澡》

图 3-1-5　卡萨特的《海边的两个孩子》

2. 不同年龄段幼儿美术欣赏能力存在差异

根据相关研究发现，不同年龄段幼儿对美术作品的感知、联想、想象、情绪、情感有各自的特点。

3~4岁幼儿最乐于将自己带入到画面的情景中，去感受画面人物的情绪、情感，因他们的快乐而快乐，因他们的害怕而害怕。还难以分清美术作品中的情景与现实生活中的情景之间的区别，在欣赏过程中，容易将自己的感知和情绪融合进欣赏的过程中。

4~5 岁幼儿随着观察能力的增强，他们也开始关注美术作品中的细节，因此，能感受到美术作品中更多的东西。与此同时，想象能力也较之前有很大发展，对美术作品的联想与想象也最丰富。例如，中班幼儿在欣赏米罗的《昆虫的对话》（图 3-1-6）时，幼儿会想象地震了，好多毛毛虫在开会商量如何逃跑，在欣赏米罗的《人投鸟—石子》（图 3-1-7）时，幼儿会说："我感觉是一个人在变魔术，把自己的一只眼睛、脚变没了，把小鸟的身体变成一条直线。"

5~6 岁幼儿虽然观察能力与想象能力有了进一步的提高，但在美术欣赏过程中，他们更加关注的是自己喜好的东西和情景。但随着语言能力的快速发展，该年龄段幼儿对美术作品的描述能力也比前两个年龄段有很大提高。因此，教师在美术欣赏教学中，要鼓励这年龄段的幼儿多看、多想、多说。

总之，幼儿美术欣赏的发展，既受先天无意识的影响，也受后天认识能力发展的制约，经历了一个从笼统到分化，从没有标准到具有一定标准，从以自己直观的情感偏好为主到比较客观的分析为主逐渐发展的过程。

以上几方面是确定幼儿园美术欣赏活动时应该考虑的主要依据，同时还要结合幼儿园美术教育的总目标来确定这一类型美术活动的目标。

图 3-1-6　米罗的《昆虫的对话》　　　　图 3-1-7　米罗的《人投鸟—石子》

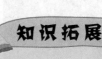

理解儿童的艺术

幼儿的艺术感受是指幼儿被周围环境和生活中美的事物或艺术作品所吸引，从感知出发，以想象为主要方式，以情感的激发为主要特征的一种艺术能力。教师要把握艺术感受中幼儿的核心行为。

第一，注意力的指向与集中。幼儿的艺术感受是被周围环境和生活中美的事物或艺术作品所吸引而产生的。这就要求教师在日常教育教学活动中为幼儿创设一种能够吸引他们的审美环境，即"用美包围儿童"，让幼儿处于美的环境的包围之中。

第二，审美感知。在不同的艺术活动中，艺术感知有不同的特点。例如，在美术感受与欣赏中，幼儿的主要感知通道是视觉的；在音乐感受与欣赏中，幼儿的主要感知通道是听觉的，等等。

第三，审美想象。儿童在艺术感受与欣赏中的想象有两种表现：一是幻想，即没有以往的经验作为支撑，是一种从无到有的想象，这种幻想大多属于创造性想象；二是联想，即在经验的基础上，由一种事物想到另一种事物，所以，儿童艺术想象的方式可能是联想，也可能是幻想。

第四，审美情感。它有两种表现：一是审美欲望与兴趣；二是与审美对象相应的情感。幼儿的艺术表现（与创造）是指幼儿在头脑中形成审美心理意象，利用艺术的形式语言、艺术的工具和材料将它们重新组合，创作出对其个人来说是新颖独特的艺术作品的过程与能力。关于艺术表现这里要强调以下 3 点。

首先是"在头脑中形成审美心理意象"，这是儿童创作出可视可听的艺术形象（或作品）的前提与基础。

其次是"艺术的形式语言的运用"。基于儿童发展的特点，我们强调以儿童自己所理解的艺术语言去创作，而不是一定要按成人的理解去进行创作。例如，在绘画活动中，有些教师或家长会要求孩子掌握近大远小，看不见的就不要画出来，这实际上是成人艺术语言的表达。事实上，我们经常看到孩子们会画出"透明画"或"展开式"，表明幼儿的认知发展还没有达到能够进行焦点透视、近大远小的创作水平。使得幼儿的美术作品显示出稚拙的情趣和成人美术无可比拟的独特魅力。

最后是对工具和材料的探索。因为幼儿在探索的过程中能够体现出其丰富的心理活动及解决问题能力的发展。例如，如何用同一支笔画出粗细不同的线条；如何用两种颜料调配出深浅不同的颜色；如何用不同的声音唱一首歌。

二、幼儿园美术欣赏活动的总目标

我国美术教育的目标走过了"实用技能的学习—学科知识的学习—注重美术对人的发展价值"这样一条发展道路。通过解读《纲要》和《指南》艺术领域的目标，将幼儿园美术教育总目标表述如下。

（1）通过线条、形状、色彩等要素初步感受周围环境和美术作品中的形式美和内容美，对美具有敏感性。

（2）积极投入美术活动并通过各种造型要素自由表达自己的感受，体验美术创造的乐趣。

（3）初步尝试不同美术工具和材料的操作，并用自己喜欢的方式大胆地表现出来。

这 3 条目标是对幼儿园美术教育目标最概括的陈述，是幼儿园美术教育各类型目标制定的依据和最终追求。它体现了审美教育的性质，强调要培养幼儿的审美感知、审美情感和审美创造等基本能力。结合这一目标，将美术欣赏活动的总目标确定如下。

1. 情感目标

（1）能积极参与美术欣赏活动，体验美术欣赏活动的乐趣。

（2）喜欢欣赏不同风格的美术作品。

2. 认知目标

（1）知道周围的自然环境、社会环境和具体的美术作品中蕴含着的美。

（2）初步了解一些美术作品的内容、主题及表现风格，知道美术作品是画家思想情感的表现。

3. 技能目标

（1）掌握简单的美术语言，能叙述和谈论对美术作品的感受。

（2）能体验作品的内容美和形式美，感受作品的情感。

（3）尝试运用画家创作的技巧和元素进行美术创作活动。

4. 创造目标

（1）用多种形式（如动作、表情等）表现自己的审美体验。

（2）对作品做出简单的评价。

 三、幼儿园美术欣赏活动的各年龄阶段目标

（一）小班（3~4岁）目标

1. 情感目标

（1）喜欢观看、欣赏艺术作品。

（2）对美术作品、图书中的各种形象感兴趣。

（3）初步体验作品中具有不同"性格"的线条。

（4）通过欣赏教师及同伴的作品培养欣赏的兴趣。

2. 认知目标

知道从自然景物、艺术作品中能享受到视觉艺术的美。

3. 技能目标

初步学会运用线条表现力度感、节奏感。

4. 创造目标

初步运用动作、表情等表达自己欣赏后的感受。

（二）中班（4~5岁）目标

1. 情感目标

（1）能体验作品中线条、形状、色彩、质地等。

（2）通过欣赏产生与作品相一致的感受。

2. 认知目标

通过欣赏作品，了解作品的主题和基本内容。

3. 技能目标

（1）感受作品的色彩变化及相互关系。

（2）感受作品中形象的鲜明性和象征性，并体验其情感。

（3）感受作品的构成，体验作品的对称、均衡、节奏。

4. 创造目标

通过欣赏，说出自己喜爱或不喜爱作品的理由，并对作品做出简单的评价。

（三）大班（5~6岁）目标

1. 情感目标

喜欢各种不同风格的美术作品。

2. 认知目标

（1）通过欣赏，了解作品的形状、色彩、结构等美术要素。

（2）了解作品的表现手法、艺术风格和创作意图。

3. 技能目标

（1）能感受作品的色调、色彩之间关系的变化。

（2）能感受作品中形象的象征性、寓意性。

（3）能感受作品中的形式美。

4. 创造目标

在欣赏和评价他人的作品时，能讲述自己独特的观点。

在实际制定目标过程中，创造目标往往会融入前3条目标中。

四、幼儿园美术欣赏活动目标的撰写

（一）幼儿园美术欣赏活动目标撰写的要求

幼儿园美术欣赏活动目标是指某一具体的美术欣赏活动的目标。在制定活动目标时，教师既要适应各年龄段幼儿已有的发展水平，符合幼儿美术欣赏能力发展的规律和特点，又要结合每幅作品的内容和形式等欣赏要点，充分考虑幼儿认知、情感、技能、创造性等多方面的发展，最终体现健全、完善幼儿人格的审美教育价值。

（二）幼儿园美术欣赏活动目标制定案例与分析

案例 1

中班美术欣赏活动：凡·高的《向日葵》

调整前的目标

1. 感受画家表现的向日葵成熟程度不同。

2. 引导幼儿像大师那样大胆使用黄色表现向日葵。

分析与调整

　　本活动目标的提出没有把握住这幅作品的欣赏要点，欣赏和绘画操作的具体目标和要求缺乏针对性，而且缺少情感维度的目标，表述的主体也不统一。凡·高的《向日葵》是他的代表作，画面上每一朵向日葵的形态和色彩都很夸张，充满激情，他用奔放不羁、大胆的笔触，让人感受到每一朵向日葵都充满了强烈的生命力。因此，要注重引导幼儿关注作品的形式，特别是发现和感受作品的颜色、线条和笔触。

调整后的目标

　　1. 感受作品中向日葵的勃勃生机，以及成熟的向日葵和稚嫩的向日葵在质感上的不同。

　　2. 初步尝试用强烈的色彩及螺旋的线条表现内心强烈的情感体验。

　　3. 能用语言大胆表达自己对向日葵的感受。

知识链接

《向日葵》（凡·高）

案例2

大班美术欣赏活动：齐白石的《墨虾》

调整前的目标

1. 欣赏齐白石画出的栩栩如生的虾。

2. 学习浓、淡墨的不同用法。

3. 培养幼儿的观察能力和表现力。

分析与调整

　　本活动的目标表述主体不统一，目标1、2是从幼儿角度，目标3是从教师角度表述；对于作品的表现手法、艺术风格和创作意图的分析不到位，没有充分挖掘作品的教育价值，缺乏情感和创造性目标；目标3过于笼统空泛，缺乏操作性。

调整后的目标

　　1. 欣赏齐白石用粗、细、浓、淡的墨色和线条画出的栩栩如生的虾。

　　2. 知道墨色分浓淡、线条有粗细的道理，并学习浓、淡墨的不同用法。

　　3. 细致地观察作品并大胆讲述自己独特的观点。

知识链接

《墨虾》（齐白石）

技 能 实 践

美术欣赏活动：美丽的青花瓷（中班）

活动目标

1.欣赏青花瓷，能初步感受到白底青花的古朴简约美，培养幼儿的审美情趣及表现能力。

2.引导幼儿对作品进行装饰提亮。

请对照中班美术欣赏活动的目标及目标的表述要求进行修改。

|||||||| 第二节 幼儿园美术欣赏活动的内容与选材 ||||||||

一、幼儿园美术欣赏活动的内容

（一）各种美术欣赏对象的类型

幼儿园美术欣赏活动的内容包括各种类型的美术作品，如各种在美术史上既有影响力又适合幼儿欣赏的经典绘画作品、雕塑作品及建筑艺术品，也可以是各种工艺美术作品及各种优秀的民间美术作品和儿童作品。

1.绘画作品

绘画作品，特别是适合幼儿欣赏的美术大师的经典作品，是幼儿园美术欣赏活动的主要内容。供幼儿欣赏的绘画作品，根据使用材料工具和技法的不同，主要以水墨画、油画为主，选择其中所用工具材料和表现手法简单、清晰、明了的作品进行欣赏；以题材内容进行分类来看，幼儿可欣赏的是那些与幼儿生活环境相关的作品，特别是人物画、风景画、静物画和动物画；从作品表现形式来看，主要以民间年画、连环画和宣传画为主，其中年画所特有的民间喜庆气氛、生动的造型、对比强烈的色彩与幼儿心理有相通之处，连环画特别是幼儿画报也深受幼儿的喜爱。

在美术大师的经典绘画作品中，写实的人物油画索拉瑞奥的《有绿色靠垫的圣母子》、米勒的《拾穗者》（图3-1-8）、莱顿的《缠线》（图3-1-9）等，风景油画柯罗的《梦特芳丹的回忆》（图3-1-10）、希施金的《林中雨滴》（图3-1-11）等描绘森林的作品，都是幼儿可欣赏的作品；现代艺术大师们的抽象作品，如马蒂斯的《忧愁的国王》（图3-1-12）、蒙德里安的《红黄蓝构成》（图3-1-13）、米罗的《荷兰的室内》（图3-1-14）和《天空蓝的黄金》（图3-1-15）等，也是幼儿可欣赏的类型；另外具有独特美感的中国水墨画，如郑板桥的墨竹，徐悲鸿的奔马（图3-1-16），齐白石的花、鸟、瓜、果、鱼、虾，吴作人的熊猫，傅抱石的山水（图3-1-17）等，都是适合幼儿欣赏的作品。

图 3-1-8　米勒的《拾穗者》

图 3-1-9　莱顿的《缠线》

图 3-1-10　柯罗的《梦特芳丹的回忆》

图 3-1-11　希施金的《林中雨滴》

图 3-1-12　马蒂斯的《忧愁的国王》

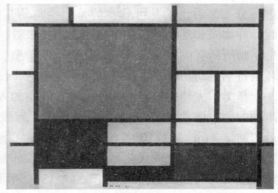

图 3-1-13　蒙德里安的《红黄蓝构成》

图 3-1-14　米罗的《荷兰的室内》

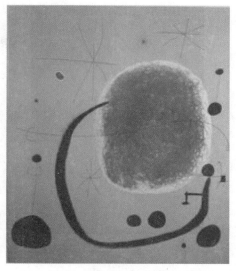

图 3-1-15　米罗的《天空蓝的黄金》

图 3-1-16　徐悲鸿的奔马

图 3-1-17　傅抱石的山水

2. 雕塑作品

雕塑是最具有实体感和立体性的造型艺术类型，雕塑是由雕和塑两种制作方法合成的，用特殊刀子在各种材料上雕塑艺术形象，分为圆雕和浮雕。圆雕占有三度空间的实体。浮雕往往带有背景，分为浅浮雕和高浮雕。

适合幼儿欣赏的雕塑作品应是形象生动并具有一定想象空间的，如日月山形纹岩刻、彩陶旋涡纹瓶、说唱陶俑等中国古代雕塑作品；古希腊的著名雕塑《断臂的维纳斯》（图 3-1-18）与《掷铁饼者》、罗丹的《思想者》（图 3-1-19）、亨利·摩尔的雕塑作品等。此外，幼儿身边可接触到的各种古代雕塑及现代城市雕塑，都可以是幼儿欣赏的作品资源。

图 3-1-18 雕塑《断臂的维纳斯》

图 3-1-19 罗丹的《思想者》

3. 实用工艺

实用工艺是指在造型和外观上具有审美价值，与人类生活用品或生活环境相关的一类工艺美术品的总称。

实用工艺品的范围极其广泛，主要包括三大类：一是经过艺术处理的日常生活用品；二是民间工艺美术品；三是特种工艺美术品，此类工艺品采用的原料比较特殊，如景泰蓝器皿、象牙制品，主要供观赏、珍藏用。特种工艺品实际上主要具有审美和艺术价值。

4. 建筑艺术

建筑艺术是指从建筑功能出发，通过对建筑材料结构方式的技术处理，使建筑产生一种美的形式，是实用性和审美性相结合的艺术类型。建筑依据其营造的目的，使用功能不同，可分为宫廷建筑、宗教建筑、军事建筑、公共建筑、民居园林建筑、陵寝建筑等。

幼儿可欣赏的建筑艺术，包括古代雄伟的万里长城、故宫（图 3-1-20）、天坛、布达拉宫（图 3-1-21）等，各地不同风格的民居如北京四合院、福建土楼（图 3-1-22）、安徽民居（图 3-1-23）、傣族吊脚楼等；世界著名建筑如巴黎圣母院、埃菲尔铁塔（图 3-1-24）、比萨斜塔、悉尼歌剧院（图 3-1-25）等。

图 3-1-20 故宫

图 3-1-21 布达拉宫

图 3-1-22 福建土楼

图 3-1-23 安徽民居

图 3-1-24 埃菲尔铁塔

图 3-1-25 悉尼歌剧院

5. 儿童美术作品及大自然美景

儿童的美术作品是有一定艺术性的作品，有独特的审美样式和视觉效果。各种富有童趣的优秀儿童作品，周围同伴的作品，乃至幼儿自己的作品，都可以作为欣赏对象。

幼儿园美术欣赏教育活动的内容，还可以和幼儿对周围环境和自然景观的欣赏结合起来。引导幼儿关注幼儿园、家庭、社区环境中的美，并带领幼儿亲近自然。

（二）一定的欣赏知识和技能

幼儿园美术欣赏教育活动的内容还包括一定的欣赏知识和技能，这些美术欣赏知识和技能都只能是初步的、启蒙性的。

初步的美术欣赏知识包括关于色彩、线条构图等方面初步的美术知识和术语，以及艺术家的简单生平故事、创作背景等。

初步的美术欣赏技能和习惯包括对作品的仔细观察和探究，用语言大胆地描述自己欣赏对象的第一印象，对作品要素的识别和分析，对作品主题和意义的猜测和初步理解，关于作品的想象与联想。用口头语言、身体语言和不同的艺术形式（故事、戏剧、舞蹈、绘画、泥塑、粘贴等）表达自己对欣赏对象的感受和认识。

二、幼儿园美术欣赏活动内容的选材

美术欣赏活动在小、中、大班都可以进行。小、中班的美术欣赏活动更多是渗透性的，或作为活动的引入，或作为创作的先导。即使有专门的美术欣赏活动，也应与多种形式的体验和感受结合起来进行，谈话的时间不宜过长；大班可以多开展专题的美术欣赏活动，鼓励幼儿用多种方式表达感受，用多种材料来表现。

幼儿园美术欣赏活动内容的选择可以从以下三方面来考虑和安排。

1. 抽象性作品

对幼儿进行美术欣赏活动首先可以考虑抽象性作品。例如，蒙德里安的《红黄蓝构成》《棋盘》、米罗的《荷兰的室内》《人投鸟—石子》、马蒂斯的《忧愁的国王》《蜗牛》、吴冠中的《小鸟天堂》《花草地》等艺术大师的抽象作品。这些抽象性作品没有真实的物体，也没有具体的人物，只有各种线条、形状、颜色的不同组合。因而，幼儿在欣赏作品时，不需要太多的知识经验做基础，完全靠一种天赋的艺术直觉和敏锐的感受力进行感知，这就为幼儿提供了一个不受拘束、自由想象的空间。有研究结果证明，儿童对抽象作品所做出反应的热烈程度，对线条、形状、色彩的直觉感受和把握，对作品所表达的意象和情感表现性方面所展开的丰富想象，是绝大多数成人所无法企及的。

2. 具象性作品

在幼儿欣赏过一些抽象性作品，积累了对线条、形状、色彩、质地及情感表现性有一定的感知经验后，可以选择欣赏一些具象性作品。具象性作品一方面需要联系一定的社会历史背景，另一方面又需要引导幼儿在已有的生活和学习经验基础上进行理解和把握。对于这类作品，不要苛求幼儿完全按照创作者的原意来理解，因为幼儿对作品的解释必然受到已有知识背景和经验的限制。

在教学实践中发现，索拉瑞奥的《有绿色靠垫的圣母子》、米勒的《拾穗者》、莱顿的《缠线》、米莱的《盲女》（图3-1-26）、怀斯的《克里斯蒂娜的世界》（图3-1-27）等作品，幼儿都很有兴趣欣赏。这是因为一方面可以通过人物的神态和身体动作来感知作品表现的主题；另一方面通过对于人物命运的体察更加细致的体察，使得情感体验更加丰富，再加上对有关的社会历史背景和作品意义有了一定的了解，扩充了知识面。

图 3-1-26 米莱的《盲女》

图 3-1-27 怀斯的《克里斯蒂娜的世界》

3. 介于具象和抽象之间的作品

在欣赏了抽象和具象作品之后，可以提高一些介于具象和抽象之间的作品供幼儿欣赏。例如，印象派大师莫奈的《日出·印象》（图 3-1-28）、《睡莲》，凡·高的《星月夜》（图 3-1-29）、《向日葵》《收获的风景》等。这些作品不管是在形象上，还是色彩、线条和造型等绘画语言上都有突出的特点，再结合之前的欣赏经验，幼儿可以在此充分发挥欣赏作用，并接受检验。

图 3-1-28　莫奈的《日出·印象》

图 3-1-29　凡·高的《星月夜》

需要指出的是，选择的作品无论是抽象、具象还是介于具象和抽象之间，具有较强的情感表现性的作品是作为幼儿园美术欣赏活动的首选作品。

知识链接

世界名画欣赏

第三节　幼儿园美术欣赏活动的组织与指导

一、幼儿园美术欣赏活动的指导原则

1. 平等对话原则

平等对话原则是指幼儿园美术欣赏活动中，教师、幼儿与艺术作品三者之间的相互作用和相互交流，用对话式的参与方式去表达自己的审美感受，提高审美素养。一次真正的对话应该是一个人向另一个人敞开自己，欣赏者和艺术作品之间也是如此。在传统的美术欣赏活动中，教师所采用的是以自己为中心的灌输法，将自己掌握的有关美术作品的知识无条件地灌输给幼儿，幼儿被动接受这些知识，没有自身的感知和体验，也没有直接跟美术作品进行对话，因此丧失了自我感受、自我信息加工、自己主动创造的能力。而平等对话原则强调的是教师与幼儿之间、师生与作品之间不是灌输与被灌输的关系，而是一种平

等的、对话式的双向交流关系。在对话中，师生的关系首先应该是平等的，教师应给予幼儿充分的话语权，开放地和幼儿一起分享互相的欣赏感受；教师要用提问的方式引导幼儿欣赏艺术作品，帮助幼儿和美术作品进行问与答。教师不但自己要学会提问题，还要教会幼儿提问题，从而和幼儿一起感知、欣赏作品。

 案例链接

美术欣赏活动：大碗岛的星期天

教师提问：

（1）小朋友，你在画中看到了什么？

（2）这些人在干什么？他们有怎样的姿态？

（3）画面上除了人以外，还有些什么？

（4）你能猜出他们在什么地方吗？

（5）从画面上看，你能看出这是在一天的什么时间吗？

（6）除了这些，你还能看到什么？

分析： 教师在提问时要给幼儿时间独立欣赏，不要操之过急，或讲得太多，用启发式的提问方式给予他们以线索启迪，要尽可能地让幼儿畅所欲言，引导他们观察、想象并进一步陈述清楚。

知识链接

《大碗岛的星期天》
（修拉）

2. 多通道参与原则

与成人相比，幼儿的感官还没有发育完全，他们常常用语言交流和非语言交流等多种感官协调帮助自己进行审美知觉。我们常发现，幼儿在美术欣赏活动中手舞足蹈的借助动作、语言、表情等来表达自己对艺术作品的感受。这些说明幼儿有很强的艺术通感能力，并且这种多通道性是多方面的，既有表情、身体动作与语言的结合，又有不同感觉之间的联合。例如，视觉与听觉的联觉（她的眼睛好美，像会说话一样）、视觉与触觉的联觉（她的手看上去很软，真的很想去摸一摸）等。因此，幼儿园的美术欣赏活动中，教师应注意让幼儿多通道、多感官的参与，用不同的形式来表达自己的审美感受。

 案例链接

一位6岁男孩对毕加索《和平》的解释

我看到这匹马可以飞。

这个人好像在跳舞，这个人在吃东西。

他们好像在开会。

就像有一次我跟爸爸去开会的样子。

我感觉这幅画里的人很高兴。

因为树上挂了好多灯，可以发亮。

这匹马像飞马，有个人在后面拉。（幼儿做拉的动作）

小朋友在跳绳，感觉很高兴。

这个孩子的妈妈在吹笛子。（幼儿再做吹笛子的动作）

这个妈妈在跳舞。

她们都很高兴。（幼儿摇头晃脑）

分析： 这个案例中的幼儿在阐述自己的感受过程中 3 次用了动作来表达自己的体验，好像他自己在"拉马"、在"吹笛子"，在高兴得摇头晃脑。在审美感知过程中，幼儿会不自觉地无意识地用语言和非语言的身体动作、表情等相结合，表达自己的审美感受。

知识链接

《和平》（毕加索）

二、幼儿园美术欣赏活动基本环节的组织与指导

一般来说，幼儿园美术欣赏活动主要包括整体感受、要素识别与形式分析、再次整体感受、心理回忆与构思、创作与表现 5 个基本环节。

（一）整体感受，自由谈论

艺术品的初步印象是幼儿进入美术欣赏的第一步。这一环节主要组织幼儿围绕作品进行整体感受，自由地谈论对作品的第一印象或感觉。

幼儿在欣赏艺术作品的瞬间，他们把所看到的、感受到的和体悟到的东西往往都汇聚到了一起，表现出特定的表情、姿态、动作和声音，出现情不自禁的状况，他们的思维一下子活跃起来。例如，幼儿在欣赏毕加索的《和平》时，表现出全神贯注的投入，一个幼儿抖动头做可怕的表情，直说："可怕、可怕"；一个幼儿手舞足蹈地说："还有大人和小朋友在做游戏，玩得很开心"；一个幼儿边做吃的动作边摇头晃脑地说："他们在吃果子，果子真好吃！"

本环节教师应该把幼儿鲜活的个人体验放在优先位置，给幼儿足够的时间欣赏，并顺应幼儿发展的特点，鼓励他们尽可能大胆地用简洁的语言直接描述自己的真实感受，甚至还可以和幼儿一起做出真实的反应，拉近与幼儿的距离。而不应当制止、阻拦，甚至训斥幼儿的随意和不守规矩，否则会挫伤幼儿的积极性，妨碍幼儿良好的情绪体验和审美心境的形成。

（二）要素识别与形式分析

要素识别与形式分析是美术欣赏活动的关键环节。要素识别是指引导幼儿发现和识别作品中点、线、形、色等形式要素；形式分析是指分析要素之间的关系，也就是分析作品所表现的美的形式，如造型、色彩、构图等形式要素及其所表现的对称、均衡、节奏、韵律、统一、变化等形式美的特征。

在欣赏活动中，要素识别与形式分析往往是融合在一起的。因为幼儿在识别要素的同时，往往就伴随着各种对要素与要素之间所形成的关系的感受。在要素识别环节，教师可以以"你看到了什么"为线索进行提问，引导幼儿发现作品中的点、线、形、色等要素。在识别了这些要素之后，有时甚至在识别的过程中，对这些要素与要素之间所形成的关系，它们所表现的情感和蕴意，自然便会成为幼儿感受和讨论的主要内容。

本环节教师自身要对美的形式有一定的理解与欣赏能力。教师必须自己理解掌握各种形式美的原理，体验作品的意味，同时要用启发诱导性的语言，引导幼儿反复深入地感知、体验作品，让幼儿真正地理解这些形式与形式美原理的内涵。

另外，幼儿对欣赏基本艺术语言和形式美的原理的认识，也可通过美术创作来获得。例如，为学习线条的变化，可让幼儿体验不同动态的线条，再让他们欣赏凡·高的作品《星月夜》中的线条是如何运动的；要学习几何图形的安排，可先让幼儿用彩色纸张贴出各种几何形状，再去欣赏蒙德里安的《红黄蓝构成》《百老汇的爵士乐》等作品。

（三）再次整体感受，深入讨论

再次整体感受是又一次的整体感受，它建立在幼儿对作品的各种要素及其美学意味的深切感受和讨论之上。这一环节一般会涉及介绍作品的创作背景，解释作品所蕴含的意义，分析创作者个人特有的情感表达方式及一些约定俗成的具有象征蕴意的符号含义等。也可以通过给作品命名并说出为什么要这样命名的方式来进行，因为幼儿对作品的命名往往能体现他们对作品的整体理解。而考虑命名的理由则能帮助他们整体和清晰地了解自己的这些感受和思考过程，这里既有知觉的、感受的东西，也夹杂了理性的、逻辑的东西。本环节实施与指导的要点如下。

（1）理解美术作品所蕴含的意义。必须在整体与部分的辩证运动中进行，通过部分理解整体，根据整体理解部分，这是一个循环往复的过程。例如，在欣赏莱顿的《缠线》时，幼儿通过各抒己见的比较、讨论，为作品取了几个有代表性的名字，如幸福的画、绕毛线、荒凉的小岛。教师引导幼儿通过进一步地比较回到整体感受中来，再一次较深入地讨论作品给人的感觉。

（2）虽然教师对作品的意义已有预期，但并不意味着幼儿必须无条件接受。有些问题并不需要统一的标准答案。鼓励幼儿根据自己的体验和理解，发挥想象力，发表自己的见解。例如，教师可以提问：画家为什么这样画？这幅画使你想起了什么？你能说出这幅画的画家想要表明什么观点吗？请你为这幅画取个名字等。

（四）心理回忆与构思

心理回忆与构思是让幼儿对欣赏的作品进行心理回忆和对自己将要创作的东西进行讨论、构思，这是承上启下的必要一环。

教师可以采取让幼儿闭上眼睛回忆已欣赏过的视觉意象的方法，给幼儿留有一定的心理回忆和构思的时间，以加深幼儿对作品的印象和感受。构思时可以将心理意象和交流讨论结合起来，使幼儿为下一步的创作做好必要的心理准备和铺垫。例如，在欣赏莱顿的《缠线》后，让幼儿相互讨论、交流，如你准备画一件什么快乐的事？主要想用什么样的色彩？人物有什么动作？

（五）创作与表现

美术欣赏活动可以是纯欣赏，也可以在欣赏后安排幼儿进行创作，这要根据具体的欣赏内容而定。但欣赏后的创作与一般的美术创作稍有不同，它既尊重幼儿的意愿，给幼儿提供充分的自由度，也鼓励幼儿把欣赏的经验结合进来，或学习、借鉴画家的作画方式和表现手法，或用自己的绘画语言表现作品所表现、传达的情感等。

本环节教师应尽可能提供多样化的、富有表现力的工具和材料，使幼儿能够自由地运用媒介和材料进行创作。需要注意的是，工具的多样固然重要，但并不是工具和材料越多越好，材料提供的原则是要有表现力，有助于幼儿的发展。

以上所列的5个环节是完整的幼儿园美术欣赏活动中比较典型的组织与实施的过程。在幼儿园美术欣赏活动的具体教育情境中，教师还需要根据具体的欣赏内容和本班幼儿已有的基础和特点，进行灵活的活动设计组织和实施。

ⅢⅢ 第四节　幼儿园美术欣赏活动设计与组织的案例及评析　ⅢⅢ

 一、小班美术欣赏活动设计与组织的案例及评析

小班欣赏活动：秋天的菊花

设计思路

秋天是一个丰收的季节，秋天也是菊花绽放的季节。盛开的菊花千姿百态、色彩绚丽，深深地吸引着幼儿驻足观赏。本次活动通过对菊花的实物、图片、名画等进行欣赏，让幼儿多通道地参与审美体验，鼓励幼儿用丰富的语言去表达自己的审美感受，并动手创作，大胆表现对菊花的审美体验，激发幼儿的表现欲望。

活动目标

1. 知道秋天是菊花盛开的季节，喜欢欣赏菊花图，从中感受到菊花的千姿百态。

2. 学会用"开放""五颜六色"等词描述菊花。

3. 愿意动手创作，体验欣赏活动带来的感官愉悦。

活动重点

欣赏各种各样的菊花，从中感受到菊花的美。

活动难点

感受菊花形态和色彩之美，尝试用语言表达自己的感受。

活动准备

1. 幼儿观察过菊花，了解菊花的外形，知道种类繁多，颜色各异。

2. 课件、视频（颜色、形态各异菊花图片及大师作品）。

3. 实物：菊花若干盆。

活动过程

一、实物欣赏，激发兴趣

师：秋天到了，好看的菊花都开放了，今天让我们一起去欣赏一下好看的菊花，闻闻气味、看看它们的颜色。

师：菊花是什么味道的？有什么颜色的？

小结：菊花闻起来香香的。有白色和黄色。

二、图片欣赏，丰富感官

师：（观看菊花图片视频）菊花还有什么颜色？（玫红色、橘黄色）谁会用一个好听的词来说说看？（五颜六色）菊花长得怎么样？菊花的花瓣像什么？

小结：菊花是秋天开的花，菊花有很多种，花的形状不同，颜色也各种各样。

三、名作欣赏，走近大师

——欣赏齐白石的作品。

师：小朋友们喜欢这些好看的菊花吗？有一位叫齐白石的画家爷爷也很喜欢菊花，因此他创作了许多幅菊花图，我们一起来欣赏吧！

师：齐白石爷爷画的菊花是什么样子的？（有的高、有的低；这里2朵，那里3朵的。）

师：画的菊花颜色是什么样的？（红色、黄色、白色）

师：你们知道齐白石爷爷画的这些菊花是什么画？（国画）

——欣赏教师画国画：菊花。

四、总结延伸，动手操作

小结：今天我们看了好多的菊花，有菊花盆栽、菊花的图片还有齐白石爷爷画的菊花、老师画的菊花，这么多的菊花五颜六色、高高低低开放，真漂亮。

师：请小朋友们到美工区去画菊花，看看谁的菊花画得最美丽。

活动建议

美工区可以提供棉签、油画棒、调好的颜料盒，让小朋友们自由地用棉签画、手指画等方式创作菊花。

活动评析

本次活动的活动目标具体明确，直接指向对菊花的外形、颜色等形式要素的感知与体验，并感受艺术大师特有的表现方式及其所传递的不同情感，同时让小班幼儿尝试着运用自己的语言表达自己的感受；活动内容和过程紧密围绕目标进行，教师带领幼儿走进大自然直观欣赏菊花，并精心选取了菊花的图片及齐白石的菊花作品，让幼儿运用多通道（视觉、嗅觉、触觉等）方式进行欣赏，每种欣赏方式都有不同的欣赏侧重点，让幼儿充分感知菊花的形式美和蕴意美。整个过程有层次的一步步推进，不仅提高了幼儿的欣赏能力，也促进了目标的达成。

在活动的延伸部分，教师在美工区投放了适宜小班幼儿年龄特点的材料，让幼儿自由表现，大胆创作，将欣赏的经验与创作结合起来，进一步体会创作的喜悦。

二、中班美术欣赏活动设计与组织的案例及评析

中班欣赏活动：橘子园中的猴子

设计思路

猴子是幼儿喜闻乐见的动物，卢梭作品中的猴子古灵精怪，热带丛林细致而逼真，更是给幼儿不一样的审美享受。本次活动让幼儿充分感知与了解卢梭作品的风格，感受作品中鲜明的色彩美及图案美，引导幼儿大胆表达自己对作品的理解，讨论欣赏作品的感受，萌发对艺术美的向往。

活动目标

1. 了解卢梭作品的风格，感受作品中色彩、图案的美。
2. 能大胆表达自己对作品的理解和欣赏作品的感受。
3. 萌发对美的向往。

活动准备

1. 卢梭作品：橘子园中的猴子。
2.《狮子王》音乐，画纸、油画棒。

活动重点

欣赏、了解著名画家卢梭的作品风格，感受其中的美。

活动难点

能说出自己的理解和感受。

活动过程

一、听音乐，感受丛林

——播放《狮子王》的音乐，让幼儿想象故事发生在什么地方？

——丛林是什么样的？你能说说那里有哪些植物吗？

二、欣赏作品，表达感受

——介绍作者：有一位很著名的画家叫卢梭，他特别会画花、植物和丛林里的故事。

——出示《橘子园中的猴子》，引导幼儿欣赏。

师：你看到了什么？你觉得画家想告诉我们什么样的故事？画中的猴子们分别在干什么？

引导幼儿欣赏，感知作品中丛林的丰富图案。你找到了几种植物？它们的造型是什么样的？

在这幅图中你找到了几种颜色？引导幼儿发现作品中色彩的层次，感受作品的意境。

——在《狮子王》音乐的背景下，再次欣赏作品，并尝试用肢体语言来表达感受。

幼儿可以想象自己是丛林中的一棵植物或一只动物，并自由造型。

三、我学大师画一画

——请幼儿根据自己的感受，学着卢梭的样子，也来画一画神秘的热带丛林。

——没有完成的作品可以在区域里继续完成。

活动建议

欣赏时还可以增加卢梭的其他同一风格作品，如《有猴子的热带雨林》《狮子进餐》等。

活动评析

名画欣赏作为美术欣赏活动的一个重要组成部分，在幼儿园的教育中，教师经常很难把握，问题的关键是教师要掌握组织与指导的方法。

在本次活动中，教师首先播放《狮子王》的音乐，让幼儿感受音乐的同时想象丛林的场景，导入到本次活动的主题；通过介绍艺术大师卢梭，直接拉近了与艺术大师的距离，激发对美术欣赏活动的兴趣，引导幼儿尽快进入不同于日常知觉的审美知觉中来；在欣赏名画时，教师引导幼儿围绕作品进行整体感受，谈论对这幅作品第一印象，这是幼儿产生审美情感的重要源泉。其中教师的提问"你看到了什么？在这幅图中你找到了几种颜色？画中的猴子们分别在干什么？"是对线条、形状、颜色等形式语言的识别；"你觉得画家想告诉我们什么样的故事？给你什么感觉？"这是对要素与要素之间关系的探讨，是形式分析。在识别了这些要素之后或者过程中，这些要素之间的关系表现出的情感和蕴含的意味，自然成了幼儿关注的问题。

随后教师引导幼儿尝试用肢体语言来再次表达感受，用更加丰富的艺术表现形式来表达自己的审美感受。在教师的引导下，幼儿经历了"整体—部分—整体"的完整心理体验过程。在充分感知和讨论之后，幼儿选择自己喜欢的方式去自由表达，仿佛进入了艺术家的工作状态，享受着艺术创作带来的快乐，潜在的艺术本能被充分调动，创造力也格外旺盛。

 三、大班美术欣赏活动设计与组织的案例及评析

大班美术欣赏活动：畅想（波洛克）

设计思路

《指南》在艺术领域中指出，和幼儿一起发现美的事物的特征，感受和欣赏美。例如波洛克的画，他的画虽然比较抽象，但是他的画画面中鲜亮的色彩、极富特色的线条，能让幼儿感受到画面传达出来的强烈的感情，而且作画方式比较轻松，很符合幼儿的年龄特点。本次活动从欣赏波洛克的抽象画作品《畅想》入手，在对波洛克的作品的观察解读中，再次感受线条和色块的美，帮助幼儿初步了解滴流画法，并尝试用滴流法进行大胆表现，体验不同绘画方式所带来的乐趣。最后，借助对幼儿作品的欣赏和点评，梳理幼儿的实践经验，使幼儿对这种自由奔放、无定形的抽象画风格有更深入的体验。

活动目标

1. 欣赏波洛克的作品，了解接触"抽象画""滴流""行为绘画"等艺术术语。

2. 大胆表达自己对作品的理解和感受，并初步尝试用滴流的方法在快乐的、自由的、忘我的状态中以波洛克式的作画方式大胆创作。

活动准备

1. 波洛克的绘画作品《畅想》及其他作品的 PPT。

2. 波洛克作画过程的图片、纸张、各色颜料等。

3. 实物投影仪、音乐播放器、多首欢快音乐。

活动过程

一、整体感受，自由谈论对画的印象

师：孩子们你们都喜欢画画吧？你们有没有尝试过一边跳舞一边画画？有一位叔叔就能边跳舞边画画，想知道他是谁吗？他是波洛克，让我们一起来欣赏他的作品。

（直接一下拉近了与艺术大师的距离，激发对美术欣赏活动的兴趣，引导幼儿尽快进入不同于日常知觉的审美知觉中来。）

师：看着这幅画你有什么感觉？觉得他的画像什么？你想到了什么？（教师引导幼儿围绕作品进行整体感受，谈论对这幅作品的第一印象，是幼儿产生审美情感的重要源泉。）

二、要素识别与形式分析

师：这幅画有些什么线条？有哪些色彩？这些明亮的颜色和流畅的线条给你什么感觉？谁能来猜一猜画家在画这幅画的时候心情怎么样？为什么？

小结：就像小朋友们说的那样，画家在画这幅画的时候心情很快乐、很愉悦，这些流畅的线条和亮丽的色彩，好像把我们带到了……让我们的心情快乐又愉悦，好像走进了……

（"这幅画有些什么线条？有哪些色彩？"是对线条、形状、颜色等形式语言的识别，"给你什么感觉？猜一猜画家在画这幅画的时候心情怎么样？"这是对要素与要素之间关系的探讨，是形式分析，在识别了这些要素之后或者过程中，这些要素之间的关系表现出的情感和蕴含的意味，自然成了幼儿关注的问题。）

三、再次整体感受，深入讨论

师：请你给这幅画取个名字好吗？你为什么取这个名字呢？

小结：大家取的名字很好，都是按照对色彩和线条的感觉取的，波洛克自己给这幅画取的名字叫《畅想》。

（教师以取名的方式，让幼儿再次回到整体感受中来，用更加理性的层面思考总结自己的审美感受，在教师的引导下，幼儿经历了"整体—部分—整体"的完整心理体验过程。）

波洛克叔叔的这些画神奇而美丽，他的画和我们平时的画是不一样的，在他的画里，只有颜色和线条。但他不是用笔直接画出来的，你想知道他是怎样画画的吗？想不想知道波洛克叔叔的故事？

四、介绍波洛克及行为绘画方式

1. 出示 1912

师：1912 是什么意思呢？（幼儿猜测）

教师播放录音。

波洛克 1912 年出生在美国，因为在他的画面上只有一些线条和色彩，所以别人把他的画称为"抽象画"。波洛克是 20 世纪美国最著名的画家之一。

师：原来 1912 就是波洛克叔叔出生的时间。

2. 出示波洛克作画过程 PPT

师：波洛克喜欢用很大很大的纸或者画布画画，因为画布实在太大了，所以索性把它铺在地上，用笔蘸颜料滴到画布上，有时沿着画布的四周作画，有时就干脆提着戳了洞的颜料桶在画布上来回走动，人们把这种画画方法称为"滴流"。因为波洛克喜欢听着音乐边跳舞边画画，所以人们又把他的画称为"行为绘画"。

（通过播放录音和 PPT，让幼儿充分感受波洛克独特的绘画方式，感受波洛克对线条与色彩这些艺术元素的大胆表现方式，进一步激发了欣赏和创作的热情。）

五、欣赏其他作品，进行心理回忆与构思

提问：现在我们来欣赏波洛克的其他几幅作品，画上有什么？你看了有什么感觉？你最喜欢哪一幅？（依次播放 PPT 并提问）然后闭上眼睛来回忆一下。

（波洛克的作品是以线条与色彩的元素来表达画面的抽象画，却因色彩表现不一而产生审美情感的差异，在欣赏完波洛克其他的作品之后，幼儿的审美经验更加丰富，积极的情绪进一步迸发，个个摩拳擦掌。）

六、创作与表现

（1）提问：孩子们，是不是也想用滴画的方式把自己的心情表达出来，你们现在是什么心情？你们想用什么线条和颜色滴画？

小结：波洛克叔叔说过颜料都是有生命的，现在就让我们随着音乐起舞，用这些美丽的色彩和线条把自己的心情都大胆地表达出来吧！

（在充分感知和讨论后，在音乐的伴随下，幼儿选择自己喜欢的方式去自由表达，仿佛进入了艺术家的工作状态，享受着创作带来的快乐，潜在的艺术本能被充分调动，创造力也格外旺盛。）

（2）幼儿作画，教师指导幼儿自由选择颜料，滴画时笔放低一点，小心不要滴到身上和同伴身上。

（3）展示讲评。教师当记者采访：这位小画家，你好，你今天玩得高兴吗？你能给大家介绍一下你的画吗？画了些什么呢？

（创作之后的讲评是最后一步，也是另外一种欣赏活动。通过幼儿的自我介绍，充分发挥幼儿的主体性，将对名画的欣赏经验迁移到对同伴和自己作品的欣赏中来，获得一种更高的自豪感和成就感。）

活动评析

　　这是一个结构相对完整的幼儿园美术欣赏活动的案例。本次活动是在幼儿欣赏抽象名画《畅想》的基础上，用滴画的方式运用线条和色彩来进行大胆地创作。名画欣赏作为欣赏活动的一个重要组成部分，在幼儿园的教育中，教师经常会很难把握。从本次活动来看，幼儿更多关注的是抽象画的色彩和夸张的形象，而对于深层次的挖掘画中的含义时，幼儿往往很难用言语来表达自己的想法。其实，这种问题的关键是教师缺乏指导的方法。其次就是幼儿在实际的生活中很少有这方面的经验，很少接触抽象画。因此，在平时的活动中，教师可以经常和幼儿多多的欣赏各种各样形式的名画，尤其是抽象画。通过对名画的欣赏，培养幼儿对艺术和艺术世界的基本感觉，进而开拓他们的视野，使他们对周围的美好事物和艺术作品表现出直觉的喜爱，并产生自由表达的兴趣。与大师对话、学做小画师，使得幼儿发展的起点高了，眼界开阔了，对美的知觉和选择也更敏感了。

知识链接
波洛克作品及作画过程

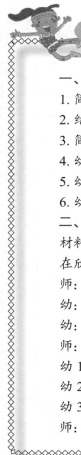
思考与实训

一、思考题

1.简要论述幼儿园美术欣赏活动目标制定的依据。

2.结合幼儿园美术活动的总目标论述幼儿园美术欣赏活动的总目标。

3.简要论述幼儿园美术欣赏活动目标撰写的要求有哪些？

4.幼儿园美术欣赏活动的选择可以从几方面来考虑和安排？

5.幼儿园美术欣赏活动的组织与指导的原则是什么？

6.幼儿园美术欣赏活动的组织与指导包括哪几个环节？

二、案例分析

材料：

在欣赏美术作品毕加索的《格尔尼卡》时的师生对话。

师：今天我们要欣赏一幅很特别的画。[出示《格尔尼卡》（图3-1-3）]

幼：啊！（很多幼儿同时喊出）

幼：牛魔王！

师：看到这幅画你们都叫起来了，为什么会叫起来？看了这幅画你有什么感觉？

幼1：它不是彩色的，都是白色、银色和黑色，不好看。

幼2：我感觉很乱，没有身体，没有头。

幼3：旁边有个人给怪物吃掉了。

师：为什么被怪物吃掉了？

幼1：因为人只有一半身体，好像被怪物吃掉了。

幼2：人是斜的，我的心也是斜的。

幼3：我感觉很害怕。

问题： 请结合幼儿美术欣赏能力的发展规律分析该案例中幼儿在欣赏美术作品时的感受和表现。

三、章节实训

1. 实训要求

请选择一幅美术欣赏作品，尝试写出一个年龄班的美术欣赏活动方案，并在幼儿园现场或小组模拟课堂中组织与实施。

2. 实训过程

（1）6~7人组成一个实训小组。

（2）分工合作，设计一个年龄班的美术欣赏活动方案。

（3）现场教学或模拟教学。

3. 实训评价

幼儿美术欣赏活动综合评价记录在表3-1-1中。

表3-1-1 幼儿美术欣赏活动综合评价记录表

活动名称			时间		
班级			教师		
	原始情况		分析评价		
活动目标					
活动内容					
工具、材料					
活动过程		教师表现	组织		
			示范讲解		
			指导		
		幼儿表现	情绪		
			注意力		
			积极性		
			作品情况		

第二章 幼儿园绘画活动的设计与指导

　　小班下学期的"画楼房"活动，先是教师讲范例，孩子们了解了长方形的画法后，都埋头认真地画着。没一会儿，妞妞跑到老师面前告起状："老师，浩浩把房子画得乱七八糟的。"老师悄悄地走到浩浩的身边。果然，画纸上基本看不到楼房的轮廓，浩浩用黑色油画棒将楼房涂得脏兮兮的。老师正准备问浩浩为什么这样画时，只见浩浩拿起一根红色油画棒在凌乱的黑色线条上又加上一片红色。老师很疑惑，打消了询问他的念头，静静地看着。随着红色面积的扩大，浩浩口中还发出了"滴嘟、滴嘟"的声音，接着又在红色上点画了许多黑点，最后叹了口气停了下来。

　　由于老师一直站在浩浩的身后，早已引来了小朋友们的好奇，他们都忍不住围观过来。浩浩这时才发现老师站在身后，不好意思地笑笑说："火没了。"老师也猜出了大概，就对浩浩说："把你的画说给小朋友们听听，好吗？"原来浩浩所表现的是前几日见到的大楼失火的场景，先冒出了浓烟，然后出现红色火焰，火越烧越大，最后消防车赶来洒水灭火。他用点、线、面和强烈对比的黑色、红色表现出了大楼失火、灭火的全过程。画好后，他长舒一口气，火扑灭了，一直沉浸在紧张情绪中的浩浩终于放松下来了。

　　问题：如何评价案例中浩浩的画？教师在浩浩绘画过程中的表现对吗？产生了怎样的效果？你认为在绘画活动中需不需要范画？教师该如何组织与指导幼儿园绘画活动？

学习目标

1. 了解幼儿园绘画活动的总目标、各年龄阶段目标及绘画活动目标的撰写要求。
2. 了解绘画活动的内容、选材及绘画活动的组织与指导等相关知识。
3. 了解并学习幼儿园绘画活动设计与组织的案例与评析技巧。

知识结构

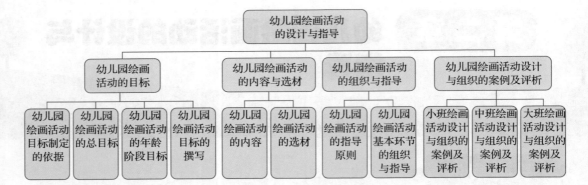

```
                    幼儿园绘画活动
                    的设计与指导
        ┌──────────┬────────────┬────────────┬──────────────┐
   幼儿园绘画      幼儿园绘画活动    幼儿园绘画活动    幼儿园绘画活动设计
   活动的目标      的内容与选材     的组织与指导     与组织的案例及评析
  ┌──┬──┬──┬──┐  ┌────┬────┐  ┌──────┬──────┐  ┌──────┬──────┬──────┐
```

幼儿园绘画活动目标制定的依据	幼儿园绘画活动的总目标	幼儿园绘画活动的年龄阶段目标	幼儿园绘画活动目标的撰写	幼儿园绘画活动的内容	幼儿园绘画活动的选材	幼儿园绘画活动的指导原则	幼儿园绘画活动基本环节的组织与指导	小班绘画活动设计与组织的案例及评析	中班绘画活动设计与组织的案例及评析	大班绘画活动设计与组织的案例及评析

幼儿园绘画活动是指幼儿运用简单的物质材料（如蜡笔、彩色水笔、毛笔、颜料、棉签等），通过线条、形体、色彩等表现形式，在纸上塑造可视的形象的美术活动，以表达幼儿对周围生活的认识和情绪情感的活动。

IIIIIIIIIIIIIIII 第一节 幼儿园绘画活动的目标 IIIIIIIIIIIIIIII

一、幼儿园绘画活动目标制定的依据

从《纲要》到《指南》所提出的艺术领域目标和达成目标的教育建议来看，"感受与创造并重"的艺术教育观贯穿始终，强调幼儿审美感受能力和艺术创造能力的养成。幼儿园绘画活动目标的制定既要结合这一艺术教育观指明的方向，又要结合不同年龄阶段的幼儿在绘画活动中表现出的发展规律及表现形式来制定。

（一）幼儿绘画能力的发展规律

国内外学者对幼儿绘画的发展情况做过大量的研究，如法国心理学家吕凯在其著作《儿童的研究》、美国美术教育家罗恩菲尔德在其著作《创造与心智的成长》、我国著名儿童心理学家和儿童教育家陈鹤琴在其著作《从一个儿童的图画发展看儿童心理之发展》中都有过描述，这里将幼儿绘画的发展综合归纳为 3 个阶段。

1. 涂鸦期（1.5~3.5 岁）

涂鸦期的幼儿常常是 5 个手指头抓着笔（如粉笔、蜡笔等较粗易抓住的笔）在纸上乱涂乱画些杂乱的线条，这是缺少视觉控制的肌肉运动，无明确的作图。随着幼儿感知觉的发展和上肢、手部运动水平的提高，幼儿的涂鸦活动呈现出不同的发展阶段和发展特点。

1）未控制的涂鸦（1.5~2 岁）

由于动作协调性不够，不知道运笔动作和涂鸦结果之间的直接联系，幼儿画在纸上的是一些随机的点和杂乱的、不规则的线条。从空间上看，不管上下前后的方向，经常涂抹在纸外。在操作工具上，这时幼儿的手指紧握笔，而手腕很少移动。他们享受上肢和手的机械动作所带来的愉悦感及那些笔迹带来的心理满足，如图 3-2-1 和图 3-2-2 所示。

图 3-2-1 儿童涂鸦作品（一）

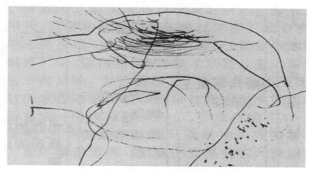
图 3-2-2 儿童涂鸦作品（二）

2）有控制的涂鸦（2~2.5 岁）

随着幼儿身心发育成长及涂鸦经验的积累，动作已能受视觉的控制，能在纸上画出一些重复的、上下左右的各种线条，但长短不一，并能将涂鸦控制在纸张之内，但是还没有创作的意图，只是满足于这种有控制的运动感觉和涂画的过程，如图 3-2-3 所示。

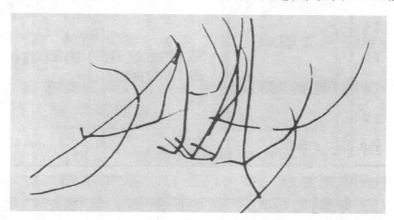
图 3-2-3 儿童涂鸦作品（三）

3）圆形涂鸦（2.5~3 岁）

2.5 岁的幼儿手臂、手腕、手指的关节更加灵活，肌肉更加有力。此时他们尝试更加复杂的动作，可以画出圆圈线条，进而画出复杂的圆形涂鸦，如涡形线、不闭合和闭合圆圈、复线圆圈等。从空间上看，还仅有运动感的空间，有时会注意画面的某些部分。当幼儿能掌握小圆圈等较细腻的动作时，就即将迈入命名涂鸦阶段了，如图 3-2-4 所示。

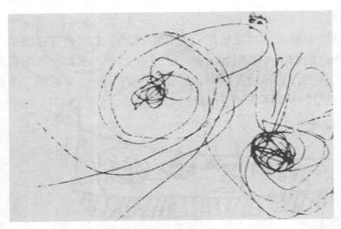

图 3-2-4　儿童涂鸦作品（四）

4）命名涂鸦（3~3.5 岁）

当幼儿在涂鸦时开始说故事，可以判断命名涂鸦阶段的到来。这一阶段的幼儿尝试把自己的生活经验与绘画联系起来，并对自己画出来的线、圈等加以意义，或者象征某种事物而加以命名，已有明显的表达意图。例如，图 3-2-5~ 图 3-2-8 中，两岁 9 个月的洋洋用稚拙的形状、简单的线条表达自己对常见的扫地机、小汽车、飞机、小鱼的理解和认识。

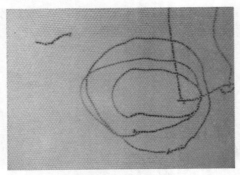

图 3-2-5　扫地机

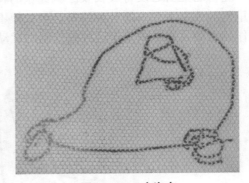

图 3-2-6　小汽车

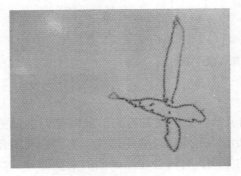

图 3-2-7　飞机

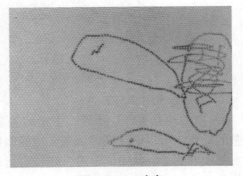

图 3-2-8　小鱼

2. 象征期（3.5~5 岁）

象征期是在涂鸦期基础上的进步，已能用手腕和手指画画，开始有目的有意识地创造视觉图像，并建立起他们自己的表达方式。

从造型上看，其特点是乱线条略有减少，开始有了简单的、不太明确的构思，偶尔也能有意识地画出一个类似某种东西的图像，但这些图像与事物实体没有直接的关系，仅仅是简单的图形和线条的组合，是粗略的、不完全的，往往会遗漏部分特征，没有整体感，结构有时不合理。例如，蝌蚪人如图 3-2-9 所示。

从色彩上看，此阶段的幼儿画面上颜色的种类通常达到 3 种以上。他们喜欢在每种物体上都涂上颜色，并

图 3-2-9　蝌蚪人

开始注意按物体的固有色选择相应的颜色涂染，如树叶是绿色、树干是棕色。

在涂色方面，这一阶段初期幼儿的涂色显得杂乱无章，既无顺序，也不均匀。刚开始会显得有的地方过于稀疏，有的地方过于浓密，到后来逐渐地发展到能用方向一致的线条均匀涂色。

从构图上看，这时的幼儿在画面上所画的形象较多，但多是将一个个独立的形象罗列在画面上，在共同的空间里的相互关系无章可循，却有一定的表现主题。

3. 图式期（5~7 岁）

图式期是幼儿开始真正用绘画的方法有目的、有意识地描绘周围事物和表现自我经验的时期，也是幼儿绘画最充满活力的时期，在造型、色彩、构图方面较之象征期有了明显的发展。

从造型上看，能用较为流畅、熟练的线条表现物体的整体形象，试图将部分与部分融合为整体，并用一些细节来表现事物的基本特征，其结构较合理，各部分之间的关系基本正确。

从色彩上看，随着认识能力的发展，他们注意按照物体的固有色来着色。有研究表明，5 岁幼儿能选择与对象相似的颜色来表现客体；6 岁幼儿则在表现出对象固有色的基础上，添加上对比色或类似色，画面色彩丰富多样，且用色彩来表达情感的能力也有明显提高，如暖色表现热闹和快乐、冷色表现伤心和神秘等。随着幼儿动作的灵活性和准确性的提高，他们在涂色时，不仅能做到均匀涂色，而且能不涂出轮廓线。

从空间构图上看，这时的幼儿画中形象丰富，开始注意物体的大小比例，但还不能把握住分寸。虽然还不能自发地表现物体的空间遮挡关系，但已有想表现的趋势。从整个画面上看，出现了基底线的画法，即在画纸的底部画出一条长长的线条作为地面的标志，把整个画面分成地上和地下两部分，所有地面上的物体都在基底线上排列成一排，表示这些物体处于同一水平高度上。逐渐地，这种并列式构图发展为散点式构图，即把画面上原来

并列的物体分解离散开来，分布在画面的下面 2 ／ 3 部分，使得画面看上去立体化了，如图 3-2-10 和图 3-2-11 所示。这一阶段的后期，少数幼儿能画出多层并列式构图和遮挡式的构图，使画面看上去有深度感。

图 3-2-10　逛超市

图 3-2-11　过新年

教师应根据幼儿的不同发展阶段，适时地提供不同条件，给予恰当的指导，促使幼儿的绘画从低级阶段向高级阶段过渡。

（二）幼儿绘画中的独特表现形式

在象征期和图式期两个阶段（以图式期为主），幼儿在绘画中还存在着一些独特的表现形式。具体有以下几种。

1. 拟人化

拟人化是指幼儿把无生命的物体或有生命的世界万物，均看成和人一样，不仅赋予它们生命，而且赋予它们一切人所具有的特点和本领的绘画现象。这是幼儿心理发展到一定阶段后的自然产物，并非刻意追求。所以，幼儿也被称为"泛灵论者"。如图 3-2-12 和图 3-2-13 所示，给太阳画上眼睛、嘴巴，使之成为"太阳公公"，树木都有了明亮的眼睛，给鸟儿赋予了人的情感和行为；小动物们都是直立行走等。

图 3-2-12　拟人化的幼儿作品（一）

图 3-2-13　拟人化的幼儿作品（二）

2. 夸张式

夸张式是指幼儿在绘画中画其所注意、所关心的事物，忽略了其他部分的"顾此失彼"的做法。幼儿的夸张最初并非是一种有意识的强调手法,而是对事物的相互关系缺乏比较和认识的表现,是幼儿自我中心主义在绘画领域中的表现。如图3-2-14所示,幼儿将自己想突出表现的人物头像画得占据大部分画面,夹面条的手画得特别长;在图3-2-15中,幼儿画的小鸡一个接着一个地去啄空中的云彩。

图3-2-14 吃面条

图3-2-15 公鸡和小鸡

3. 透明化

透明化是指幼儿在绘画表现时,总认为凡是客观存在的东西都必须把它们画出来,虽然是互相遮挡的两物,但画面上还是互不遮挡,全然不考虑透视的绘画现象,也称为"X光画法"。因此在幼儿的作品中经常可以直接看到人的身体里的内容,如非常具有代表性的德国儿童画《吃饭》,如图3-2-16所示。这也印证了皮亚杰的客体的永久性观点,他认为2岁左右的幼儿发生过一次"哥白尼式的革命",即幼儿已获得了客体的永久性——虽然物体看不见、摸不着,但他们仍然知道这个物体是存在的。

知识链接

儿童智慧与绘画
发展阶段一览表

4. 展开式

展开式是指幼儿从不同角度观察到的事物在同一个画面上表现出来的绘画现象。例如,画面中的人或者树由中心点向四方,向上下或左右展开来描绘。如图3-2-17所示,池塘周围的树,以四散的形式展开。

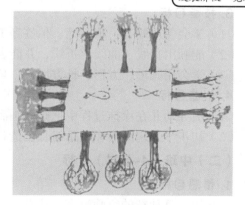

图3-2-16 吃饭

图3-2-17 池塘

二、幼儿园绘画活动的总目标

在幼儿园美术教育总目标的指导下，结合幼儿绘画能力的发展规律及幼儿绘画的表现形式，将绘画活动的总目标确定如下。

1. 情感目标

喜欢参与绘画活动，体验绘画创作的乐趣。

2. 认知目标

（1）认识、体验不同的绘画工具、材料的特性，探索和学习各种表现方法。

（2）认识常见的颜色、线条和形状。

3. 技能目标

（1）能以自己喜欢的方式，用线条、色彩、构图等美术形式语言进行绘画活动。

（2）养成良好的绘画习惯。

4. 创造目标

（1）能大胆地表达自己的情感和想法，按照自己的意愿作画。

（2）综合使用多种绘画工具和材料进行绘画创作活动。

三、幼儿园绘画活动的年龄阶段目标

（一）小班（3~4岁）目标

1. 情感目标

培养幼儿对绘画的兴趣，能愉快大胆地作画。

2. 认知目标

（1）初步认知绘画的工具和材料。

（2）学会辨别红、黄、蓝、绿、橙等几种基本的色彩，并能说出名称。

（3）学会辨别和感受直线、曲线、折线及各种线条的变化。

3. 技能目标

（1）学会使用蜡笔、水彩笔、棉签等工具进行涂染。

（2）能画出直线、曲线、折线，并能表现线条的方向、粗细、疏密。

（3）学会用圆形、方形、长方形、三角形等简单图形表现物体的轮廓特征。

4. 创造目标

（1）引导幼儿在涂抹过程中把画面画满。

（2）初步学会用图形和线条组合创造各种图式。

（二）中班（4~5岁）目标

1. 情感目标

喜欢用自己独特的绘画语言表达自己的想法和感觉。

2. 认知目标

（1）能较正确地把握形状的基本结构，理解形状符号的象征意义。

（2）认识常见的固有色，说出它们的名称。

3. 技能目标

（1）学会运用图形组合的方法，表现物体的基本部分和主要特征。

（2）会选择与物体相似的颜色，初步有目的地设色、配色。

（3）在教师的引导下能围绕主题安排画面，能表现出物体的上下、左右位置。

4. 创造目标

能够大胆地按自己的意愿作画。

（三）大班（5~6岁）目标

1. 情感目标

运用不同的技法表达自己独特的思想和感受，体验创作的快乐。

2. 认知目标

（1）认识物体的整体结构和各种空间关系。

（2）增强配色意识，提高对颜色变化的辨析能力。

（3）知道运用不同的绘画工具和材料能表现不同效果的作品。

3. 技能目标

（1）能较灵活地表现各种人物、动物的动态。

（2）能运用对比色、相似色、同种色等多种配色方法，注意色彩的整体感与内容的联系。

4. 创造目标

（1）能将图形融合，尝试用轮廓线创作多种图画，形成自己的图式。

（2）综合运用多种绘画工具和材料进行绘画创作。

在实际制定目标过程中，创造目标往往会融入前3条目标中。

 四、幼儿园绘画活动目标的撰写

（一）幼儿园绘画活动目标撰写的要求

幼儿园绘画活动目标是指某一具体的绘画活动的目标。在制定活动目标时，教师既要发挥艺术的情感态度功能，也要帮助幼儿建立积极、自信的情感态度，初步养成合作、尊重、友善、尊重、分享、交流的意识和能力，促进幼儿身心的全面和谐发展。

其次，它还专门指幼儿基本美术素养的形成。在绘画活动中，能初步感知并喜爱环境、生活和艺术中的美；喜欢参加绘画活动得到快乐的体验；能用自己喜欢的多种方式进行绘画活动，大胆地表达自己的情感和体验，认识各种绘画材料和工具并掌握其基本使用方法等方面。

知识拓展

幼儿美术素养养成教育的基本理念

幼儿美术素养养成教育的基本理念可以概括为：面向全体，以美激趣；培养能力，养成习惯；滋养童心，影响生活。

面向全体，以美激趣是幼儿美术素养养成的基本前提。一方面，幼儿美术素养养成教育要面向全体幼儿，而不是个别或一些有天赋的幼儿，要针对幼儿的不同特点和需要，让每个幼儿都能得到美的熏陶和影响；另一方面，幼儿美术素养养成教育应注意引导幼儿接触周围环境和生活中美好的人、事、物，丰富他们的感性经验和审美情趣，以美好的事物和美好的过程来激发幼儿参与美术活动的兴趣和表现美、创造美的情趣。

培养能力，养成习惯是幼儿美术素养养成的重要标志。幼儿在美术方面的能力主要包括审美感知和欣赏能力、美术创作和表现能力，以及蕴含、渗透在其中的观察力、理解力、想象力和创造力等。在美术方面的习惯不仅包括美术活动所需要的良好的行为习惯，还包括对美术习惯性的需要和运用。

滋养童心，影响生活是幼儿美术素养养成的最终结果。幼儿美术素养养成教育的目的，不仅在于幼儿兴趣的技法、能力的培养、积极习惯态度的形成，其最终的指向还在于使幼儿获得美的情感、美的心灵的陶冶，促进每一个幼儿人格的健全发展，影响他们当下和未来的生活，为他们能够拥有一颗爱美懂美的心，未来过一种充实、完满的生活打下最初的基础。

（二）幼儿园绘画活动目标撰写的案例与分析

 案例链接

小班绘画活动：小蝌蚪

调整前的目标

1. 学习用手指点画小蝌蚪的方法，培养幼儿对美术活动的兴趣。

2. 学习水粉平涂的技能。

分析与调整

本活动目标表述主体不统一，目标1既有从幼儿角度表述，也有从教师角度表述；而且缺少创造维度的目标，表述的主体不统一，技能目标的表述也过于笼统。

调整后的目标

1. 学习用手指点画小蝌蚪的方法，按照自己的想法在"小河"中布局小蝌蚪的位置。

2. 初步探索和学习水粉平涂的技能。

3. 在大胆点画小蝌蚪的过程中体验美术活动的乐趣。

 案例链接

大班绘画活动：冷暖色装饰画《太阳湖、月亮湖》

调整前的目标

1. 认识区分冷暖色。

2. 尝试用冷暖色表现不同的画面内容。

3. 培养幼儿的艺术表现力。

分析与调整

本活动的目标表述主体不统一；装饰画的绘画技能培养目标没有很好地把握、细化，如大班幼儿对色彩的均匀涂色技能，缺乏情感和创造性目标。目标 3 过于笼统空泛，缺乏操作性。

调整后的目标

1. 体会冷暖色带来的不同感受，能区分一些明显的冷暖色。

2. 初步尝试将冷暖色有区分地进行适当的画面表现。

3. 巩固均匀涂色的技能。

技 能 实 践

绘画活动：多彩的秋林（中班）

活动目标

1. 引导幼儿感受秋天树林丰富的变化。

2. 学习点彩画创作的方法。

3. 体验美术创作的快乐。

请对照中班绘画活动的目标及目标的表述要求进行修改。

第二节　幼儿园绘画活动的内容与选材

一、幼儿园绘画活动的内容

（一）绘画工具和材料的特点及使用方法

绘画的工具和材料多种多样，其使用方法也是多种多样。能否正确、合理、灵活地运用各种绘画工具和材料，直接影响着幼儿绘画的成效和美感。

1. 各种绘画工具和材料的基本性质和特点

在幼儿园经常使用的绘画工具和材料有蜡笔、水溶彩棒、油画棒、爆米花笔、记号笔、水彩笔、水粉颜料、毛笔、排笔、铅画笔，以及素描纸、刮画纸、沙皮纸、宣纸、彩色卡纸、手工纸等，如图3-2-18~图3-2-21所示。

图 3-2-18　蜡笔

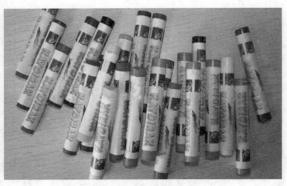

图 3-2-19　油画棒

图 3-2-20　水粉颜料

图 3-2-21　水彩笔

其中，水溶彩棒色彩鲜艳，质地柔软，溶于水，可以混合颜色产生色彩交融的效果；油画棒质地较硬，不溶于水，与水粉颜料配合使用可以产生油水分离的效果；水粉颜料可以配合不同大小的排笔使用，还可以配尖嘴瓶等使用；爆米花笔能挤出彩色的水流状线条，运用吹风机加热可以迅速膨胀，产生爆米花状的效果。

在画纸类中，白色素描纸最常见，可以结合水溶彩棒、油画棒等使用；沙皮纸有不同的底色，质地粗糙，能产生厚重的色彩效果；刮画纸可运用竹签笔作画；彩色卡纸可在不同的色彩背景上选择各种色彩直接作画，感受不同颜色背景上的色彩效果。教师应通过不同形式、不同题材作品的创作活动逐步渗透各种绘画工具、材料的特性。

2. 各种绘画工具和材料的使用方法

在初步认识和了解各种绘画工具和材料的基础上，如何较好地使用这些工具和材料，使幼儿创作出美术作品至关重要。

（1）彩笔画包括用蜡笔、油画棒、水彩笔、彩色铅笔等工具在纸上绘画。

（2）毛笔画包括水彩画、水粉画和水墨画，它们是用毛笔和不同的颜料进行绘画的。

（3）印章画是用橡皮、土豆、萝卜等的切面，以及用积木、笔帽、牙膏盖或纸团、布团、手、脚等蘸上颜料盖印在纸上，如图 3-2-22 所示。

（4）手指画是幼儿用手指蘸上颜料在纸上作画，如图 3-2-23 所示。

图 3-2-22　印章画

图 3-2-23　手指画

（5）拓印画是将硬币、钥匙、树叶等放在图画纸下面，然后用铅笔在纸上来回涂，拓印出纸下的物体形象，或者将物体涂色后印在纸上，如图 3-2-24 所示。

（6）刮印画是指用蜡笔或油画棒中明快的亮色做底色，然后用较强烈的颜色做中间色，暗色做最上面一层颜色，再用塑料刻刀、竹签等在画面上刮出有层次的肌理和形态，如图 3-2-25 所示。

图 3-2-24　拓印画

图 3-2-25　刮印画

（7）吹画是先将颜料滴在纸上，然后吹出不同的形状，如图3-2-26所示。

（8）滚画是先准备浅盒子（不要盖，大小与图画纸相同）、各种颜料、玻璃球，然后将玻璃球蘸着颜料放入纸盒中来回滚动，让带有各种颜色的线条不规则地留在纸上。

（9）喷洒画是在图画纸上摆放不同形状的纸片或窗花等，然后用牙刷蘸上颜料，用小竹片往自己的身体方向轻轻地拨牙刷，让颜料均匀地喷洒在图画纸上，如图3-2-27所示。当颜料覆盖纸上后，轻轻拿开纸片、窗花等，纸上就会出现物体形象的覆印。

（10）泡泡画是在吹泡泡的肥皂水里调入不同的颜料，然后用吸管蘸上肥皂水吹，将吹出来的泡泡轻轻地碰在图画纸的适当位置，泡泡破了，就在纸上留下了图形。

图 3-2-26 吹画

图 3-2-27 喷洒画

（二）绘画的形式语言

绘画的形式语言主要是指线条、形状、色彩、构图等美术要素，是绘画表现的手段和方式。

1. 线条

线条是造型的基本要素之一。在幼儿绘画中，线条是一种神奇的符号，是幼儿最直接、最简单表现自我的一种绘画语言。

幼儿对线条的学习主要包括以下几方面。

（1）线条的基本形态：线条的基本形态分为直线与曲线。直线包括垂直线、水平线、斜线及折线；曲线包括以圆弧度的大小、方向转换的不同而呈现的各种曲线。一般来说，直线象征着力量、稳定、刚强；曲线象征着优美、灵动、柔和。

（2）线条的变化：直线与曲线各有长短、粗细的变化，线和线之间可以交叉、并列、重叠、穿插等，变化无穷，显得变化可以给人一种形式美感，它能根据生活的形象表现出不同物体形象的特征。其中，曲线可以呈现出弧线、弹簧线、电话线、螺旋线、城墙线等；弧线与直线相结合可以达到装饰美化的效果。例如，图3-2-28中的郁金香，直线与曲线的结合表现出郁金香摇曳生姿的动态美。

2. 形状

形状是对象的外轮廓，是唯有眼睛所能把握的对象的基本特征之一。幼儿绘画就是用简单的形状组成事物形象的过程。

幼儿对形状的学习主要包括以下几方面。

（1）规则的几何形状：在形状中，规则的三角形、正方形、长方形、梯形、平行四边形、菱形、多边形等都由直线构成，较为简单明确，所以称为规则几何形状。这类形状经常用于表现屋顶、彩旗、门窗、电视等。

（2）不规则的自由形状：方向不定的弧线、曲线、波状线等自由曲线组成的形状称为不规则的自由形状。这类形状常用来表现波浪、河流、海滩、花草、枝叶等。

（3）各种形状的组合：包括规则形状的组合、规则形状与自由形状的组合。这类形状既简单又复杂，是一种特殊的形状，在自然界与人造物中经常见到，如自然界中的太阳、月亮、星辰；人造的车轮、扇子、弹子、皮球等。

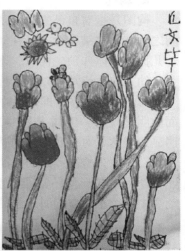

图 3-2-28 郁金香

3. 色彩

色彩是绘画作品中最富有情感表现作用的艺术语言。创作者从自己的表现意图出发，主观地对色彩进行搭配，表达着人的真情实感；同时色彩也成为一种特殊的象征符号。例如，红色象征热情喜庆，黄色象征光明希望，白色象征神圣清净，黑色象征罪恶恐怖，绿色象征和平青春，紫色象征优雅神秘等。

幼儿对色彩的学习主要包括以下几方面。

（1）常用色彩的辨认：如红、黄、蓝三原色，橙、绿、紫三间色，蓝灰、紫灰、绿灰等常见的复色，以及黑、白、灰等无彩色。

（2）灵活运用色彩：能运用色彩正确表达对物体色彩的再现，色彩的变化及通过色彩表达自我的情绪情感。

（3）色彩的变化：通过色彩的对比、渐变和重复等变化表现画面上的各种颜色与画面底色之间的关系，引导幼儿学习用深浅、冷暖颜色的变化和过渡来表现绘画内容，如图 3-2-29 所示。

图 3-2-29 恐龙世界

知识链接

色彩的3种要素与幼儿的色彩学习

4. 构图

构图是指对自己想要表现的形象进行组织安排，形成形象的部分与整体之间、形象空间之间特定的结构形式。在幼儿的绘画中，构图有着与线条、色彩同等重要的地位，需要幼儿把握整体并预先构思，逐步学习如何处理绘画中的形象分布和主次关系。

幼儿应逐步掌握以下几种构图方式。

（1）单独构图：即幼儿在画面中只创作一个形象，同时学会将一个绘画形象放置在画面的明显位置。例如，图3-2-30中的自画像，幼儿将自己的画像占满大部分画面，突出明显地表达了对自我形象的感知。

（2）并列构图：是幼儿期主要的构图方式，即幼儿的画面中并列排放着几个形象，幼儿要学习按照形象的空间关系、主次关系来排列。例如，图3-2-31中的跳绳，幼儿将运动会中几个小朋友同时跳绳的场景，用并列构图的方式表现。

图3-2-30　自画像　　　　　　　　　　　　　　图3-2-31　跳绳

（3）均衡构图：即在构图时能使画面保持均衡、稳定，也就是画面中心点两边的视觉形象的重量感要保持一致。例如，图3-2-32中的数鸭子，图3-2-33中的长颈鹿与彩虹桥。

图3-2-32　数鸭子　　　　　　　　　　　　　　图3-2-33　长颈鹿与彩虹桥

二、幼儿园绘画活动的选材

幼儿绘画的题材往往来自于幼儿的生活，包括自然景物、日常用品、人物、植物、动物、水果、交通工具与生产工具、建筑物，以及简单的生活事件、自己想象中的物体和事件及简单的装饰画。

绘画是学前儿童较早进行探索和掌握的一种美术形式，从随意的涂鸦到有目的、有意识的绘画活动，再到用绘画表现自己的所见、所感、所闻。不同年龄阶段的幼儿有各自擅长且喜欢的绘画形式，教师需根据不同年龄阶段幼儿绘画能力的发展特点和方向有针对性地选择绘画内容。

（1）小班的幼儿在绘画主题的选择上侧重于日常生活中常见的、感兴趣的物体，鼓励他们用简单的线条、图形等表现物体。对于材料的选择要在其能力范围之内，避免由于工具使用的难度影响绘画表现，如使用棉签、油画棒等。

（2）中班绘画题材的选择除了平日常见的物体外，只要是幼儿观察过、认识的、能够提升绘画能力的内容，都可以大胆尝试。除了引导幼儿学习图形组合的方法表现物体基本部位和主要特征之外，还可以选择较为简单的图案花纹，引导幼儿设计图案装饰画，逐步学习用花纹、色彩进行装饰。

（3）大班幼儿有着丰富的生活经验和较强的绘画表现能力，他们在线条、色彩、造型和构图等方面的运用能力明显提高，不仅可以较好地表达比较复杂的事物，还能进行较为细致的描绘装饰，更准确地运用细节表现事物。因此大班绘画活动可以选择各种建筑物、动植物、生活场景和情节等内容，可以引导幼儿尝试对复杂形象进行构思、学习表现画面中的空间关系，发展构图能力。此外还可以安排一些写生活动，通过对外形、色彩、细节等的观察，用自己的方式进行创作，锻炼幼儿对形的概念和表现能力。

幼儿美术作品评价

第三节 幼儿园绘画活动的组织与指导

 一、幼儿园绘画活动的指导原则

1. 审美性原则

审美性原则是绘画活动组织与实施的基本原则。艺术表达和创意最重要的前提就是要有深刻具体的感性经验，绚丽与夸张的想象、创造离不开现实蓝本。在绘画活动中，教师要根据绘画题材的需要，结合幼儿的兴趣，引导他们欣赏与绘画题材相关的作品及图片，去自然界和社会生活中仔细观察和体验、想象各种人、事、物的变化和特点，引导幼儿对事物外在的形式要素进行整体把握，体验这些要素所体现的美感，以美的事物和方式启发幼儿观察、想象和创造，用美激发幼儿的活动热情，让幼儿在不断体验美和创作美的过程中，审美趣味和创造美的能力得到提高，丰富内心情感世界，创作出生动而富有情感的好作品。例如，小班绘画活动《各种各样的小草》，教师首先和孩子们一起到幼儿园的草坪上去游戏。孩子们在草坪上自由地奔跑、跳跃、玩耍，然后教师引导他们在草地上走一走、爬一爬、看一看、摸一摸、闻一闻，并互相交流自己看到的小草的样子，在充分感知与认真观察的基础上，孩子们每人拿一个小画板，把自己看到的小草用麦克笔画下来。

2. 创造性原则

儿童天生就是艺术家，儿童的艺术是儿童心理世界的自然流露，在儿童身体里蕴藏着巨大的创作潜能。在绘画活动中，教师要为幼儿创设宽松愉悦的创作氛围，并通过多种渠道及形式丰富幼儿的表象经验，鼓励幼儿积极生动的创作艺术形象。首先要创设有利于幼儿创造意识的心理环境，营造和谐的师生关系，尊重幼儿有个性的想法及独特的见解，敏锐地捕捉创造性思维的闪光点，并加以适当地引导；其次要在丰富的物质环境中提升幼儿的创造力，幼儿绘画的活动室应是注重美感的，充满艺术气息，陈列于展示的作品应是独特而富有表现力的，能引发幼儿的对话和想象，创作的绘画材料和被画材料应是丰富多样和开放的，并便于幼儿取放，满足幼儿自由表现和创作的需要；最后要处理好创造力与技能之间的关系，技能和创造力的发挥并不冲突，一方面创造是儿童艺术的灵魂，在创造过程中幼儿的艺术技能会有所提高，另一方面没有技能，儿童的创造也无从依托，如同空中楼阁，教师应在让幼儿自由表达和创造过程中，对表现方式和技巧给予适时、适当的指导。

3. 活动性原则

《指南》中指出，幼儿的学习以直接经验为基础，幼儿的美术学习更是如此。在绘画活动中，教师要引导幼儿运用多种感官通道参与绘画活动，通过"看看、想想、说说、画画、玩玩"，让幼儿用感官去感知审美对象，用脑去想象、理解、加工审美意象，用语言去表达审美感受，用手操作绘画材料和工具去表现自己的思想感情和所见所闻，做到手、眼、脑训练协调一致，真正在活动中得到全面和谐的发展。另外，教师还必须打破活动界限，要通过各种丰富多彩的活动促进幼儿绘画水平和能力的提高，在整体感知中获得完整经验。例如，在区域游戏活动中，除了在美工区为幼儿提供多种操作绘画材料和工具的机会外，还可以在角色区、表演区等区域中提供绘画素材，让幼儿用画笔表现自己在游戏中的所思所想，传递自己想表达的信息及创意，渗透一定的审美教育。

知识链接

幼儿创作过程

二、幼儿园绘画活动基本环节的组织与指导

一般而言，幼儿园绘画活动的组织与实施主要包括感知与体验、探索与发现、创作与表现、欣赏与评议4个基本环节。

（一）感知与体验

感知与体验环节主要是指幼儿对自然、对社会生活中的美的事物和艺术作品进行欣赏、感受，获得内在体验，积累艺术语言和符号的过程。幼儿欣赏和感受的对象，可以是适合幼儿欣赏的大师的经典作品，也可以是童趣十足的优秀幼儿作品；可以是可视的美术作品，也可以是相应的音乐作品或文学作品；可以是课堂上组织的通过图片、幻灯、影片等手段对艺术作品的欣赏与感知活动，也可以是幼儿投身到大自然、社会中，对自然环境和人文景观中美的事物的欣赏和感受，或对经验的回忆和体验。

此环节教师提供给幼儿感知的美术作品要与操作主题相匹配，并具有典型性、多样性的特征，既利于幼儿掌握某一事物的基本结构，又利于开阔幼儿眼界，培养幼儿的想象力和发散性思维。

（二）探索与发现

探索与发现环节主要是对美术操作技法或各种工具材料特性及使用方法的探究与尝试。这一环节应以幼儿自主探究后的自我发现为主，通过让幼儿尝试错误，在自我操作中发现问题、分析问题、解决问题，不仅可以加深幼儿对美术技法或操作材料的认识，而且有利于培养幼儿的主动探究精神。教师要适时引导幼儿从无目的操作转向有目的操作，逐渐明确操作意图。当幼儿产生了创作意图后，教师还要进行适当的指导和帮助，避免幼儿产生挫败感。另外，教师在活动设计中还要考虑幼儿的年龄特点，如制作的形象方面要外轮廓简单，局部细化。

此环节教师要为幼儿提供接触和使用操作材料的机会，鼓励幼儿在刷刷画画、涂涂抹抹等活动中了解工具材料的特性及各种美术操作技法，而避免用"示范""讲解"或"演示"等方法向幼儿进行灌输，抹杀幼儿的探索欲望和创造、想象能力。教师在幼儿探索、尝试的过程中要细致、深入地观察，找到哪些问题需要个别提示，哪些问题需要集体解决等，并进行必要的总结、提升和推动；必要的时候，教师也可以采取直接演示的方法，以帮助幼儿较快地掌握操作方法，使他们从操作过程和作品中获得更大的成就感和乐趣，提高活动的效率。

（三）创作与表现

创作与表现环节是幼儿在对艺术作品的感知与体验，以及对艺术材料特性、相关操作技法等认识、掌握之后，借助于操作材料将头脑中已有的构思与设计进行可视化的创作过程，大胆地将自己的经验、想法或情绪、情感用艺术的手段表达出来。幼儿创作和表现的内容，可以是生活经验和场景的记载，可以是自由想象和幻想的显现，可以是情绪情感的宣泄，可以是改编和创编故事的记录，也可以是对欣赏作品的借鉴，甚至是临摹。

在创作之前教师要交代操作的要求，帮助幼儿进一步明确要构思、创作的主题和操作工具材料的使用方法、要求。创设宽松的心理环境，教师以尊重幼儿的创意为主，不随意评价幼儿正在创作过程中的作品，要正确对待幼儿作品中显现的"粗糙""不流畅"等特点，欣赏接纳幼儿作品中的稚拙美，给予幼儿不断成长、不断协调发展的时间和空间。在创作与表现过程中，教师可以引导幼儿将临摹、仿制与独创结合起来，鼓励幼儿在掌握基本方法的基础上努力创新，创造出与众不同的作品。

（四）欣赏与评议

欣赏与评议环节是幼儿对自己和同伴作品的欣赏、评价过程。教师要提供条件、创设环境展示幼儿的作品，鼓励幼儿用自己的作品或艺术品布置环境，并用过程评价和作品评价相结合的方式进行评价。一方面关注过程评价，将评价融合在艺术学习活动之中，关注幼儿在学习中的主动性、独立性、专注程度和努力程度等学习品质方面的表现；另一方面采取幼儿自述、教师引导、同伴欣赏等相结合的方式进行具体化的作品评价，在欣赏和评议中引导幼儿大胆表达自己的想法，相互交流、相互欣赏，共同提高。幼儿自述可培养幼儿的反思能力，教师引导评价时能够对幼儿的审美评价能力起到正确的导向作用，让幼儿明白怎样去评价一幅美术作品，从而为其评价能力的发展提供"支架"；同伴欣赏可以让幼儿在评价的过程中学会关注别人、尊重别人，客观、公正地看待问题，对去除自我中心，培养良好的自我意识具有一定的作用。

以上 4 个环节有时是一环扣一环，环环相扣，有时又可以相互渗透和交叉。例如，感知和体验活动可以作为创作和表现活动的先导和延续，与创作活动密切结合，渗透在相应的操作活动中；探索和发现活动有时可以是专门的环节，有时则需要渗透在欣赏和创作过程中进行。在具体教育情境中，教师需要根据具体的活动内容和本班幼儿已有的基础和特点，进行灵活多样的活动设计、组织与实施。

知识链接

绘本《点》
（彼得·雷洛兹）

IIII 第四节　幼儿园绘画活动设计与组织的案例及评析　IIII

一、小班绘画活动设计与组织的案例及评析

小班绘画活动：小草快快长

设计思路

小草在生活中随处可见，充满生机，幼儿都有与它亲密接触的体验，是适合小班幼儿操作的内容。然而与小草相关的绘画内容多是用油画棒等材料进行简笔画，总是缺少了一些灵动与生命力。这就需要帮助幼儿去感知动态、多变的小草，并用不同的方式表现不一样的小草。在本活动中，教师组织幼儿观看小草生长动态的多媒体短片，并引导幼儿用肢体去表现小草的生长方式，运用多通道感官的方式帮助幼儿感知和欣赏小草的生长过程，并尝试用棉签和各色颜料让幼儿体验小草的表现方法，掌握棉签、水粉的使用常规，让幼儿在操作中表现出全新的审美和创造体验，发展幼儿的艺术创造力。

活动目标

1. 欣赏自然界花草生长的过程，用肢体去表现小草的生长动态。

2. 尝试运用材料表现出不同形态的小草，并初步掌握棉签、水粉的使用常规。

3. 喜欢大自然，并体验创作的快乐。

活动准备

1. 多媒体短片《小草》、多媒体设备。

2. 水彩颜料、画纸、大幅棕色卡纸。

3. 棉签若干、颜料盒若干。

活动过程

一、感知与体验

1. 欣赏多媒体短片《小草》

师：小草是怎么从泥土里钻出来的呢？我们一起来学学小草：有的直直地长，有的一扭一扭地长，还有的点点头、弯弯腰。

（通过欣赏多媒体短片，让幼儿直观形象地看到小草发芽生长的瞬间。）

2. 用身体动作表现小草

师：这里是一片大草地，很多小草醒来了，都在使劲地钻出泥土，大家为钻出泥土的小草拍手鼓励。

直直草：直直地用力钻出来。

——幼儿试画直直草。

扭扭草：一扭一扭地钻出来。

——引导幼儿回忆肢体动作，从想象过渡到画面。

弯弯草：变化方向地弯腰。

——师生合作用肢体动作表现：小草这边弯弯腰，那边弯弯腰。

（基于小班幼儿模仿性强、直觉行动思维的特点，通过跟着教师用肢体动作学做各种不同形态的小草，加深了小班幼儿对小草的认识。这一环节改变了教师讲解示范的传统教学方式，避免用成人概念化的图示影响幼儿，让幼儿自由地用自己的图示来创造表现对小草的感受，教师则退在一旁，敏锐观察并适时推进。）

二、探索与发现

师：（出示黑板上大幅的棕色卡纸）这里有一片泥土，老师请来了颜料宝宝和棉签宝宝，小草还没有钻出来，谁来帮忙呢？让我们一起帮小草宝宝钻出来吧！

（出示深绿和浅绿的颜料、棉签）

幼儿自主到黑板上去尝试，之后讨论：他是用什么方法让小草钻出来的呢？用的是哪种颜色呢？

小结：小朋友们都能选择不同的方式让小草长出来，有的是直直的，有的是扭扭的，有的是弯弯的，有的从上长下来，有的从下长上来，使用棉签蘸不同颜料的方法也掌握得很好，画好了还能将不同颜色的棉签送回不同的颜料盒。

（教师为幼儿提供了适宜而丰富的材料，鼓励幼儿上来尝试探索和发现，通过组织幼儿尝试之后的讨论，帮助全体幼儿梳理小草的表现方法，以及棉签、水粉的使用常规的经验，为之后的创作与表现做好铺垫。）

三、创作与表现

师：天气一天比一天暖和起来，小草们都急得要钻出来。我们现在一起来帮助小草，赶快从泥土里钻出来。

小草小草快快长：引导幼儿添画各种不同形态的小草。

小草长得多又多：鼓励幼儿把小草画得密密麻麻的，变成草丛。

小草长高了，美丽的花儿开放了：鼓励幼儿换色画花朵。

（教师"引导幼儿添画各种不同形态的小草，鼓励幼儿换色画花朵"，这一形式为幼儿的创造留有了空间。当发现幼儿有新的原创图式时，教师及时引导其与同伴之间进行互动，为幼儿提供隐性学习的机会。）

四、欣赏与评议

观察作品上小草的姿势。

师：这是一颗什么草？我们一起来学一学小草的模样。

（小班幼儿往往对作品的结果呈现不感兴趣，他们享受的是创作的过程。因此，利用游戏的方式——师幼各为游戏一方，教师指，幼儿猜；教师说，幼儿做，用充满游戏性的指导评价，使幼儿始终沉浸在分享结果的情境中。）

活动评析

这是一个结构相对完整的幼儿园绘画活动的案例，每一步幼儿都有相对自由的活动，教师都有不同的设计思考与引导侧重点。

（1）在感知与体验环节中，教师通过两种方式让幼儿感知和体验小草的动态生长过程：一是通过观看多媒体短片，让幼儿直观形象地看到小草发芽生长的瞬间；二是通过身体动作表演，体验小草不同动态的生长过程。通过这个环节，幼儿对小草有了更真切、更具体、更有个性的感受。

（2）在探索和发现环节中，教师通过让幼儿个别尝试整体观察、讨论的方式，引导幼儿共同发现小草的表现方法，以及棉签、水粉的使用常规，帮助幼儿初步掌握表现技能及操作习惯，为创作与表现环节做好铺垫。

（3）在创作和表现环节中，幼儿画出自己心目中的不同色彩（深绿和浅绿）、不同动态的小草，并添画出五颜六色的花朵，给予幼儿充分的时间和空间进行想象创造。

在欣赏和评议环节中，教师运用游戏化的方式，通过师生互动、生生互动，和幼儿一起欣赏画面的美丽，分享成功的喜悦，并用身体动作再次表现小草的生长动态过程，让幼儿充分表现和全方位地体验丰富多样而又各具特色的小草，提升幼儿的审美体验和审美表现力。

 二、中班绘画活动设计与组织的案例及评析

中班绘画活动：秋天的树

设计思路

孩子们对秋天的树林非常感兴趣，他们在树林里捡拾着形状各异的落叶，欣赏着不同色彩的落叶与秋风的共舞……秋天的树林是美丽多彩的，怎么让孩子们用艺术的形式去表现秋天的树林呢？根据《指南》的理念和精神，教师给幼儿创造自由表现的机会，鼓励幼儿用艺术形式大胆表达自己的情感、理解和想象。因此，设计中班绘画活动《秋天的树》，教师引导幼儿尝试运用水粉点画的方式，大胆表现出秋天树叶的色彩和飘落的感觉，使幼儿在创作的过程中多方位地感受秋天的绚丽。

活动目标

1. 尝试运用水粉点画，表现出秋天树叶的色彩和飘落的感觉。
2. 能大胆用色、下笔，表现自己对秋天的感受。
3. 体验绘画活动的乐趣。

活动准备

1. 经验准备：课前带领幼儿观察过秋天的树木及秋天景色的照片。
2. 材料准备：秋天落叶树的照片、画有树干的画纸、水粉笔、调好的各色水粉颜料。

活动重点

学习用水粉点画的方式绘画秋天的树。

活动难点

会有意识地选择颜色和布置画面，表现秋天的特色。

活动过程

一、谈话导入，激发兴趣

——出示秋天落叶树的照片，幼儿观察树叶的颜色及树叶在空中飘落到地上的景象。

师：现在是什么季节？你从哪里知道的？

师：落叶树的树叶有什么颜色？树叶从树枝上是怎样飘落下来的？

二、观察欣赏，局部示范

——出示画有树干的画纸和颜料，讨论秋天的树是什么颜色的？怎么画上秋天的树叶？

——让1~2名幼儿上来尝试。

小结：用水粉笔蘸一种颜料，在纸上轻轻侧点一下，留下一个颜色小点，用不同颜色的小点画满整棵树，有的树叶飘落下来就在空中画一些小点。

——教师用点画的方法画秋叶，做局部示范。

三、幼儿作画，教师巡回指导

——鼓励幼儿大胆选用不同的颜色进行创作，用笔时要小心不要把颜料盒里的颜色混合。

——在颜色的选择和布置上要好好想一想，什么才是秋天的树的色彩。

——尝试在画面的布置中表现出树叶飘落的感觉。

四、作品展示，欣赏评价

——将作品展示在一起，组成"秋天的树林"，引导幼儿欣赏、感受点画的方法表现的秋天落叶树的色彩之美。

——启发幼儿说一说，点画的方法还可以用来画什么。

活动建议

1. 可以将幼儿的作品贴在作品墙上，布置成"美丽的秋天"，用于主题墙面布置。

2. 在区域活动中也可出示大张的纸，供幼儿集体合作作画。

活动评析

幼儿的艺术感受是被周围环境或生活中的美的事物或艺术作品所吸引，从感知出发，以想象为主要方式，以情感的激发为主要特征的一种艺术能力。在活动中，教师首先和幼儿一起观察秋天的树木，欣赏秋天的景色照片，感知树叶色彩的变化，感受树叶飘落的动态美，加深对绘画内容的理解和感悟；其次组织幼儿讨论思考秋天树叶的表现形式，并运用局部示范的方式让幼儿去探索点画的操作技法及材料的使用方法，在探究中产生创作意图和兴趣；然后就进入了操作阶段，幼儿大胆选色，在自主创作中表现出自己心中最美的树叶，表现出树叶随风飘落的场景；最后在评议环节中，教师提供条件展示幼儿的作品，鼓励幼儿用自己的作品或艺术品布置环境，让幼儿在自评和他评中相互交流，共同提高，不仅是一种美的享受，也是一种经验和能力的提升。在活动之后的延伸活动中，教师提供机会让幼儿集体合作作画，这一环节幼儿自由选择空间和方位去表达表现，在自由的空间里共同作画，获得了更不一样的审美体验和创作体验。

三、大班绘画活动设计与组织的案例及评析

大班绘画活动：京剧脸谱

设计思路

京剧脸谱是中华民族艺术中的瑰宝，虽然不是幼儿经常遇到和熟悉的事物，但是，强烈的色彩、鲜明的艺术风格很容易吸引幼儿，符合幼儿对色彩敏感的特点。在大班绘画活动"京剧脸谱"中，教师以中国传统艺术——京剧脸谱作为欣赏对象，目的在于让幼儿了解祖国的传统文化，激发热爱中国传统艺术的美好情感；而后在欣赏的基础上，了解京剧脸谱的表现形式和手段，鼓励幼儿用对称、夸张的图案和丰富的色彩来表现，并进行自主创作。

活动目标

1. 欣赏京剧脸谱，知道京剧是中国的国粹，为自己是中国人而感到骄傲。

2. 发现京剧脸谱的特征，会用对称、夸张的图案和丰富的色彩来表现。

3. 愿意与大家分享、交流自己喜爱的作品和美感体验。

活动重点

幼儿根据自己的感受来表现京剧脸谱。

活动难点

尝试用对称、夸张的图案和丰富的色彩来表现京剧脸谱。

活动准备

1. 京剧演员的剧照及各种京剧脸谱的图片课件，京剧表演的视频片段。

2. 代表性的京剧脸谱面具实物或图片若干。

3. 幼儿绘画工具：卡纸、油画棒、水彩笔等。

活动过程

一、导入活动，激发兴趣

——请幼儿观看一小段京剧表演片段。请幼儿说说看到的是什么表演？（京剧）

师：京剧是中国特有的舞台表演艺术形式之一，京剧是中国的国粹，外国朋友一看到京剧就会想到中国。

——教师：你在哪里看到过京剧？还记得看过的京剧名吗？

二、欣赏有代表性的京剧脸谱

——说说京剧脸谱上的图案和颜色的特点。

师幼一起来欣赏表演京剧的演员们的脸上画了什么？用了什么颜色、图案表现？引导幼儿找出脸谱上的额头、眉眼、鼻、嘴、脸等对称的花纹。

小结：京剧脸谱上的图案的花纹和颜色都是以鼻子为中心对称的，眼睛、嘴巴、眉毛、胡子用夸张的方法，变成了各种各样的形状。

——初步了解京剧脸谱所代表的含义（不同的颜色代表不同的人物性格）。

教师出示红色、黑色、白色等各种颜色、各种表情的脸谱，引导幼儿观察这些脸谱，并说说看到这些脸谱的感受，并猜测这个人可能是个什么样的人？

小结：不同颜色的脸谱说明了不同的性格。例如，红色——忠勇侠义，多为正面角色；黑色——刚正威武，不媚权贵等。

三、画自己喜欢的京剧脸谱

——鼓励幼儿用对称的方法及对比强的色彩画京剧脸谱，先构图再涂色。

（对能力弱的幼儿，教师可指导画简单的对称图案进行表现。）

——鼓励幼儿细致地作画，大胆表现色彩美。

四、作品展示，欣赏交流

——欣赏自己和同伴的作品，最喜欢哪幅作品，为什么？引导幼儿从图案、色彩、对称等方面进行评价。

——延伸欣赏：播放各种京剧脸谱课件，让幼儿感受京剧脸谱的多样性，激发幼儿进一步了解和制作京剧脸谱的兴趣。

活动建议

1. 活动后可以观看一些不同颜色脸谱所代表的典型人物的故事，进一步感受京剧艺术的魅力。

2. 在美工区还可以增加纸袋、不同颜色的卡纸进行绘画，制作成面具进行京剧表演。

活动评析

在本次活动中，教师先以欣赏京剧表演入手，让幼儿直观地欣赏京剧表演艺术家们的脸部妆容、服饰及动作造型，感知京剧的艺术魅力；然后在欣赏京剧脸谱的过程中引导幼儿先欣赏脸谱色彩、图案造型等形式要素，并进一步引导幼儿体会色彩所表现出的情感和意蕴的意味，为接下来的表现和创作做好铺垫；最后在幼儿作画时，教师没有采用示范的方法，而是鼓励幼儿用对称的方法及对比强的色彩，先构图再涂色，让幼儿能根据自己的想象，夸张地、尽情地进行创造各种不同的京剧脸谱，伴随着兴奋的情绪体验，幼儿潜在的艺术潜能被激发了，创造力格外旺盛。

在活动的延伸部分，教师将对京剧表演这一艺术形式的感知迁移到人物故事的欣赏中，拓展幼儿的知识面，让幼儿进一步感受京剧艺术的魅力。同时在美工区投放了各种创作材料让幼儿自由探索、操作，充分体现了《指南》中的"鼓励和支持幼儿自发的艺术表现和创造，培养初步的艺术表现能力与创造能力"目标。

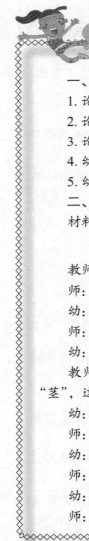

思考与实训

一、思考题

1. 论述幼儿园绘画活动目标制定的依据。

2. 论述幼儿绘画能力的发展规律。

3. 论述幼儿园绘画活动目标撰写的要求有哪些？

4. 幼儿园绘画活动的组织与指导的原则是什么？

5. 幼儿园绘画活动的组织与指导包括哪几个环节？

二、案例分析

材料：

中班绘画活动：美丽的郁金香

教师在黑板上画了一朵白色的郁金香。

师：今天我们要开一个花展。猜猜看，这朵花像什么？

幼：白云。

师：这不是白云花，这叫郁金香。老师再来问一遍，这是什么花？

幼：郁金香。

教师拿着范画一步一步介绍：这是郁金香的叶子，你看，长长的，这个叫"茎"，这是郁金香的花瓣。都记住了吗？

幼：记住了。

师：好，老师再来提问，这是什么部位？

幼：叶子。

师：这又是什么？

幼：花瓣……

师：好，请小朋友们画一画，看谁画得跟老师一样！看谁画得最像！

问题：请结合幼儿园绘画活动的组织与指导原则来分析该案例中的教师组织与指导的方式是否适宜。

三、章节实训

绘画活动说课练习

实训要求

（1）请选择一个年龄班，按要求分组完成某个绘画活动的设计。

①确定活动课题。

②选择活动内容。

③准备活动材料。

④完成说课稿的设计。

（2）各组推选一位同学进行说课，其他同学补充。

（3）围绕该活动进行研讨，并提出修改意见。

（4）修改并完善各组的活动计划。

第三章 幼儿园手工活动的设计与指导

在一次大班的纸工活动中，老师示范折好的纸折蚂蚁，孩子们正在认真地观赏老师的杰作时。突然孩子们中间冒出这样一句话："老师，这只蚂蚁怎么没有触须呀？"浩然这一问让老师有些措手不及。孩子们没有在意老师脸上的表情，而是一阵窃窃私语地议论："对呀，如果没有触须，蚂蚁就没有办法说话了呀！""就是哦，而且有两根触须的才是真正的蚂蚁……"孩子们抬起了小脑袋期盼老师把问题解决了。老师微笑地说："孩子们，你们想到了老师没有想到的问题，真不错。不过咱们现在重要的是自己开动脑筋把蚂蚁的触须做出来，但是这之前我们要先学会把蚂蚁折出来。"此时，浩然仍然惦记着蚂蚁的触须，嘀咕道："没有触须蚂蚁就不能够讲话了，我要做一只有触须的蚂蚁。"老师此时鼓励浩然和自己一起动脑筋一起做有触须的蚂蚁。不一会儿，许多孩子按照老师的范例折出了纸蚂蚁并玩着自己的成功作品。而浩然呢，跑到老师的前面问："老师，你想到了没有呀？"老师又被弄愣了一下，原来浩然还想着蚂蚁的那两根触须呢！不过这个时候老师反问了一句："还没有想到，你想出来了吗？"浩然说："再给我一小会儿的时间，我会想出好办法的。"

突然，浩然似乎找到了金钥匙一样跑到老师前面说："老师，能不能给我一根针和线？"老师满足了浩然的这一请求，并且注意着浩然是如何去使用这一辅助工具的，盼望着他的成功。这个时候浩然轻轻地拿起了触须和纸蚂蚁，用针一点一点地缝了起来，缝到最后的时候还会把线头一点一点地卷起来，或许是平时没有接触这些工具，浩然弄得有些乱。老师上前询问："是想把线整理好打结吗？"浩然点点头，老师顺手接过来把挂着的两根线头牢牢地打上了结。浩然拿着做好的蚂蚁，兴奋不已，激动地叫起来："大家快来看呀，蚂蚁的触须长出来了。"手举着这只班中独一无二的蚂蚁，伴随着浩然的小手有力地挥动着，有了触须的小蚂蚁也变得栩栩如生起来。"浩然你做出了蚂蚁的触须哦，太好了"，老师在一边为浩然努力后的精美作品鼓起掌来，"浩然，你这只小蚂蚁真好看，能不能教教我们怎么做出触须呀？"在一边玩自己作品的孩子们逐渐靠拢过来，老师把这些孩子们集中起来，请浩然来当小老师介绍自己是如何做出这对漂亮的触须的。

问题： 孩子们在这个折纸活动中获得了哪些方面的发展呢？你觉得哪些手工的方法技能可以引导孩子去探索呢？手工活动如何组织与实施呢？

学习目标

1. 了解幼儿园手工活动的总目标、各年龄阶段目标及撰写要求。
2. 了解了幼儿园手工活动的内容、选材及手工活动的组织与指导等相关知识。
3. 学会设计幼儿园手工活动设计，了解对幼儿园手工活动评析技巧。

知识结构

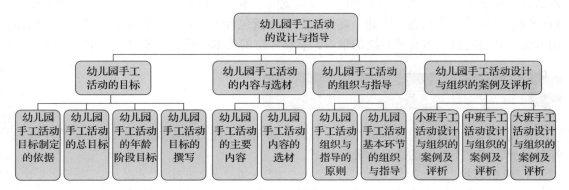

　　幼儿园手工活动是指幼儿在教师引导下，利用各种活动材料进行的造型操作游戏，即幼儿自己动手并使用简单工具，对材料进行加工、改造，创造出各种艺术造型的活动。手工活动的操作性和游戏性都很强，作品既好玩又好看，既可以装点环境又可以作为幼儿的玩具，所以深受幼儿喜爱，并且，通过手工活动中幼儿的动手操作能力、手的协调能力、耐心细致和有序的工作习惯都会得到锻炼与培养。此外，它也是作为审美教育的内容之一，是培养幼儿动手、动脑，启发幼儿发明性思维、形成积极审美情趣的重要手段。

|||||||||||||| 第一节　幼儿园手工活动的目标 ||||||||||||||

一、幼儿园手工活动目标制定的依据

　　幼儿园手工活动目标的制定，既要把握各年龄段幼儿动手操作能力发展的水平，又要把握幼儿之间的个体差异性，这样确立的目标才能促进每个幼儿手工活动水平的发展。

（一）幼儿手工能力的发展规律

　　幼儿手工能力的发展不仅受其社会认知的制约，还受其生理机能的影响。在物体造型

和手工操作方面，不同年龄阶段发展水平差异较大，并表现出一般的规律性。

幼儿手部控制能力的发展表现出大小规律。年龄越小的幼儿越难以控制自己手部的动作，难以完成具有精细动作要求的作品。

幼儿随着年龄增长，其社会认知水平逐步提高，手工作品内容、运用的材料和主题均越来越丰富和复杂。

幼儿手工能力发展还受到教育和实践的影响，表现出发展水平的层次性，反映出幼儿个体与众不同的个性、兴趣和需要。因此，具体的教育活动目标的制定，既要考虑幼儿的整体发展水平，又要顾及幼儿个体表现的差异。

（二）幼儿美术学科本身的特点

幼儿手工是美术活动的类型之一，美术是幼儿从事的视觉艺术活动，它有其独特的艺术语言，而手工主要是通过动手操作展现视觉的艺术。并通过视觉形象的塑造，表达幼儿对周围生活的认识和情感。因此，在终极目标中就包含了让幼儿了解美术工具和材料的使用方法，并且通过美术符号系统的学习，掌握一定的美术技巧，表达自己的审美感受。

二、幼儿园手工活动的总目标

在幼儿园美术教育总目标的指导下，结合幼儿手工能力的发展规律及幼儿动作发展的年龄差异，将手工活动的总目标确定如下。

1. 情感目标

（1）在动手操作中体验手工活动的快乐，产生对手工活动的兴趣。

（2）养成良好的操作习惯。

2. 认知目标

（1）认识和了解各种手工材料及其性质。

（2）对材料进行分类，获得手工材料性能的经验。

3. 技能目标

（1）初步学习多种手工材料和工具的基本使用方法。

（2）在塑造和制作活动中，发展小肌肉动作和手眼协调的能力。

4. 创造目标

（1）能大胆对各种手工材料及生活中的材料进行造型。

（2）能大胆用各种手工技能、手法进行造型。

三、幼儿园手工活动的年龄阶段目标

（一）小班（3~4岁）目标

1. 情感目标

（1）喜欢参加玩泥、撕纸等各种手工活动。

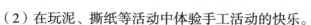

（2）在玩泥、撕纸等活动中体验手工活动的快乐。

2. 认知目标

（1）初步熟悉泥工、纸工等材料、工具。

（2）了解泥的可塑性质，了解纸的性质。

3. 技能目标

（1）掌握泥工中团圆、搓长、压扁等基本技能。

（2）学习撕纸、粘贴，初步撕出简单形状并粘成画。

（3）初步学会用自然材料（石子、豆子、树叶等）拼贴造型。

（4）学会用印章、纸团、木块等材料蘸上颜色在纸上敲印等拓印技能。

4. 创造目标

能大胆运用印章、纸团、木块等在纸上按意愿压印。

（二）中班（4~5岁）目标

1. 情感目标

（1）通过泥工、纸工及自制工具的活动来积极投入手工作品的创作。

（2）对手工活动产生浓厚兴趣。

2. 认知目标

进一步熟悉泥工、纸工及自制玩具的工具和材料。

3. 技能目标

（1）能正确使用剪刀剪出方形、圆形、三角形及组合形体，并拼贴成画。

（2）掌握折纸的基本技能，折出简单的玩具。

（3）学习用泥塑造出物体的基本部分和主要特征。

（4）掌握撕纸的基本技能，撕出简单的物体轮廓。

4. 创造目标

（1）能大胆地运用泥按意愿塑造。

（2）能大胆地用纸按意愿撕、剪出各种物体轮廓。

（三）大班（5~6岁）目标

1. 情感目标

（1）体验综合运用不同手工材料制作作品的快乐。

（2）喜欢用手工表达自己的想法和情感。

2. 认知目标

（1）了解各种纸张的不同性质，知道不同性质的纸张具有不同的表现效果。

（2）对自制玩具的材料加以分类，以获得选择、收集这些材料的经验。

3. 技能目标

（1）用泥塑造人物、动物等较复杂结构的形体，能表现物体的主要特征和细节，能集体分工合作塑造群像，表现某一主题或场面。

（2）能用各种纸张制作立体玩具。

（3）能用无毒、安全的废旧材料制作玩具并加以装饰。

4. 创造目标

能综合运用剪、折、撕、粘、连接等技能，独立设计制作玩具。

 四、幼儿园手工活动目标的撰写

（一）幼儿园手工活动目标撰写的要求

幼儿园手工活动目标是指某一手工活动类型中具体的手工活动的目标。在制定活动目标时，既要适应各年龄段幼儿已有的动手操作发展水平，符合幼儿美术能力及操作能力发展的规律和特点，又要结合每种类型手工活动的技法要点及美的特点，充分考虑幼儿认知、情感、技能、创造性等多方面的发展，最终体现对幼儿的审美教育价值。同时，目标在表述中要注意以下几点。

（1）目标表述的角度应统一，以幼儿为主体撰写目标。

（2）目标在制定时应考虑幼儿的全面发展，从情感、知识、能力等维度制定目标。

（3）目标在表述过程中应尽量具体、可操作，抓住活动本身的核心内容和教育价值。

（4）目标的表述要简明扼要，直接阐述活动需要达到的结果。

（二）幼儿园手工活动目标撰写的案例与分析

 案例链接

中班泥工活动：蜗牛

调整前的目标

1. 学习运用捏、团、搓、卷等技能用橡皮泥做蜗牛。

2. 感受泥工活动的乐趣。

3. 激发幼儿喜欢小动物、爱护小动物的情感。

分析与调整

本活动目标的制定不够规范，技能目标不够具体有针对性，表述的主体不统一，而且缺少认知维度的目标。蜗牛是孩子们比较喜爱的一种小动物，他们喜欢并善于观察蜗牛的形态特征，对蜗牛的身体构造充满好奇。因此，要注重引导幼儿关注蜗牛的形态特点，通过各种泥工技法表现出蜗牛的触角、身体等不同身体结构，在泥工活动中大胆表现蜗牛形态美，萌发喜爱泥工制作活动的情感。

调整后的目标

1. 了解蜗牛的基本形态特征。

2. 学习运用捏、团、搓、卷等技能用橡皮泥表现蜗牛的身体结构。

3. 能用橡皮泥大胆表现蜗牛，喜欢参加泥工活动。

纸工活动：纸杯花（中班）

活动目标

1. 尝试通过纸杯变形制作出纸杯花。
2. 培养幼儿动手操作能力。
3. 体验变形所带来的快乐，并能耐心地完成变形活动。

请对照中班手工活动的目标及目标的表述要求进行修改。

||||||||||| 第二节　幼儿园手工活动的内容与选材 |||||||||||

 一、幼儿园手工活动的主要内容

　　幼儿园手工活动内容既包括幼儿对操作材料的认知，又包括幼儿在活动过程中有关观察、探究、描绘等活动本身的知识、技能技巧。因此在日常活动中，教师可引导幼儿观察周围各种各样的环境，开阔幼儿的视野，培养其观察能力，拓展手工活动的内容主题，使活动内容多样化与生活化。目前幼儿园主要开展的手工活动主要包括以下几方面的内容。

（一）幼儿园泥工活动

　　幼儿园的泥工活动可以分为：单纯的玩泥游戏（即无主题自由塑造）；有主题的泥工学习与表达。从简单的形体到有情节的多个物体组合，都是贴近幼儿生活、令幼儿喜爱的内容。泥工活动初期幼儿必须通过反复多次的玩泥游戏，才能逐渐熟悉泥工材料的塑造特点。

　　1. 泥工活动的材料与工具

　　1）泥工活动的材料

　　幼儿园常用的泥工材料有多彩泥、橡皮泥、陶泥等，因为便于操作和保存而被广泛使用。有些幼儿园根据自己的地方特色采用较为方便的泥工材料，如黄泥、黏土等，它们在塑造与操作的性能、技巧上基本一致。

　　2）泥工活动的工具

　　如果没有专用的泥工教室，可为幼儿创造相应的条件，如泥工活动时，在桌面上铺一块塑胶板，以方便幼儿的塑造活动。泥工活动最基本的工具包括切割用的泥工刀、竹签、小木棍及擦手的湿布。此外，还可为幼儿准备一些辅助工具，如线绳、纽扣、羽毛等帮助幼儿完成连接、装饰、轧花等内容。

　　2. 泥工活动的基本技能

　　泥工活动的基本技能包括团圆、搓长、压扁、粘接、捏泥、拉伸等，可根据幼儿的年龄，由浅入深地设计有趣的泥工活动内容，在游戏的氛围中进行练习。

（1）团圆：将泥放在两手的手心中间，双手加力均匀转动，将手中的泥团成圆球。例如，"制作冰糖葫芦"，可以和幼儿一起制作许多彩色的小圆球，团好后用一根细长的小木棍把小圆球串起来，做一串好吃的冰糖葫芦。

（2）搓长：将泥放在手心，两手前后搓动，将泥搓成长条或圆柱体。例如，"制作面条"，教师为幼儿准备大小均匀的泥团，请幼儿做餐馆的面条师傅，制作一根根细长的面条，当幼儿制作出生活中少见的彩色面条时会非常高兴。

（3）压扁：用手掌或工具将搓成的长条或团成的圆球压成片状。例如，"制作饼干"，教师为幼儿准备一些饼干的图片和辅助工具，幼儿开始有趣地团压制作。

（4）粘接：将塑造的两部分连接的技巧，一般有两种方法，一种是直接连接；另一种是棒接，即用小木棍儿插接两端，压紧后完成连接。例如，"制作小动物"，动物的头部和肢体都需要用到粘接的技巧。

（5）捏泥：用拇指、食指、中指的指尖相互配合，捏出细节部分的技巧。例如，小动物的嘴巴、耳朵等都是用捏泥技巧完成的。

（6）拉伸：从一整块泥中，按物体的结构拉伸出各部分。例如，"长颈鹿的脖子""大象的鼻子"等都是用拉伸技巧完成的。

（7）分泥：用目测的方法，将大块的泥，按物体的比例，分成若干小块来准备塑造的技巧。

知识链接

幼儿园泥工材料

（二）幼儿园纸工活动

幼儿园纸工活动是以不同性质的纸为材料进行的游戏造型活动，涉及撕、剪、折、粘、卷、拼、贴等多种技巧。

1. 纸工活动的材料与工具

1）纸工活动的材料

幼儿纸工活动的用纸范围很广，包括皱纹纸、宣纸、彩色卡纸、复印纸、瓦楞纸、包装纸等，以及专供幼儿折纸用的手工纸、废旧画报、挂历、报纸等。在使用中要根据不同内容来选择合适的纸材，如剪纸需要较薄的纸，染纸需要吸水性强的纸，折纸需要既薄又有韧性的纸。

2）纸工活动的工具

纸工活动较常用的工具有剪刀、胶水（双面胶、固体胶）、颜料等。熟悉它们的技巧是开展纸工活动的基础。

2. 纸工活动的基本技巧

1）折纸手工

折纸是一种传统的幼儿手工游戏，幼儿在折纸活动中获得想象力、创造力等多种心智的成长，通过折纸有助于幼儿树立几何和数理的观念，养成耐心、细致、按顺序工作的好习惯。经常使用的折纸基本类型有对边折、集中一角折、双正方、对角折、四角向中心折、双三角。

教师在折纸活动中，根据幼儿的年龄水平，可以采取步步领折、语言指示折或请幼儿

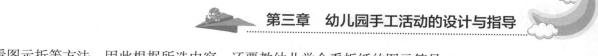

看图示折等方法。因此根据所选内容，还要教幼儿学会看折纸的图示符号。

2）剪纸手工

剪纸活动的技巧主要包括使用剪刀的技巧和折剪中的折叠技巧。幼儿需要反复多次练习，才能熟练使用剪刀，教师可以安排多种简单有趣的内容，帮助幼儿逐渐掌握剪刀张、合的控制，动作协调地进行剪纸。例如，把剪刀当成小鱼，"小鱼张开大嘴巴，吃掉纸上的小虚线"，就能较为形象地帮助幼儿练习剪纸的方法。

中、大班可以通过折叠剪纸的方式增加剪纸的乐趣，增强剪纸的丰富性，如对称剪、圆形纹样剪、三角形纹样剪等。装饰节日时，还可以学习简单的节日拉花、窗花等的折剪。

3）撕纸手工

撕纸活动对于幼儿来说是一项比较放松有趣的手工活动，撕纸的形式一般有自由撕、按轮廓线撕、按折痕线撕、折叠撕等。撕纸作品生动稚拙、粗放夸张，具有独特的美感。

撕纸技巧集中在双手指尖的配合，控制纸张向两个方向用力撕动。需要通过多种题材、经常性的练习与体验技巧才能得到提升。

4）拼贴纸工

拼贴是幼儿将各种纸质材料用胶粘在纸面上，构成有质感画面的手工活动。幼儿拼贴常常处于兴趣，不太考虑构图，却往往有生动的效果，教师不必强求一律，应多给幼儿尝试的空间。纸类拼贴涉及的技巧主要有选择构图、使用胶水、粘贴步骤、保持画面清洁等。可粘贴的纸质材料很广，如彩色皱纹团纸、彩色碎纸、废旧画报纸等。

（三）其他材料手工活动

知识链接

幼儿园非正式手工
教学活动

幼儿园的手工活动除了泥工和纸工活动外，还包括许多利用其他材料进行的手工活动，经常是为了完成某一主题，需要同时使用多种材料和技法进行综合表现。涉及的材料多种多样，自然材料多为石子、树叶、五谷杂粮等；生活废旧材料，如果壳、蛋壳等。只要安全卫生，适合幼儿操作，都可以纳入幼儿的手工活动材料范围。

二、幼儿园手工活动内容的选材

幼儿教师在开展具体的手工活动中，要注意材料、内容的选择既要适合幼儿的兴趣与发展水平，又能体现出美的形式。幼儿园手工活动内容的选择要遵循以下几个原则。

（一）兴趣性

幼儿园手工活动内容应以满足幼儿的兴趣，让幼儿感到快乐为原则。快乐就意味着活动的游戏性，意味着要激发幼儿的兴趣，要选择一些能让幼儿感到有趣的物品材料。幼儿在学习活动中表现为以无意注意为主，他们极易被感兴趣的内容所吸引，往往凭兴趣去认识事物的特点。因此，以怎样的教学内容激发幼儿创作欲望就显得极为重要。所以可根据当地的特色，结合某个年龄段幼儿的特点，选择幼儿身边的、让幼儿感兴趣的某个物品、造型、形象等进行制作。

（二）年龄适宜性

幼儿园手工活动内容要符合幼儿的年龄特点。幼儿的兴趣和需要，并不是源自于我们所提供的任何材料，而是取决于他们自己的内部需求。小、中、大班的幼儿，在其每一个年龄阶段所感兴趣的事物和现象都不同，所表现的兴趣需求也有所不同。

小班幼儿年龄小，处于大肌肉发展阶段，手部动作发展缓慢，其灵活性和协调性发展不均衡，有意注意发展还不稳定，他们往往被事物外在的特征所吸引，对新鲜事物有强烈的好奇心，因而多样化的工具和材料能够引起他们的操作欲望。而中班幼儿，小肌肉动作处在发展的重要时期，是从大肌肉动作到小肌肉动作发展的重要过程，对色彩的认识不断提高，大部分幼儿已开始给大面积的形象或基础涂色，把整个画面渲染得五彩缤纷是他们的乐趣，因而可供加工的多样化的材料能引起幼儿的活动兴趣。对于大班幼儿，小肌肉发展得已经很不错了，认知发展也不断提升，他们能够利用作品来表现自己的内心世界，他们善于组合创造有趣的形象。因此，各种非结构化的材料可供他们进行操作，调动他们的兴趣，引起他们的思考。

针对小、中、大班年龄阶段的特点和幼儿的兴趣点，教师可以为幼儿提供不同难易程度的操作材料。总之，各年龄段的幼儿都需要教师对幼儿的特点进行分析，创造机会和条件，为幼儿准备适合他们的多种物质材料。

（三）多样性

幼儿园手工活动应为幼儿提供多样化的材料。幼儿将物质材料和自己的主观经验加以组合，制作出对幼儿个人来说新颖的作品，幼儿因此获得各种新的知识和经验。幼儿对物质材料有着本能的好奇心和探索欲望。例如，一个废旧的纸盒、一团废旧的毛线等，生活中每件随手可得的物品都会成为幼儿摆弄的对象。幼儿利用废旧物品制作出毛线画、盒子画、布贴画、瓶子创意、立体纸编创意等，教师应为幼儿提供多样化的物质材料，给幼儿提供自由表现的机会，促进幼儿多样化的作品呈现。

‖‖‖‖‖‖‖‖‖　第三节　幼儿园手工活动的组织与指导　‖‖‖‖‖‖‖‖‖

一、幼儿园手工活动组织与指导的原则

幼儿园手工教育活动是操作性很强的活动类型，其内容大多源自幼儿的生活，其终极目标包含了解美术工具和材料的使用方法，同时幼儿的手工作品也要体现出一定的美感和艺术因素。因此，在组织和指导幼儿园的手工活动时应处理好好玩、好看，贴近生活、鼓励创造等方面之间的关系。具体体现在以下几方面原则。

（一）艺术审美性与操作性相结合原则

幼儿园手工活动一定要恰当地处理动手操作与艺术审美之间的关系。一方面要注重满

足幼儿操作需求，一味地要求幼儿、规范甚至强制幼儿的动作是不合实际的；另一方面，在强调幼儿自由操作，鼓励幼儿表现的同时，也要注重表现技能的学习，否则易出现眼高手低的现象，严重影响他们的创作自信和作品质量。为此，要对幼儿的操作进行方法上的指导，学习一些基本的简单的技能，为幼儿的自由表现奠定基础，幼儿才能制作出好的作品。

（二）生活性与游戏性相结合的原则

幼儿园手工教育活动在方式上缺乏游戏成分，内容来源上不够生活化，使手工活动成为单纯的技巧训练，很难满足《纲要》中提出的重视"幼儿在活动过程中的情感体验和态度"的要求。依靠单纯的技能技巧训练是不能完成美育任务的，因此要突出内容的生活性和操作方式的游戏性。生活和游戏中隐含着大量的审美教育契机，把生活和游戏融入教育活动中，手工教育活动效果才能更好。

（三）表达性与创造性相结合原则

美术活动是幼儿表达与表现的重要形式，是幼儿个性的表达。幼儿的手工制作过程是通过操作各种材料展示、表达自己对周围世界的认识过程。幼儿不同的个性特点、认识方式等会创造出不同的形象特征，因此，美术活动是充满创造力的活动，手工制作同样是促进幼儿创造力发展的重要因素。从操作技能技巧上，幼儿的手工作品不可能像成人的作品那样技术成熟，教师不能以制作技巧的水平高低来衡量作品优劣，要看到即使幼儿的作品不是十分完美，但材料运用丰富、恰当，充满童趣，构思新颖，有创造性，能表现出幼儿自己的想法，教师就应鼓励幼儿大胆进行创作。

 ## 二、幼儿园手工活动基本环节的组织与指导

幼儿园手工活动与绘画活动的组织与指导有许多相似的地方，都要尊重幼儿能力的发展，尊重幼儿的创造与表达，提供适合幼儿水平的表现技巧。手工活动又有其自身的一些特点，它更侧重于对材料性质的体验，对制作技巧与程序的学习，追求较为完整的作品形式。因此，幼儿园手工活动的组织与指导侧重感受与欣赏、讲解与体验、创作与操作、交流与评价4个基本环节。

（一）感受与欣赏

手工活动是通过对各种材料的加工，制作出富有美感的物品的过程，所以活动前，教师出示的范例或作品一定要生动有趣，能激发幼儿主动感受与欣赏的兴趣，调动幼儿主动参与制作的积极性。另外，教师要采用生动的导入方式，如谈话法、故事法、情境法等，让幼儿在兴趣中产生创作的欲望。例如，制作"望远镜"，我们就先进行了《小小侦察兵》的游戏，让幼儿先学侦察兵观察敌情，继而发现"望远镜"，接着观察范例，观察是用什么材料制作的，再思考用什么办法，才能让材料做成成品。通过这样的共同探讨，幼儿很顺利地掌握了用纸卷成圆筒的要领。幼儿在接下来的制作过程中也非常的活跃。

此外，要使幼儿对手工活动感兴趣，重要的是激发其兴趣，还应让幼儿有充分的感

受与欣赏的环境、机会和作品。为幼儿营造丰富的物质和愉悦的精神环境，有利于培养幼儿的审美情趣。为了让幼儿感受各种手工作品的美与趣，教师可以收集一些较有吸引力的纸贴画、利用废旧材料制作的环保作品、折纸剪纸作品等，张贴悬挂在教室里、走廊里、区角里，在幼儿身边充满着美的作品和事物，加强了幼儿对美的视觉感受，激发幼儿主动去欣赏、去感受、去发现，可大大提高幼儿对手工活动的兴趣。与此同时，教师为幼儿提供充足、丰富的手工材料满足幼儿动手操作的需要，并给幼儿充足的时间，尊重幼儿的动手权、发言权、作品权，为幼儿营造安全自由、宽容理解、鼓励支持的精神环境。

知识拓展

神奇的活动区

为了给幼儿创设具有吸引力的区角，教师用丰富的材料装饰环境，如用红色的纸贴出漂亮的花，用绿色的纸贴出可爱的小青蛙，用五颜六色的纸折出许多鱼，用小果冻盒制作了成串的风铃，用胶带纸芯制作成拨浪鼓等。当孩子们走进活动室时，注意力一下子就被深深吸引，情不自禁地大叫起来："哇！真好看！啊！真漂亮！"他们会用小手去触摸，去玩，"你看！是卷筒纸的芯做的"，"还有果冻盒"，哇！原来没有用的废旧材料也能做成很美丽的作品。还有幼儿说："要是我能做出这么好看的东西，该多好啊！"显然他们是喜欢这些作品的。教师创设的丰富的环境引发了幼儿动手制作的愿望。

（二）讲解与体验

手工活动，特别是折纸等需要有序地进行操作，教师的讲解示范非常重要，要清楚到位。教师的示范讲解要根据幼儿的反应来控制，对于较难的环节要用幼儿能够理解的语言进行讲解，操作环节要让每个幼儿都看得清楚明白，有些重复的方法可以让幼儿自己来尝试，再根据他们的问题进一步讲解演示。尤其是大班的幼儿，教师平时可在美工区贴放一些折纸步骤图，培养幼儿观察和空间思维想象能力，让幼儿根据图示先自己尝试折一折。只有掌握了一定的技能，积累了一定的感性经验，再经过教师的启发和指点，他们才能插上想象的翅膀，让头脑中的形象尽自己的能力在手中展现出来。

教师在讲解技能环节时，应从简到难，注重循序渐进。可通过图示讲解法逐步进行讲解，有利于幼儿理解。同时应留给幼儿充足的思考、判断及自我体验、操作的时间，放手让幼儿自己动手操作，不越俎代庖；同时为了帮助幼儿理解和掌握，教师可运用游戏法，将技能的学习和练习融入游戏情境中，不仅能更好地调动幼儿的积极性，也更容易习得手工中的基本技能。

案例链接

从简到难的剪刀游戏

幼儿对剪刀的使用是在逐步练习中熟练起来的，于是，教师从简到难，设计了一系列剪刀游戏活动，来锻炼幼儿使用剪刀的能力。

雪花飘啊飘：随意将废旧报纸剪成碎片，越小越好，制作小雪花，玩雪花飘飘的游戏。

彩条变魔术：将各色美工纸剪成长条，剪完一张后摆起来，用图钉钉在展示栏上，随意转动，可制作成花朵、扇子、飞机等，练习随意剪直线。

剪不断的花花纸：有控制地剪直线。从纸的一边向另一边剪，并不剪断，重复多次，制作成门帘、窗帘等。

小蛇向前爬：分为逆时针和顺时针方向，螺旋线之间的距离有长有短。学习螺旋线的剪法，训练幼儿手的控制能力。

我的贴画书：将废旧的报纸、广告、书刊的图画剪下，粘贴在相同规格的纸上，装订成册，自制贴画小人书。

（三）创作与操作

幼儿园手工活动鼓励幼儿独自操作、独立创作，但也需要得到教师耐心的帮助和支持。因为手工活动涉及许多的技能及方法的问题，所以在活动中幼儿需要得到更多的指导和帮助，特别是一些细节的处理对他们来说比较困难，这时教师的指导就非常的重要。而且在个别指导过程中，小范围内其实又做了一次方法示范，周围的幼儿又等于接触到了一次方法的教学，对于很难完成的技能技巧，教师要及时进行调整，降低难度与要求，使多数幼儿能顺利地完成操作，体验成功的快乐。在此环节中，教师应给足幼儿创作时间，鼓励大胆创新。同时要注重幼儿的个体差异，因为他们对手工活动技巧的掌握也有所不同，所以教师在鼓励幼儿创作和操作时，要根据幼儿的自身发展特点，因人而异，由浅入深、由易到难，循序渐进地提出新要求，使每个幼儿都能获得不同程度的制作手工作品的技能。幼儿只有掌握了一定的技能，积累了一定的感性经验，再经过教师的启发和指点，他们便能插上想象的翅膀，让头脑中的童话世界尽自己的能力在手下展现出来。

（四）交流与评价

教师在幼儿完成手工作品后，应重视幼儿手工作品的展示，使之在欣赏交流中共同提高。实际活动中教师往往在幼儿完成操作活动时，就认为幼儿已经完成了任务，达到了教育目标，而忽视了展示、交流与分享环节的重要作用。

在展示交流活动环节中，教师要鼓励幼儿充分展示自己的作品并给同伴讲解，通过进行个性化的表达，使幼儿能够分享成果，共同进步。在分享过程中，不仅提高了幼儿活动兴趣，而且幼儿之间通过交流，还会发现同一主题的内容可以用不同的制作材料和方法来完成。这不仅可以使幼儿感受到其他小朋友的创作，也能够活跃幼儿的思维，促进幼儿的想象。

同时教师也应充分尊重幼儿的想法和幼儿的个体差异，接纳每位幼儿的作品。作品对于幼儿自己来说意义重大，是他们努力创造的结果，教师对于幼儿作品的重视，也正是对幼儿能力的肯定。教师在评价幼儿的作品时，不能以制作技巧的水平高低来衡量作品的优劣，要看到即使其制作还不十分完美，但只要构思新颖，有创造性，材料运用丰富、恰当，作品能表现出幼儿自己的想法，那就应该肯定幼儿的作品，鼓励幼儿的创作过程。那种以制作技能水平高低为规范来衡量幼儿的手工作品水平的做法是不妥的。

此外，教师还应通过多元的展示方式将每位幼儿作品陈列出来。例如，放在活动室作为玩教具使用、作为艺术品装饰幼儿园的环境，作为礼物送给朋友或者亲人等。总之，要使幼儿的努力与创造体现出相应的价值，产生成就感。例如，在主题为"有用的羽毛球"的美工活动中，有的孩子用羽毛球做出了美丽的"孔雀"，有的孩子用羽毛球做出了"蝙蝠"。教师组织幼儿把自己的想法、做法和同伴们交流。通过交流，幼儿不仅在制作技能、制作策略上有了借鉴和提高，更多的是感受到了成功的喜悦和快乐。

技能实践

一次，教师让幼儿制作一幅剪贴画《小青虫》的手工作品，并让他们将自己的作品贴在墙面上，看看谁的最好看，结果有幼儿发现了，"老师，他的小青虫有好几条""她的小青虫身上穿裙子了""他的小青虫还戴眼镜呢，我也要再贴一些"……

面对这种情况，你会怎么回应幼儿。

‖‖‖ 第四节　幼儿园手工活动设计与组织的案例及评析 ‖‖‖

一、小班手工活动设计与组织的案例及评析

小班手工活动：小小棒棒糖

设计思路

根据小班幼儿认知的特点，这阶段的幼儿认知活动基本上是在行动过程中进行的。有意注意水平低下，幼儿观察的目的性较差，缺乏顺序性和细致性，不会有意识地识记某些事物，只有那些形象鲜明、具体生动、喜闻乐见能引起强烈情绪的事物才易记住。所以教师想到了棒棒糖。教师深信幼儿只要听到"棒棒糖"这3个字，几乎都会把眼睛瞪得大大的。因此，设计本手工活动为制作模拟棒棒糖，不仅在认识颜色、发展小手精细动作、锻炼肢体协调能力方面对幼儿有帮助，而且深得小班幼儿的喜爱。

活动目标

1. 了解棒棒糖的颜色、形状等基本特点。

2. 能两手较协调地揉搓橡皮泥，学习用团圆（压扁）的方法制作棒棒糖。

3. 欣赏自己与同伴的作品，体验成功的快乐。

活动准备

各色棒棒糖若干、橡皮泥若干、各色吸管若干。

活动过程

一、猜一猜，激起幼儿学习兴趣

师：看，老师的口袋鼓鼓的，里面会是什么呢？小朋友们猜一猜。听，还有声音呢？到底是什么呢？（教师请幼儿去摸一摸口袋）（糖）

师：是什么糖？（棒棒糖）

二、观察棒棒糖的外形，了解棒棒糖的基本特点

师：老师手里的棒棒糖是什么样子的？

（引导幼儿连贯描述：棒棒糖有很多种颜色，上面一颗糖果是圆圆的，下面的棒棒是长长的，老师还给它编了一个顺口溜：圆圆的（扁扁的）糖，安根小尾巴就变成棒棒糖。）

三、制作棒棒糖

1. 教师示范制作棒棒糖

先选择自己喜欢的颜色的橡皮泥放在手里，两手对在一起揉一揉、搓一搓，轻轻地搓成一个圆形小球，教师给它安一个漂亮的小尾巴，这样就变成了一个漂亮的棒棒糖，教师很开心。现在请小朋友们也动手做一做，在动手之前教师要说下游戏规则。

（1）做手工时小嘴巴不能发出声音，要安安静静的。

（2）不能抢别人手里的东西，要小心地搓不能掉在地上了。

2. 幼儿进行操作，教师进行个别指导

提醒幼儿橡皮泥要放在手心里，两手在一起揉一揉、搓一搓，要轻轻地搓成一个圆形的球。现在请小朋友把做好的棒棒糖举起来，看看和老师的是不是一样，你们的没有小尾巴，现在老师给每个小朋友发一根小尾巴，小朋友自己把小尾巴安在上面。

四、小小棒棒糖展览会

教师请几个小朋友把作品拿上来欣赏一下，小朋友们看看他们做得是不是很漂亮呀！哦，教师觉得小朋友们的小手今天真能干，做的棒棒糖都很棒。

活动评析

（1）选材符合小班幼儿的年龄特点。小班幼儿的兴趣还很不稳定，主要受事物外在特征的影响，颜色鲜艳、形象新颖的物体容易引起幼儿关注，而且小班幼儿参加活动的情绪性较强，棒棒糖既是受幼儿喜爱的事物，颜色鲜艳，又容易引起幼儿的注意，活动内容选择较合适。同时，从幼儿能力发展的角度分析，用橡皮泥制作棒棒糖的过程涉及的主要技能是团圆和压扁，加之教师事先准备好了各种小棒，并不需要幼儿自

己搓长制作棒棍，这也降低了粘接的难度，幼儿能够完成棒棒糖的制作。因此，这一主题设计比较符合小班幼儿的年龄特点。

（2）活动目标注重了情感目标、认知目标、能力目标3个维度的整合，目标定位较明确，操作性强。同时活动准备也是为实现目标而服务的。

（3）活动过程流程清晰，从导入—教师示范—交代规则—幼儿操作—分享作品几个环节基本体现了手工活动的主要环节。但在处理每个环节过程中存在几个问题，主要体现在活动生动性、趣味性少了些，教师调控行为多了些，过于凸显以教师为主体。具体情况及调整建议如下。

①导入环节：教师采用猜一猜的形式引出棒棒糖的主题，调动幼儿的兴趣。小班幼儿的年龄特点是思维具有很强的情境性，教师可以通过讲故事或者是做游戏的形式引出主题，更能引起幼儿的活动性。

②教师示范环节：需要一步一步讲解清楚，并且教师编好了制作口诀，可以在示范的过程中运用起来，加深幼儿的印象。同时，教师可以引导幼儿了解既有圆圆的棒棒糖，也有扁扁的棒棒糖。

③交代规则环节：由于小班幼儿的规则意识比较薄弱，教师可以先请个别幼儿示范操作，一是可加强幼儿对规则的认知；二是可强化幼儿掌握操作步骤。

④幼儿操作环节：教师进行个别指导，需要给予幼儿宽松、自由的氛围，让幼儿在自身对糖果认知的基础上自由操作，有些幼儿的糖是圆的、有些是方的、有些是扁扁的，教师鼓励幼儿大胆操作。在安装小棒的时候，根据幼儿的能力差异，注意对幼儿进行个别帮助。

⑤分享作品环节：案例中教师有点急促，通过语言询问心情及交代和其他幼儿分享结束，没有达到情感的升华。在这一环节中，教师可以先展览幼儿制作的棒棒糖，并请个别幼儿说一说自己是怎么做的，让小朋友们互相欣赏作品，同时感受到各种各样的棒棒糖。然后，教师可以鼓励幼儿和自己的好朋友一起分享棒棒糖，并鼓励他们在美工区继续制作他们喜欢的棒棒糖。

二、中班手工活动设计与组织的案例及评析

中班手工活动：夏天的服装

设计思路

夏季，幼儿都换上了夏天轻便、透气的服装，女孩子们都喜欢比较谁的裙子漂亮，她们对夏天的衣服产生了兴趣。因此，设计本活动，组织幼儿自己利用身边的废旧材料设计喜欢的服装，既能使他们感受到生活中美的事物，也能体验到变废为宝创造的乐趣。

活动目标

1. 了解夏季服装的特征，感知夏季服装的美。
2. 能利用不同的废用材料设计制作自己喜欢的夏季服装。
3. 能大胆动手操作，体验创作的乐趣。

活动准备

1. 关于幼儿服装的录像。
2. 适合幼儿穿的春夏秋冬服装、衣架许多。
3. 幼儿制作服装的各种材料：报纸、垃圾袋、皱纹纸、一次性台布、即时贴等，各种饰品若干。
4. 音乐磁带。

活动过程

一、观看录像，提问导入

师：小朋友们，现在是什么季节？（夏天）小朋友们喜欢夏天吗？夏天的衣服有什么特点？请小朋友们带着老师的问题看一段录像。

二、感知夏季服装的特征

（1）师：小朋友们，今天老师给你们带来了许多衣服。可是这些衣服里有冬天的，也有春秋的，你们能不能帮老师把夏天的衣服找出来？请你们每人找一件夏天的衣服。

（2）师：现在请小朋友来介绍一下你找到的夏天衣服。说一说，你找到的是什么衣服？为什么说这件衣服是夏天的衣服？

（3）教师设疑：我今天身上穿的长袖衣服是不是夏天衣服？请幼儿讨论并说出理由。

师：我这件衣服虽然是长袖的，但是它很薄，穿在身上也很凉爽，也是夏天衣服。

（4）教师小结：夏季的衣服都有一个特点就是都是薄薄的、轻轻的，穿在身上很凉爽的，也很漂亮的。

三、设计夏季服装

（1）师：这么凉快又好看的夏天衣服，你们想不想也来设计一件？（想）那现在请小朋友们讨论一下，应该怎样设计才能又快又漂亮地完成？（幼儿讨论、交流）

（2）师：小朋友们想出来很多办法，都很好。现在请你们去找好朋友，3人一组一起去做夏天衣服。老师在桌子上准备了各种材料，你们需要什么自己去挑选。我看哪一组把夏天衣服做得又快又漂亮。

（3）幼儿设计制作。教师巡回指导。

（4）请幼儿代表介绍自己组设计的夏季服装。

师：请每组选一个代表介绍一下自己设计的夏天衣服。

四、小小时装秀表演

（1）师：你们设计制作的夏天衣服都很漂亮，你们想不想展示一下？（想）好，那咱们就来个时装秀表演吧！

（2）让幼儿将自己设计的衣服穿上，播放磁带，感受热闹的氛围。幼儿表演。

（3）音乐停，师：小朋友们表演的太棒了，回家的时候和你们的爸爸妈妈一起设计一件漂亮的夏天服装好吗？今天的夏季时装秀表演成功结束。

活动评析

（1）活动内容符合幼儿的年龄特点。中班幼儿具有好奇好问、活泼好动的性格特点，他们的兴趣逐渐广泛，对身边的事物特别关注，而且喜欢动手操作，教师抓住换季服装发生的变化，开展手工制作活动"夏天的服装"，能很好地满足幼儿动手操作的需求。同时，中班幼儿的手工制作、认知能力、想象力等各方面也逐步发展，此创造性主题设计比较符合中班幼儿的年龄特点。

（2）活动过程分成4个基本环节，且每个环节之间层层递进，都是围绕着活动目标展开的。4个环节都注重了幼儿的直接感知、实际操作的学习方式。例如，感知夏季服装特点的环节，强调幼儿要通过感受欣赏、观察发现夏季服装的造型、色彩、图案等外在形象特点，这些认知经验的丰富为幼儿的创作提供引导。教师还引导幼儿感知事先准备好的材料的特质，如皱纹纸、报纸、台布等，它们具有怎样的功能，引导幼儿发现它们在设计服装时用处有很多。

（3）分组创作的方法利于每个幼儿的主动参与。第三个环节教师采用了讨论方法—动手制作—介绍作品的形式，让幼儿以分组的形式进行创作，有利于培养幼儿合作意识和能力，同时养成幼儿带着思维进行操作的良好习惯，学会做事有序性，同时也兼顾了对个别幼儿的关注和指导。但是在整个过程中，教师的语言提示始终强调"快"，这在时间上没有允许幼儿自由发挥。

（4）交流分享环节让幼儿体验了成功的喜悦。教师请小组代表介绍自己的作品，既可以达到小组间对同伴作品的欣赏及制作经验的拓展，又进一步强化了幼儿对自己作品的肯定。在最后一个时装秀的环节，把幼儿的情感推向了高潮，通过试穿自己设计的服装进行时装秀表演，既符合幼儿喜欢活动的特点，又能更进一步让幼儿体验到活动的乐趣，产生自豪感。

三、大班手工活动设计与组织的案例及评析

大班手工活动：漂亮的瓶子

设计思路

孩子进入大班后，更多的方面是培养他们成为社会人，让他们了解社会，关心社会，尤其是一些社会热点问题。例如，环保中废物的利用，让孩子在了解环保的过程中，也体会着一种关心社会的责任，并把这种责任心的培养作为大班教育目标。通过与孩子一起收集生活中一些无用的瓶子，孩子们可以通过动眼、动脑、动手的过程把自己的探索欲望、创造欲望淋漓尽致地表现出来，装饰出来的瓶子还具有装饰价值，用它装饰教室不仅让孩子们时时感到快乐，还可以处处体验到创造美的存在。

活动目标

1.知道生活中很多废旧物品可以循环再利用，变废为宝。

2.能运用各种材料和方法，对瓶子进行装饰。

3.体验变废为宝的乐趣，喜欢在生活中进行创造。

活动准备

各种瓶子若干、橡皮泥、毛线、各种纸等若干、已装饰好的瓶子一个。

活动过程

一、展示瓶子：各种各样的瓶子

（1）教师在收拾房间的时候发现好多这样用过的瓶子，并想用这些瓶子装饰活动室，想一想，怎样让这些瓶子变成装饰品呢？

（2）幼儿讨论，讨论出用橡皮泥装饰玻璃瓶子。

二、出示教师用橡皮泥装饰的瓶子

（1）幼儿观察，并根据已有经验探索装饰的方法。

（2）教师总结幼儿探索的方法，给予鼓励和肯定。

根据幼儿实际操作水平，重点讲解操作过程中：搓、团、捏、印的技能。

三、幼儿动手装饰，教师巡回指导

（1）鼓励幼儿大胆创作。

（2）启发幼儿装饰要有新意，和别人的不一样。

四、作品赏析

（1）向同伴介绍自己的作品。

（2）请幼儿找出自己最喜欢的作品并请作者介绍。

活动评析

1.活动内容符合大班幼儿的年龄特点，源于幼儿生活

大班幼儿的情感体验日益深刻，他们对变废为宝的感知不仅仅是停留在好奇、好玩及体验动手操作的乐趣，而应该向幼儿渗透更多的变废为宝的价值，即通过自己的努力，能够使废物变宝，创造出美的事物，产生内心的成就感。因此这一主题选择生活中随处可见的废旧瓶子作为挖掘点，调动幼儿动手创造的兴趣，体验创造美的快乐及变废为宝的成就感，符合大班幼儿的年龄特点。

2.活动目标注重情感性和操作性相结合

本次活动的主要目标并不是锻炼幼儿的泥工技能，而在于鼓励幼儿动手操作，变废为宝。同时幼儿在变废为宝过程中体验到的快乐情感源于通过自己的动手、动脑创造出美的事物，进而培养幼儿在生活中的创造性。

3.活动过程分为4个基本环节，环节比较清晰。但每个环节还有调整的空间，使之更凸显幼儿是活动的主体，引发幼儿主动学习。

（1）导入环节：对于大班的幼儿，直接进入主题是可以的，但是经过幼儿的讨论会出现很多种装饰瓶子的方法，而不仅仅是用橡皮泥进行装饰。

（2）教师示范环节：因为教师事先准备好的瓶子是用橡皮泥进行装饰的，在这一过程中，教师应充分引导幼儿感知装饰瓶子的技能，以同伴的身份鼓励幼儿采用自己喜欢的材料和方式装饰瓶子，如"老师喜欢用橡皮泥装饰瓶子，小朋友们也可以用毛线粘在瓶子上或者是绕在瓶子上，用彩笔画喜欢的图案等来装饰你们的瓶子，但是你们要想清楚你们要用哪些材料，怎样装饰你的瓶子？"通过教师的语言描述，拓展幼儿的思维。同时，为了使幼儿的思路更加明确，可以请个别幼儿表述自己的想法，教师进行鼓励肯定。

（3）幼儿创作环节：此环节应是幼儿根据自己的意愿动手创作。不主张教师巡回指导，而应该是建立在观察幼儿操作情况基础上的个别指导，对有需要的幼儿进行语言或者非语言的支持，这一过程重在鼓励幼儿动手，肯定幼儿的作品。

（4）交流与评价环节：此环节教师通过引发幼儿之间进行作品分享，引导幼儿经验拓展，并相互欣赏同伴的作品，教师可以进行最后的小结与点评，表扬幼儿用废旧的瓶子创造出漂亮的装饰品。但在活动的最后，教师应回到主题变废为宝中来，可以为幼儿设计活动延伸，除了本次活动中的废旧瓶子外，生活中还有很多废旧物品是可以变成宝贝的，鼓励幼儿在生活中进行创造。

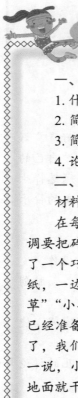

思考与实训

一、思考题

1. 什么是幼儿园手工教育活动。

2. 简要论述幼儿园手工活动各年龄阶段的目标。

3. 简要论述幼儿园手工活动目标撰写的要求有哪些？

4. 论述教师应该怎样指导幼儿园手工教育活动。

二、案例分析

材料：

在每次撕纸活动后，老师都会发现碎纸会被扔得到处都是，不管老师怎样强调要把碎纸扔进纸篓，可孩子们就像没听见一样，依旧是到处扔。于是，老师想了一个巧妙的办法。一次美工活动"撕小草"后，老师引导孩子们看着地上的碎纸，一边看一边问："小朋友们想一想，谁最爱吃草？"孩子们争着回答："牛爱吃草""小羊爱吃草"……于是老师顺手在纸上画了一大一小两只羊，并把它们贴在已经准备好的大纸盒上，"看，山羊妈妈带着它的小羊宝宝来吃草了，它们都饿坏了，我们快把地上的小草喂给它们吃吧，让它们吃得饱饱的好吗？"听老师这么一说，小朋友们赶快把地上的碎纸屑捡起来喂给羊妈妈和羊宝宝吃，不一会儿，地面就干净了。

问题：案例中教师是怎样指导幼儿的撕纸活动的？幼儿在这个撕纸活动中获得了哪些方面的发展呢？

三、章节实训

手工活动说课练习

实训要求

（1）请选择一个年龄班，按要求分组完成某个手工活动的设计。

①确定活动课题。

②选择活动内容。

③准备活动材料。

④完成活动计划的设计

（2）各组推选一位同学进行说课，其他同学补充。

（3）围绕该活动进行研讨，并提出修改意见。

（4）修改并完善各组的活动计划。

第四部分
艺术教育与其他领域的整合

第一章 幼儿园艺术教育与文学教育的整合教育

引入案例

一个孩子在看绘本《彩虹色的花》。

幼：我从来没见过彩虹色的花。

师：这次你看过这本书就见过了，对不对？

幼：我也想要彩虹色的花。

师：你可以到美工区里自己给自己画一朵美丽的彩虹色的花。

问题： 在语言教育活动中，我们经常能接收到来自幼儿充满表达与创作愿望的请求。无论是《指南》还是《纲要》，都对幼儿发展的客观规律及学习方式进行过精准的描述：注重幼儿学习与发展的整体性，注重幼儿学习的各领域间的整合。那么，艺术教育与文学教育应该如何进行相互渗透？当二者整合后，对幼儿的发展又具有何种价值？

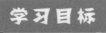

学习目标

1. 了解幼儿园艺术教育与文学教育的发展现状及整合趋势。
2. 理解艺术与文学的内在关系及整合价值。
3. 掌握实施文艺整合活动的基本模式及教学案例设计。

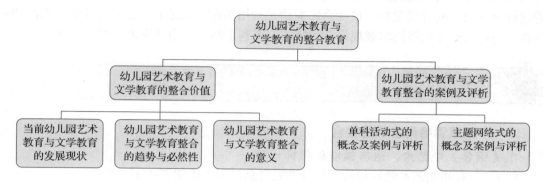

|||||| 第一节　幼儿园艺术教育与文学教育的整合价值 ||||||

一、当前幼儿园艺术教育与文学教育的发展现状

　　文学与艺术作为历史长河中人类精神文明的瑰宝，是人类文化史上不可或缺的部分。同时，在漫长的发展过程中，文学与艺术进化出了不同的形式与载体。文学注重使用语言文字为工具，称为语言艺术。而艺术在塑造形象的过程中，体现出与文学既有融合又有区别的特征。在艺术塑造形象的各种方式中，既有着重运用静止符号的绘画形式，也有着重运用具有时间流动性的动态音符的音乐形式。文学与艺术既紧密相连但又各有侧重的关系，天然为学科的发展提供了相互渗透的机会。

　　其中，文学的重要分支——学前儿童文学，在顺应儿童具体形象的思维特点的过程中，产生了独特的审美特征，包括丰富的幻想与具象化的语言。这与儿童艺术的主要教育功能不谋而合。

　　但是，由于幼儿园分科教学传统的存在，学前教育阶段中对艺术教育与文学教育的渗透关系的实践往往浅尝辄止，甚至产生人为地分隔，主要表现为语言领域活动与艺术领域活动的对立。

　　例如，教师在进行绘本《猴子学样》教学时，请幼儿仔细观察封面并问："小朋友们，你们看到了什么？"幼儿说："猴子的表情特别奇怪！"然后，教师却是切掉了这张图片，说："猴子之间到底发生了什么事呢？请大家认真听听这个故事。"案例中的教师本来可以充分利用绘本画面让幼儿大胆想象，但她对艺术教育与文学教育的整合不够敏感，将教学活动定位为传统的、本质的"语言活动"，而绘本的图片也只是其作为引发兴趣的一种导入工具，忽视了艺术教育与文学教育整合对幼儿发展的作用，实际上切断了幼儿通过艺术的手段感受文学实质精神内核的渠道，导致幼儿只能被动接受教师的提问与回答。

学前教育作为学校教育的重要阶段，如果在此阶段就出现艺术教育与文学教育相互分离的局面，那么其对幼儿的影响将是深远的。因此它不只是会影响某一文学作品，而且随着这种教育局面的持续发展，最终会影响幼儿运用多种方式感受、探究内核的积极性和主动性，而这与幼儿发展的客观规律是相悖的，不利于幼儿全面健康地学习与发展。

二、幼儿园艺术教育与文学教育整合的趋势与必然性

（一）政策倡导两者间的整合

1.《纲要》中艺术、语言领域总目标一致

《纲要》对幼儿艺术领域与语言领域的发展总目标表述如表4-1-1所示。

表4-1-1 《纲要》对幼儿艺术领域与语言领域的发展总目标表述

语言	艺术
1. 喜欢与人谈话、交流。 2. 注意倾听并能理解对方的话。 3. 能清楚地说出自己想说的事。 4. 喜欢听故事、看图书	1. 能初步感受环境、生活和艺术中的美。 2. 喜欢艺术活动，能用自己喜欢的方式大胆地表现自己的感受与体验。 3. 乐于与同伴一起娱乐、表演、创作

通过分析两个领域的主要教育目标可以发现，二者都关注幼儿的情感、态度、技能、能力等方面的发展。在情感态度方面，二者都意在促进幼儿在活动中的积极情感体验与主动的态度；在能力技能方面，二者都注重幼儿对艺术与文学的理解，关注幼儿的表达与表现。

2.《纲要》《指南》中艺术、语言领域的教育内容一致

《纲要》与《指南》中对幼儿艺术领域与语言领域教育内容的表述如表4-1-2所示。

表4-1-2 《纲要》与《指南》中对幼儿艺术领域与语言领域教育内容的表述

艺术	语言
1. 引导幼儿欣赏艺术作品，培养幼儿表现美和创造美的情趣。 2. 指导幼儿利用身边的物品和废旧材料制作各种玩具、工艺装饰品，体验创造的乐趣	1. 引导幼儿接触优秀的学前儿童文学作品，使之感受语言的丰富和优美。 2. 培养幼儿对生活中常见的简单标记和文字符号的兴趣。 3. 利用图书和绘画，引发幼儿对阅读和书写的兴趣，培养前阅读和前书写技能

正如艺术与文学有着天然的联系，艺术领域与语言领域的教育内容也有许多契合点。一是二者都强调要有充分"接触与欣赏"优秀作品的机会，因为优秀作品对幼儿审美具有良好作用；二是强调将教育内容与生活经验结合起来。其中艺术教育主张运用幼儿生活中的物品，语言领域则强调关注其身边常见的文字符号与标记。三是二者都强调丰富的自我表达与自由表现的机会对幼儿艺术、语言表达能力发展的重要性。

值得注意的是，语言领域的教育内容中，出现了"利用图书与绘画，引发幼儿对阅读和书写的兴趣，培养前阅读和前书写技能"的要求，这是对学前教育中艺术领域与语言领域进行整合的充分体现。

艺术教育与文学教育都注重的几个方面：提供幼儿自主感受与创造的机会；提供丰富的艺术与文学作品让幼儿体会艺术与文学的美；注重不同体裁的艺术、文学作品的储备。也就是说，学前儿童艺术教育与学前儿童文学教育，都注重为幼儿提供丰富的、便于感受内在美

《指南》中对艺术、语言领域的教育建议

的作品，都注重为幼儿提供便于表达与表现的环境。这种教育手段上的高度相似，侧面体现出艺术教育与文学教育在学前阶段的整合是有迹可循的。

无论从二者的教育目标、教育内容还是教育手段上，都能看出二者具有一致的地方。首先，对现有的丰富的艺术、文学作品的内在美的感受是二者的共同目标；其次，对幼儿自由表达与表现的情感态度与能力是二者共同的追求；最后，对幼儿想象的启发是二者共同的关注。此外，文学教育与艺术教育的互相渗透也得到体现。

（二）艺术与文学之间存在必然联系

艺术与文学之间存在着紧密的关系。古希腊西蒙尼底斯（Simonides，公元前556—前496年）就说过："画是无声诗，诗是有声画。"意在强调绘画艺术与文学的相通性。著名"学者诗人"闻一多先生提出"新诗创作要做到'三美'——音乐美、绘画美和建筑美"的"三美诗论"，强调艺术在文学创作中的独特作用。在学前教育领域，艺术与文学深层次的联系，将成为教师在各类教育活动中展开艺术教育与文学教育的整合尝试的基础，促进幼儿在整合的课程中更好地进行整体的学习。

1. 表现形式

学前儿童文学具有文学的一般艺术特性，遵循文学创作的一般规律，即通过艺术性语言传递思想。由于学前期幼儿具体形象性思维特点的存在，学前儿童文学的语言必须具有较强的"直感性"[①]。例如，程逸汝所作儿歌《小河和白鹅》，在短短的儿歌中反映出幼儿所能直观感受到的形状、声音、颜色、动物形象，便于幼儿在听到儿歌时迅速调动自己的生活经验，获得儿歌想要表达的童趣的、优美的情感体验。又如，儿歌《宝宝爱冰雪》，整首儿歌采用六字一句，一句四拍，运用短暂的停顿形成了唱念儿歌中的节奏。这些例子体现出学前儿童文学在表达的过程中，为了让幼儿更好地理解文学意象、感受文学情感，多会采用富有艺术性的语言来描绘画面与形成节奏，这就是学前儿童文学的艺术表现形式。

儿歌《小河和白鹅》和《宝宝爱冰雪》

儿童艺术的作品也从不同方面体现出文学性的存在。以幼儿艺术欣赏活动为例，在活动中教师主要提供数量丰富的艺术作品，让幼儿感受艺术作品的审美情趣。而许多的艺术作品本身蕴含着深厚的文学内涵，如儿童歌曲《小孩不小歌》，引用的就是陶行知先生所写的《小孩不小歌》，该作品内容虽然简明，但却生动地表现了陶行知先生作为教育家对儿童心理及教育规律的深刻认知。

---

① 韦玮，李莹，肖育林. 学前儿童文学［M］. 2016.

案例说明

　　在一些具体的教育场景中，可以看到教师进行初步的学前儿童艺术与文学的整合教育。例如，绘本故事《小威向前冲》，这是一个针对幼儿的性知识教育的绘本，绘本本身具有的信息是比较多的。在教学活动中，教师先请幼儿自由地为其他小精子设计泳镜，再抛出与身体内部构造有关的问题，充分激发幼儿的阅读兴趣。在阅读中，教师关注并吸收了绘本关键情节中的艺术插入点，将音乐变成故事情节转折的"标志"，幼儿在听到音乐时自然地接受了剧情的转折，怀着极大的热情参与了小精子们的"比赛"。在活动结束后，教师鼓励幼儿带着自己对作品的理解，参与到《小威向前冲》的表演游戏中去。

知识链接

绘本《小威向前冲》

　　由上述可知，在这些教育场景中，艺术与文学是互相服务的，合理地利用文学的表达形式与艺术作品形成欣赏的"立体氛围"，为幼儿的多感官感受艺术作品提供保证；充分运用艺术的形式与文学作品结合，让艺术的铺垫带动幼儿对故事情节的理解。

　　但是，这种学前儿童艺术与文学的整合更多地依赖作品本身具有一定的文学艺术相融合的特点，这种整合是不稳定的、较偶然的。因此，我们需要更多地探究艺术与文学内在的联系，寻找二者深层次的、稳定的整合方式。

2. 主要特征

　　艺术与文学两者共同的审美性特征与主体性特征实质上反映了两者的内在联系。学前儿童文学及学前儿童艺术的教育对象主要是3~6岁的学龄前儿童，因此二者除了拥有广义的文学与艺术的共同点外，还拥有与教育对象息息相关的一系列共同特征。

　　例如，根据阿·托尔斯泰的童话名篇改编的《拔萝卜》，当我们以文学的目光剖析此作品时，可以发现它作为学前儿童文学具有强烈的直观画面感，符合幼儿现阶段具体形象的思维特点，也带有明显的情感愉悦性，与游戏深层次地结合将为幼儿带来快乐的体验和感受。而当我们用艺术的思维去理解这一作品时，能明显感觉到它作为儿童艺术作品的形象性，并带有鲜明的节奏与音乐性，是不可多得的学前儿童艺术作品。

3. 精神内核

　　文学是语言文字的艺术，是社会文化的一种重要表现形式，是对美的体现。换言之，文学是具有传播美的使命的。而艺术作为加入各种优秀思想而慢慢衍生出的对美的境界的表达，对美的追求是不言而喻的。共同的精神追求成为二者建立深层次联系的动力。文学与艺术都有韵律、节奏、画面等美的追求。

知识链接

文学家与艺术家列举

　　学前儿童文学作为一种以学龄前儿童为主要教育对象的形式，与学前儿童艺术一样承担着对儿童的艺术熏陶、情感陶冶的重要作用，使得学前儿童文学天然就具有带有艺术性质的形式。二者重视作品的内在意蕴、表达表现中独特美学特质的内在动力是一样的[①]，因此，从二者的精神内核与内在动力上来说，这二者存在深刻的必然联系。

案例链接

在美术活动"七彩下雨天"中，教师通过合理利用故事《七彩下雨天》，艺术与文学之美融合的淋漓尽致。活动中，幼儿首先倾听教师对这个故事趣味性的讲述，在一边聆听的过程中一边与教师一起猜测：看到橙色的雨，小女孩会怎么想？看到黄色的雨，会觉得像什么？待听完整个故事，幼儿已经能够产生对各种颜色的基本形象的联想了，这为之后的美术创作提供了一定的前期经验，这就是教师在丰富美术活动的组织形式及经验调动方式时利用文学作品所进行的尝试。

对幼儿而言，无论是故事中的童趣美，还是美术作品中的画面美，都能极大地调动他们参与和体会"七彩雨"这一幻想场景的热情。在后续的创作过程中，教师为幼儿美术创作环节提供了背景音乐《雨的印记》，音乐运用钢琴声营造出一个静谧的下雨场景。故事、绘画与音乐在这个活动中共同描绘着"雨"，艺术的形象及氛围为幼儿的作品创作提供了更多想象的空间。

显然，在文学教育中，仅有语言的教育是不够的，艺术所创设的环境能让幼儿更好地理解文学作品的内在精神。而在艺术活动中，充分获得了文学作品对审美的追求的幼儿能创作出相比平时更加富有内容、充满想象的作品。没有文学底蕴的艺术活动是缺乏思想的；缺少艺术铺垫的文学也是艰涩难以理解的，特别是对幼儿而言。

三、幼儿园艺术教育与文学教育整合的意义

当我们肯定了幼儿艺术教育与文学教育在教育的过程中具有天然的联系，拥有共同的追求，那么，幼儿艺术教育与文学教育整合的意义将成为我们关注的重点。

（一）有助于调动幼儿的多种感官

无论幼儿文学作品以何种形式呈现，幼儿文学教育的前提是其内容应当具有知识性。也就是说，幼儿文学教育作为幼儿对世界认知的重要来源，要为幼儿以文学作品的形式，提供关于认识自我、认识人生、认识社会、认识自然等与幼儿生活经验密切相关的作品内容。在幼儿接受文学教育的过程中，艺术教育的融合能帮助幼儿更好地感受到文学教育中语言的形式美。同时，幼儿具有亲近艺术的天性。在学龄前阶段，音乐的节奏或美术的画面表现出文学语言所不能表现出的审美情趣与内容，这为幼儿理解文学作品的内容提供较为简便的途径。

例如，幼儿诗《摇篮》，当幼儿以单一的途径直接聆听、理解这首诗的内容时，幼

---

① 田珍珍. 幼儿文学作品在教育中的特点解析［J］. 沈阳师范大学教师专业发展学院.

儿能感受到诗中存在的音乐节奏性吗？能在脑海中直接描绘出大海的样子吗？特别是对于没有见过大海的幼儿而言，缺少节奏与画面感的儿童诗，能让幼儿感受到海的壮阔与豪情吗？而当教师有机地将艺术教育融入其中时，与语言节奏契合的音乐将语言描述性的美与音乐的节奏美与韵律美有机结合起来："天蓝蓝，海蓝蓝，小小船儿当摇篮。海是家，浪作伴，白帆带我到处玩。"这时候，幼儿首先就能在富有变化的音乐层次中感受到一韵到底的独特语言趣味；其次，描述性较强的语言又配合着音乐表达的情绪及海洋的艺术作品，在幼儿的脑海中形成强烈的画面，将海天之间的辽阔感，以及诗中孩子热爱大海、探索世界的志向描绘出来。与艺术教育融合的文学教育，是丰富而立体的，这种整合教育深切地遵守了幼儿发展的科学规律，让幼儿也能在立体的教育过程中，充分运用自己的多种感官去感受文学的语言美与精神美。

（二）有助于培养幼儿的丰富情感

《指南》指出，成人应当"通过表情、动作和抑扬顿挫的声音传达书中的情绪情感，让幼儿体会作品的感染力和表现力"。这其实就是艺术教育与文学教育整合的一个注脚。在欣赏文学故事的过程中，通过艺术教育手段的加入，让幼儿在感受音乐的过程中进入故事意境，在观赏画面时感受主角情绪，体会人物的思想情感[1]。

例如，在故事《没有耳朵的兔子》中，没有耳朵的兔子受到同类的嘲笑和欺辱，变得没有自信、不开心。幼儿在没有关于"同伴的嘲笑与欺辱"的生活经验时，仅靠"如果是你，你会不会难过？"的问题，很难产生充分的共情，体会到兔子被嘲笑的难过，进而体会到兔子缺乏自信的理由。教师在讲故事的时候，创意地使用音乐作为阅读的辅助手段，在音乐改变的过程中，幼儿的情感也经历了轻松—低落—转折—温馨—快乐的变化，完全沉浸在音乐所营造的故事氛围中，对故事所要表达的情感更加了解，从饱满的情感变化中感受到这个文学作品的主旨——互相关心、平等待人。

（三）有助于发展幼儿的创造性

幼儿要在阅读中发展想象力与创造力。实际上，艺术教育中富有创造力的部分是幼儿发展创造力的重要途径。在幼儿的艺术创作中，往往有幼儿自身明确的创作意图和创造力发展的幼苗。他们首先要调动自己的生活经验，再进行表达与表现，为自己的作品插上想象的翅膀。艺术教育正是能够通过多种途径调动幼儿的理性经验与感性经验。例如，在故事《爸爸的手鼓》教学过程中，教师让幼儿先感受手鼓的音色，再让幼儿倾听手鼓伴随音乐《喀秋莎》的演奏，让幼儿在感受乐曲的同时走进音乐，体会音乐节奏的有趣和快乐。将故事的氛围与情感运用音乐进行充分铺垫后，再继续故事的讲述。

在获得了感性与理性的丰富认识后，艺术的方式又能为幼儿提供丰富的创造方法。例如，在表演游戏《鼠猫之夜》中，教师在幼儿已经了解故事《鼠猫之夜》的经验前提下，先通过音乐与律动创设了立体的、刺激的氛围，在音乐中通过简单的提问鼓励幼儿一边回忆故事情节一边创编动作，将生活化的经验通过音乐的、动作的方式进行提升，朝着细腻的、富有想象的方向表达。同时，通过音乐不同乐段刻画形象的方法，让幼儿在倾

---

① 方红梅. 听说，故事可以这样讲［M］. 2016.

听中就区分了猫与老鼠的角色质感，让整个表演游戏的过程变得更加自主、富有创造性。可以说，文学教育为艺术的创造注入了必需的经验，而艺术教育则为文学的表达拓宽了渠道。

Ⅲ　第二节　幼儿园艺术教育与文学教育的整合案例及评析　Ⅲ

艺术教育具有多种不同的形式，每种都有自己特定的表现要素。艺术与文学间存在的种种关联为艺术教育与文学教育的整合提供了充分的理论依据和可行性。从组织形式上来说，主要分为单科的渗透与综合的主题网络两种形式。本节将以案例与评析为主要形式来阐述艺术教育与文学教育整合中的一些要点。

 一、单科活动式的概念及案例与评析

（一）基本概念

顾名思义，单科活动是指以艺术领域的教学活动为主，引入文学内容作为感受途径；或者以文学领域的教学活动为主，引入艺术作品作为感受途径的活动组织方式。这种方式的途径相对单一，操作相对简单，在保证本领域活动目标及内容完成度的基础上，可以促进本领域内容与其他领域内容的相互渗透。例如，在音乐欣赏活动中运用故事创设情感氛围，或者是在语言领域活动中运用美术作品唤起幼儿对故事形象的情感。

（二）案例与评析

 案例一

大班美术活动：布涂鸦

活动目标

1. 在听懂故事的基础上理解喜气洋洋、热热闹闹等词语的意思。

2. 在红色的布上大胆地利用点、线进行创造性的表现。

3. 在快乐的玩耍式的涂鸦中激发想象力。

活动准备

红布、白颜料、画笔、音乐。

活动过程

一、导入，引起兴趣

师：村里有一位鼠先生要结婚了，许多小老鼠都来到鼠先生家帮忙，他们要帮助鼠先生一起筹备这场婚礼。看，他们来了！（音乐《喜庆》）

好欢快的音乐啊！你们说说看这是一场怎样的婚礼？

教师在幼儿回答过程中，引导幼儿运用丰富的词汇对婚礼进行描述。

师：鼠先生说，我马上要和鼠小姐结婚啦！我要举行一场热热闹闹、喜气洋洋的婚礼，我们一起来布置婚房吧！

二、讨论

师：村里的老鼠们七嘴八舌地议论着。

我们该怎么布置婚房呢？

幼：我见过我姐姐的婚房，有许多的红色，可喜庆了。

幼：我上次和点点在区域里用我的红围巾装饰了新房。

幼：我们可以在红色的布上画上漂亮的图画……

师：小朋友们真能干，想出了这么多的办法，鼠先生开心极了。

三、欣赏米罗点线画作品

师：鼠先生说我认识一位非常棒的画家叫米罗，他用彩色的点和线画出了非常漂亮的画，我带你们去看看！

（1）幼儿欣赏米罗的画。

师：你喜欢米罗爷爷的画吗？为什么？

（2）引导幼儿从形状、点、线这些方面去欣赏。

四、画点和画线

1. 画点

幼儿围坐在大红布上，教师先画一个大大的点。引导幼儿画点的时候可以大小不一样。

2. 画线

认识一些线条，教师引导幼儿对不同材料呈现的线的形态进行感知，并进行画线尝试。鼓励幼儿有创意的表现。

五、幼儿创作（点宝宝、线宝宝参加老鼠的婚礼高兴地跳起了舞。）

师：老鼠的婚礼邀请了点宝宝和线宝宝，点和线是好朋友，它们高兴地在红地毯上跳起了舞，点连线，线连点，让它们手拉手，跳个舞。这些喜庆的红布上留下了点宝宝和线宝宝的舞步，漂亮极了，我们拿去给老鼠先生布置婚房吧。

六、欣赏评价

把你们布置的婚房跟大家讲一讲吧！

活动评析

1. 整合的内容

本案例中教师通过美术情景游戏的形式让幼儿亲身体验、实际操作这样游戏化的方式激发了幼儿创造的兴趣。案例中创设了村里的老鼠们帮助鼠先生设计婚房的情景，并让幼儿讨论装饰婚房的方法，引导幼儿用好听的词汇说说。在这个过程中，艺术领域与语言领域的活动内容产生了较好的整合。因此，本次整合在不同程度上发展了语言表达能力，让幼儿在美术创造活动中感受创造的乐趣。

2. 整合的目标

三维目标中既有艺术目标的达成又有语言表达目标的达成，而利用点、线在红色的布上大胆地进行创造性的表现是重点目标。

3. 整合的关系

整个教学过程是以情景导入——讨论——创作——欣赏评价的环节，在创作环节采用的是游戏情景——点宝宝和线宝宝在红地毯上跳舞，让幼儿用不同的线与点通过跳舞的形式相连接，用这样的情景激发了幼儿创造的兴趣。

4. 整合的价值

教师设计了一个游戏情景，用这样的情景激发了幼儿创造的兴趣。幼儿很兴奋，积极性很高，思维也很活跃，在不同程度上发展了思维能力和想象力。

（赣州市保育院 活动设计：郭海燕 活动评析：郭海燕 沈凌燕）

 案例二

大班美术活动：下雪天

活动目标

1. 感受雪景的美丽，尝试运用漏勺、面粉和小玩具等材料创作雪后印记作品。

2. 在观察、探索的过程中获得运用新工具和材料进行漏印的基本方法。

3. 喜欢玩"下雪"的游戏，体验创作面粉漏印画带来的无穷乐趣。

活动准备

PPT、透明塑料筐、小漏勺、面粉、黑色 KT 板、各种小玩具。

活动过程

一、欣赏故事

1. 引出活动

师：老师今天带来一本什么绘本故事呢？看（出示 PPT1），你看到了什么？这个小男孩和我们有什么不一样？是什么绘本故事呢？绘本的故事名字就是《下雪天》，这本绘本说的是下雪天里什么有趣的事呢？

2. 讲述故事

讲述绘本 1~9 页。

师：（PPT 2）一个冬天的早晨，彼得醒来，推开窗户，他被眼前的景色惊呆了，哇，窗外一片白茫茫，哦，原来是昨天夜里下了一场鹅毛般的大雪，一眼望去，是白色的路，白色的树，白色的屋顶，到处都被雪盖住了。

（PPT 3）彼得吃完早餐，穿上雨衣，跑到屋子外面，路的两旁雪堆得高高的，只空出一条可以走的路。

（PPT4）师：嘎吱，嘎吱，嘎吱，他的脚印陷进了厚厚的雪地里，咦，雪地里出现了什么呀？（脚印）你们发现脚印的小秘密了吗？这一串串的脚印像什么？（鞭炮、稻穗……）他一下子脚趾朝外走，一下子又脚趾朝内走。

（PPT5）彼得继续往前走，咦，刚刚的脚印怎么变成了两条线呢？他拖着脚慢慢地在地上画线。

（PPT6）突然，他发现雪地里露出了一样东西，哦，是一根树枝！

（PPT7）树枝正好可以用来拍打树上的雪。

（PPT8）啪！雪掉下来了，正好掉在了彼得的头上。

（PPT9）顿时，他有了做雪人的想法，于是，他做了一个微笑的雪人，又做了一个天使。

师：谁知道这个天使是怎么做的？（上下摆动手脚）

师：下雪天好不好玩？下雪的时候还可以玩什么好玩的事？（出示PPT10：打雪仗、滑雪橇、雪地里画画。）

可是这些好玩的事在我们南方却很难玩得到，因为我们这里很少下雪，在北方到了冬天就会下很大的雪，那边的人们就可以经常玩，不过，没关系，今天老师来带你们玩一个下雪游戏。

二、请幼儿观察和学习漏印画的制作方法

1.介绍材料

师：今天，老师带来了一些白白的，像雪一样的，是什么呀？（面粉），还有什么工具？（小漏勺）还有许多的小玩具。我们怎么玩下雪的游戏呢？

看，老师这里把各种玩具在黑板上拼出我喜欢的小天地，接下来，我要干什么呢？看好哦！哇，发生什么事啦？（下雪啦）我们要在小天地上下满厚厚的雪，谁愿意来试一试？

2.手拍面粉

动作要领：一手握漏勺，一手轻轻拍漏勺，边拍边移。

师：小天地上都铺满了白白的雪，太漂亮了！我要是把上面的玩具都移走，会出现什么情况呢？（会出现和玩具一样形状的黑印子）我们一起来看看吧！

3.移走玩具

师：老师的小天地还有一个好听的故事，老师边移玩具，边讲故事。下雪啦，下雪啦，洁白的雪花从天上飘下来，怎么样？（白茫茫的一片真美）呀，什么出现啦？（圣诞树）圣诞树上也挂满了厚厚的雪。瞧，小猴子在干什么？（堆雪人）小猴子堆了一个高高的大雪人，正在和它做游戏呢。再过几天就是圣诞节啦，圣诞老爷爷也在赶着给大家准备礼物呢！

在我的小天地里，故事多多，快乐多多，一会你们的小天地会有什么故事呢？

师：你们已经很着急想玩下雪的游戏了吧？

三、教师交代要求，幼儿操作教师指导

1. 教师交代要求

一会儿请小朋友们找个位置站好，先用玩具拼一个你喜欢的小天地场景，再玩下雪的游戏，等小天地都下满了雪后，就把玩具轻轻提，慢慢移，倒干净面粉，放回篮子里，看看它们的印子。你的作品完成后，这里有你们的姓名牌，到这里找到自己的姓名牌，把它摘下来插到自己作品的右下角，然后请老师给你们的作品拍一张照片就可以了。

2. 幼儿操作，教师巡回指导

播放（PPT10）

四、展示、评价幼儿作品

师：给我们介绍一下你的作品吧！有什么好听的故事吗？

五、活动结束

师：今天我们用漏勺和面粉玩了下雪的游戏，你们开心吗？

彼得在下雪天还玩了什么有趣的事呢？看了这本绘本你就会知道了，你们可以在图书角继续欣赏这本有趣的绘本。

活动评析

1. 整合的内容

本案例是在绘本故事《下雪天》中拓展的一个相互关联的整合教学活动。通过"漏印画"的美术形式，让幼儿来表现所感所想的事物。在欣赏与构思中，教师借用了绘本故事中的场景，去引导幼儿发现绘本故事与美术创作之间的某种提示与关联，从而找到创作的依据，达到让幼儿尝试在创作、制作的过程中，通过选用适合自己的工具材料，发展美术构思与创作能力。此案例属于绘本故事渗透美术领域的单科式整合教学活动。

2. 整合的目标

作为美术活动，我们的重点目标是放在幼儿的作品创作上，幼儿能用漏印画的方法创作出雪后印记的作品，体现了该活动的主要形式。在目标1和目标3中有认识和情感的目标，文学和艺术本是可以相通的，而这两个目标正好体现了两者的相互融合。通过这样一个活动，既让幼儿感受到了绘本故事的趣味性，也让幼儿体验到了美术创作的乐趣，以及获得了一种对美术学习的持久兴趣，激发了幼儿创造精神。

3. 整合的关系

活动开始，教师先利用绘本故事中下雪天里好玩的游戏激发幼儿玩雪的欲望，接着抛出问题：在温暖的南方怎么玩下雪的游戏？而后利用"面粉漏印画"的方式让幼儿进行创作下雪天的场景。幼儿通过先利用小玩具拼出自己喜欢的小天地，再用漏勺和面粉进行漏印画的创作。当移开小玩具后，幼儿都惊喜地看到雪景的美丽。每个人的作品都藏着一个有趣的故事，当幼儿把自己的故事讲述给大家听时，便是文学与艺术的完美结合。

4. 整合的价值

在南方温暖的气候里，怎样开展下雪天的绘本教学？怎样让幼儿感受冬季的特点？通过什么方式可以让幼儿感受下雪天的场景？虽然不能真正让幼儿感受到下雪的真实场景，但教师以绘本故事为引导，"面粉漏印画"为载体，让幼儿形象地看到了下雪天的场景，感受到下雪天带来的乐趣，如图4-1-1所示。多种材料的运用、特殊的艺术形式，创作出的作品促进了幼儿多方面的发展。

图 4-1-1　下雪天

（赣州市保育院　活动设计与活动评析：幸龙妹　张鑫）

二、主题网络式的概念及案例与评析

（一）主题网络式的概念

主题网络式的活动法是幼儿园常用的艺术教育整合方法。它是指围绕主题充分开展各种艺术活动，以激发幼儿创造性地运用各种艺术语言表达自己的感受、体验和理解。主题活动的内容要有内在的联系，可从不同角度切入，按活动线索将相关内容有机整合起来。

（二）主题网络的选择、设计及案例与评析

1. 主题的选择

主题的选择可以从多种角度进行切入。例如，小班文艺（文学艺术简称）整合主题"快乐球宝贝"，一部分选择依据就是幼儿开始了拍皮球的户外活动，在生活中表现出对球的浓厚兴趣。教师以幼儿的兴趣为导向，选择了绘本《黛西的球》并展开了一系列主题活动。又如，大班文艺整合主题"老鼠娶亲"则主要以绘本《老鼠娶新娘》为主题切入点，通过这一文学作品自带的丰富课题资源（艺术、工艺、民俗等）作为主题选取与展开的主要线索。与此相类似的还有中班文艺整合主题"我是彩虹鱼"。一些主题则是以幼儿在单科的活动中表现出的即兴行为为切入点进行选择。

2. 主题网络的设计

应当明确，无论任何领域或整合领域的主题活动，应当以教育主题为核心，以游戏和活动为基本形式。在艺术与文学整合的主题活动中，主题网络的设计应注意贴近与艺术教育和文学教育对应的领域整合目标，在内容的选择上仍以幼儿的年龄特点及兴趣取向作为主要参考依据。同时，注意某一主题内容或次级内容的深度融合与挖掘。

在实际操作中，从主题网络设计开始就应注意到对艺术与文学教育的融合。下面以赣州市保育院小、中、大班主题网络设计图为例，分析主题网络的设计。

小班文艺整合主题"快乐球宝贝"

【主题网络图】

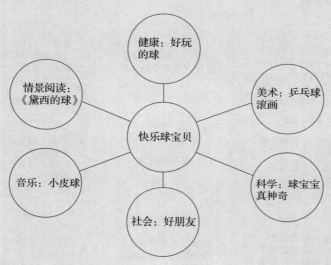

【主题目标】

1. 通过阅读绘本，让幼儿知道虽然有些东西失去了，但只要我们努力还是可以找回的。

2. 体会用球类作画的快乐情绪。

3. 探索球滚动的特性，开展快乐的滚球游戏。

【主题环境】

1. 主题墙以绘本《黛西的球》中的3个主色为基调，展示生活中常见球的图片"球宝大聚会"。

2. 主题墙展示幼儿与家长在家的手工图片"球宝变变变"。

3. 主题墙展示调查问卷"我喜欢的球"。

4. 教室里面的各种吊饰和区域牌都以各种球和圆形来展示。

5. 在区角益智、科学区投放各种有关于球和图形的材料供幼儿进行探索，如"乒乓球找规律""图形变变变""套指环""图形宝宝要回家"等。

6. 美工区投入有三原色让幼儿尽情感受色彩的奇妙之处，提供各种手工材料让幼儿做甜甜圈等。

7. 阅读区投放绘本《黛西的球》和各种球类书籍。

【家园共育】

1. 家长和孩子一起分享阅读绘本《黛西的球》。

2. 家长和孩子一起在家里利用各种球制作手工作品。

3. 家长收集有关球类的和三原色的儿童书籍。

4. 家长和孩子一起在家里玩有关于球的游戏。

中班文艺整合主题"我是彩虹鱼"

【主题网络图】

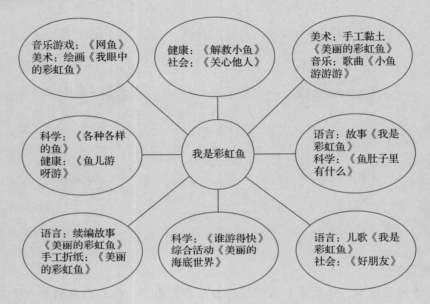

【主题目标】

1. 欣赏理解故事，懂得友谊的珍贵。

2. 知道海洋中有各种各样的形态、大小、颜色不同的鱼，种类繁多。

3. 用自己喜欢的材料装饰鱼片并能利用各种材料制作各种鱼，体验彩虹鱼给我们带来的美感。

4. 在音乐游戏中，学会与伙伴合作，懂得友谊的珍贵，体验与朋友一起分享的幸福。

5. 在情景中学会让幼儿学会与他人交流、感受分享的快乐，培养良好的参与、合作意识。

【主题环境】

1. 整个活动室以海洋风格呈现，活动室中间用透明薄膜用颜料刷成海洋色做成一个个圆柱，幼儿手工作品粘贴在一个个圆柱上。

2. 用防震膜装饰成海底世界，海里有各种材料做的鱼，3 条大鱼将"我认识的鱼""我眼中的彩虹鱼""我知道的海洋生物"构成 3 个小主题板块。

3. 美工岛：提供各类废旧材料、各种辅助工具、画笔等材料，拓印加借形想象，幼儿用折纸的一条条小鱼拼成了一条美丽的大彩虹鱼，用透明塑料瓶涂涂画画、剪剪贴贴装饰成海底世界里的鱼。

4. 美工区与角色区进行联动，用于皮影的制作与皮影戏的表演。

5. 探索岛：我和空气做游戏，小鱼游得快等探索游戏，在小鱼游得快游戏中，我们用透明薄膜做成了圆柱，里面有很多鱼要游上来，让幼儿利用磁铁的特性让小鱼怎样游得快。

6. 快乐书岛：投放与主题相关的图书、关于鱼类的书等，供幼儿自由观看；同时我们让幼儿和家长一起自制图书。

【家园共育】

1. 家长与孩子一起查阅关于"海洋生物"及各种鱼的资料，了解更多关于鱼的知识。

2. 家长和孩子一起自制有关鱼发生的有趣故事的图书。

3. 家长和孩子一起用各种材料制作美丽的鱼，体验彩虹鱼给我们带来的美感。

大班文艺整合主题"老鼠娶亲"

【主题网络图】

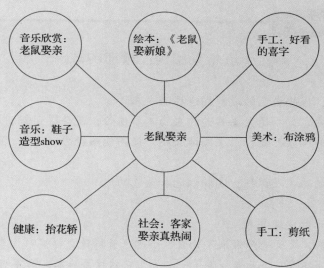

【主题目标】

1. 了解中国传统婚俗；宣扬民族文化。

2. 理解丰富有趣的故事，并感受中国传统艺术的魅力，体会民间文化的美和博，感受到中华民族的想象力。

3. 感受和体验丰富多彩的中国艺术的形式与魅力的美，萌发对中国文化的热爱。

知识链接

《老鼠娶亲》教学中体现文学教育与艺术教育整合的做法

【主题环境】

1. 主题墙以 KT 板和毛线、废旧易拉罐为主要材料，以剪纸的形式展现老鼠娶亲的场面，并留有 3 个板块介绍中国婚俗，画面夸张形象生动。

2. 表演区：教师提供轿子、乐器、头饰、服装等辅助材料，搭建一个气氛浓厚的

舞台。

3.建构区：搭建出立体城堡的形状，提供具有地方特色各知名建筑的图片，自制中国特色花纹的纸盒砖块、地砖。

【家园共育】

1.家长与孩子共同了解"客家"的主要嫁娶风俗。

2.家长与孩子共同了解我国有名的民族乐器。

3.家长与孩子共同探寻"剪纸"艺术的历史，并在家尝试一次剪纸。

（三）案例与评析

主题的选择、主题网络的设计最终要落到教学活动的设计上来。目前而言，集体教学活动在主题活动的实施中仍然占有重要的地位，对集体教学活动进行合理的设计将对主题活动的展开有重要作用。

 案例一

小班情景阅读：黛西的球

活动目标

1.观察画面，根据自己的理解描述画面内容。

2.理解故事内容，知道失去心爱的东西不要伤心，还会得到新朋友。

3.养成良好的阅读习惯，产生阅读兴趣，提高读图能力。

活动准备

绘本《黛西的球》及课件，实物红色和蓝色的球。

活动过程

一、教师出示红皮球导入

师：小朋友们，今天老师带来了什么？小皮球长得什么样呢？你喜欢球吗？你知道这是谁最喜爱的朋友吗？今天老师带了一本关于它的故事绘本，名字叫《黛西的球》。

二、引导幼儿理解封面

师：你们觉得这球是谁的，谁的名字叫黛西呢？

三、结合PPT分段欣赏故事，理解故事内容

（1）黛西开始有一个心爱的宝贝是什么？

（2）黛西和他的球宝贝做了什么游戏？

（3）黛西遇到了谁，球宝贝不见了，黛西怎么样了？如果你心爱的宝贝不见了，你会怎么样？

（4）后来黛西又得到了什么朋友，他还伤心吗？

四、完整欣赏故事

你们觉得这个故事好听吗？我们一起来跟着黛西和球宝贝一起来听故事吧！

五、教师小结

失去心爱的物品不要太伤心，要学会交新朋友，就会得到更多的快乐。现在就和你的好朋友一起出去做游戏吧！

（赣州市保育院　活动设计：钟芸）

 案例二

美术活动：乒乓球滚画

活动目标

1. 探索控制乒乓球的走向，形成各种漂亮的图案。
2. 促进手部肌肉发展，手眼协调能力得到提高。
3. 对滚画和色彩感兴趣，体验玩色的快乐。

活动准备

鞋盒每人一个，乒乓球每人一个，勺子、颜料、操作盒、抹布。

活动过程

一、出示乒乓球，让幼儿去探索如何去玩

1. 师：今天，老师给你们带来一个好玩的东西，看，你们知道是什么吗？噢，是乒乓球。

2. 师：乒乓球可好玩了，你知道它可以怎么玩吗？（幼儿根据已有经验自由讲述）

3. 师：乒乓球这么好玩，老师给每个小朋友都准备了一个乒乓球，我们就来玩一玩，看看谁玩的方法多。谁来说一说你是怎么玩的？我们一起学一学。

4. 教师小结：乒乓球的玩法有很多，可以弹着玩，可以拍着玩，还可以滚着玩。

二、教师示范滚画过程，并引导幼儿讲述

（1）教师出示滚画作品，引导幼儿观察画面，尝试根据生活经验，讲述乒乓球旅行的故事。

师：今天，我给小朋友带来了一张乒乓球宝宝去旅行的画。看看画上有什么？

师：你觉得这条线像什么？

师：你们说了这么多，那我们来给乒乓球宝宝编个旅行的故事吧。想想乒乓球宝宝会来到哪里旅行？还会来到哪里旅行？它会看到什么？还会看到什么？

教师引导幼儿尝试讲述乒乓球宝宝旅行的故事。例如，一天，乒乓球宝宝来到河边，来到了田野里。它看见了小草，看见了蝴蝶，看见了毛毛虫。慢慢的它走累了，就回家休息了。

（2）教师讲解操作方法。

师：你们喜欢乒乓球宝宝的旅行吗？我们带着乒乓球宝宝去旅行吧。乒乓球宝宝穿的是红颜色的衣服，先用勺子轻轻地将乒乓球宝宝放到盒子里，再两手放两边轻轻拿起盒子，乒乓球宝宝开始旅行了。想想乒乓球宝宝会来到哪里？它会看到什么？

师：我们再带乒乓球宝宝去旅行一次吧。这一次，乒乓球宝宝穿的是蓝颜色的衣服。先用勺子轻轻地将乒乓球宝宝放到盒子里，再两手放两边轻轻拿起盒子，乒乓球宝宝开始旅行了。这一次的旅行和上一次去的地点和看到的东西都不一样。想想乒乓球宝宝这一次会来到哪里旅行？会看什么？

教师引导幼儿讲述与第一次旅行来到不一样的地点和看到不一样的事物。

三、幼儿自由滚画，教师讲解滚画要求及巡回指导幼儿滚画

师：你们想带着乒乓球宝宝去旅行吗？旅行时一定要告诉乒乓球宝宝它来到了哪里，看到了什么？现在我们带着乒乓球宝宝去旅行吧。

教师巡回指导幼儿讲述及滚画，协助能力较弱的孩子。

四、幼儿讲述乒乓球旅行的故事

（1）幼儿自由讲述乒乓球旅行的故事。

师："请已经旅行结束了的小朋友把乒乓球宝宝旅行的故事讲给你的好朋友听听吧。"

先完成的幼儿自由找伙伴相互介绍，教师指导未完成的幼儿。

（2）集体讲述乒乓球旅行的故事。

师：我们的乒乓球宝宝旅行都结束了。谁愿意来说说你的乒乓球宝宝去哪里旅行了，看到了什么？

幼儿讲述时教师引导幼儿，通过观察画面及根据生活经验，讲述乒乓球旅行的故事。

五、展示乒乓球旅行的画

六、活动延伸

师：老师这里还有各种大小不一样的球，它滚起来留下的路线和乒乓球一样吗？为什么？你们去试试吧。

知识链接

音乐活动《小皮球》和健康活动《好玩的球》

（赣州市保育院 活动设计：吴姗）

活动评析

（1）内容丰富，注重文学欣赏和文学创作，体现多领域整合的理念。

小班绘本与艺术整合活动主题《黛西的球》，共有 4 个教学活动，涉及了五大领域，其中语言、音乐、美术、健康较为明确，科学以渗透的方式存在于教学活动当中。因此而覆盖全面，重点突出。由此可见，以绘本为载体的早期阅读是一种整合性的教育活动，它贯穿于各种活动中，与语言教育活动、其他领域教育活动紧密结合起来。

在案例二美术活动《乒乓球滚画》中，幼儿在阅读完一本图书之后，让他们感知球性运用于作画，感兴趣的幼儿在延伸活动中还可制作绘本中角色的头饰进行表演，或者让他们模仿图书的基本结构合作制作出自己的图书，以此来提高幼儿参加阅读活动的兴趣和积极性。

（2）结构层层递进，多通道相互作用，教育活动的经验具有连续性。

音乐《小皮球》，这是一首欢快而与球性非常契合的幼儿歌曲，篇幅短小，语言简单，融入了孩子感知"皮球"的情感。这样一段契合主题的音乐，当我们结合故事的情境画面进行欣赏、示范、提问、学习吟唱时，基本上此时被动的语言模仿而缺乏生气。可当我们将美术活动中制作的成果融入进来，作为形象化教具时，活动的情况就大不一样了。教师在演绎时，行进至谁的面前，谁的图像就贴在背景上，孩子的情绪就被调动起来了，因充满期待而赋予生气，所以兴致勃勃地伴着音乐做着动作，孩子们在轻松地环境下跟随自身的感知进行了形象且加入动作仿编的歌唱活动。

（3）通过形象性地感知，以丰富的场景和环境激发幼儿的想象与创造，帮助幼儿感知情境，符合幼儿年龄发展的需求。

在健康活动《好玩的球》中，教师在创设游戏的情景之后，就要向幼儿提出游戏的规则，在感知的过程中提升幼儿已有的经验。开展游戏感知球性，这时是一种以教师为主导，指导幼儿游戏的过程，在一段时间内，教师在游戏中充当的是主导者，通过语言，直接描述或指出游戏中的角色及所处的环境，如活动中"我们今天和黛西一样来玩球吧"，随着幼儿对球性的体验，给予幼儿观察和熟悉的机会后，展开扩展游戏，在集体活动的同时不乏幼儿出现和故事中"黛西"一样的情况，这时幼儿便能与情境融会贯通，达到处理遇到事情的经验，不但使活动趣味性大大增强，加深对故事的理解，更使得幼儿的社会交往技能得到了积累和提升。

（赣州市保育院　活动设计：吴姗　活动评析：兰天涵）

（四）艺术教育与文学教育融合的环境创设

幼儿园的班级环境创设更是作为一种"隐性课程"，在开发幼儿智力、促进幼儿个性发展等方面具有不可低估的教育作用。在文艺整合的课程中，富有艺术性与文学内涵的环境创设，以及墙面与区域共同主题、相互呼应的环境创设，会为幼儿的学习带来潜移默化的良性影响。例如，大班融合主题《老鼠娶亲》为例，这种融合就体现在整体环境与区域环境的创设中。

（五）整合的有效区域互动

区域活动作为目前幼儿园一日生活中的重要组成部分，能充分促进幼儿的自我学习与发展能力。在进行艺术教育与文学教育的整合过程中，考虑如何通过区域环境的创设与材料的投放、环节的设置来帮助幼儿在个别化学习中获得艺术与文学的整合经验也是十分必要的。下面将从不同年龄段的主题中选取一些例子来进行说明：在区域活动中，如何展开比较有效的文艺整合？

1. 与材料的互动

大班主题《老鼠娶亲》中，根据投放规则，在益智区内投放了许多帮助幼儿认识数、量、形关系和有关时间方面的丰富材料，注重幼儿在游戏与故事情节中积极、主动进行探索，从而获得数和时间等方面的概念。其中，材料"锁锁乐"通过门牌号的提示让幼儿在相应的楼房格子中找到相应钥匙，来打开新房的门。这类活动来源于生活，贯穿于游戏，最后回归于生活，如图4-1-2所示。

图 4-1-2 益智区材料互动

2. 与同伴的互动

小班文艺整合主题"快乐球宝贝"中，教师在角色区创设了与家非常相似的环境氛围，为幼儿提供安全的心理环境，又投放幼儿运用黏土、橡皮泥、泡沫圈、乒乓球等材料做成各种圈类的甜品，与幼儿的生活经验完成充分的契合。在这样的氛围中，幼儿对环境的不安得以消除，在角色游戏中表现出强烈的活跃，更充分地运用自己的生活经验展开与同伴的交往，如图 4-1-3 所示。

图 4-1-3 与同伴的互动

3. 游戏过程的互动

中班文艺整合主题"我是彩虹鱼"中，幼儿在美工区面对丰富的材料和光秃秃的彩虹鱼，幼儿有很多装饰彩虹鱼的想法也都尝试着、操作着，教师在后续分享中启发幼儿思考"什么样的彩虹鱼最好看？"之后开展"彩虹鱼比美"游戏，幼儿在不断为彩虹鱼进行新装扮的游戏过程中，通过一轮又一轮的装饰，完成了手部精细动作的进步、数学排列规律的感受、色彩审美的认知等多种经验的发展。

4. 童话剧舞台的开展

表演游戏天然具有丰富的文学内容与艺术形式，是一种较好的文学教育与艺术教育的整合方式。因此，各班结合自身主题进行文艺整合教育尝试、展开表演游戏并进行舞台剧表演已经经历过较长时间的探索，取得了一定成果。所有的舞台剧主题都来源于幼儿日常的活动主题中，表演的情节产生于日常的区域表演游戏中，在长期的表演、讨论、改动的过程中，幼儿形成了比较丰富的表演经验，能将故事的内容与适当的肢体动作、恰到好处的节奏与音乐结合起来，完成舞台剧的表演。

中班主题活动《彩虹色的花》中，教师就运用音乐绘本剧的形式，通过语言对话、舞蹈表演等艺术表现手法，让每一个孩子在舞台上展示，使得每一个孩子都喜欢参与、进行艺术活动并能大胆表现，舞台剧获得了成功，如图4-1-4所示。

图4-1-4 童话剧《彩虹色的花》

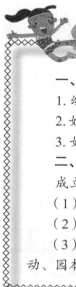

思考与实训

一、思考题

1. 幼儿园文艺整合教育的培养目标是什么？它能促进幼儿哪些方面的发展？

2. 如何将文学教育与艺术教育多个层面的关系运用到实践中，开展教学活动？

3. 如何富有创新性地设计文学教育与艺术教育整合的主题网络的形式？

二、章节实训

成立若干学习小组。

（1）围绕文学与艺术整合的主题，分别设计小、中、大班主题网络图各一个。

（2）设计完成后，围绕主题网络各设计五大领域教案各一篇。

（3）结合题（1）中设计的主题网络图，构思主题相关的环境创设、区角活动、园本节日等方案。

第二章 幼儿园艺术教育与科学教育的整合教育

引入案例

师：齐齐，你画的恐龙怎么是 3 条腿？

幼：因为……因为……

师：我们在科学活动中不是观察了恐龙模型吗，要么是 4 条腿的恐龙，要么是长着翅膀的恐龙，我还没见过 3 条腿的恐龙，上课没好好听讲，是吗？

师：你再看看恐龙的模型，重新画一遍。

幼：我这只恐龙是战斗英雄，恐龙之王，它是跟其他恐龙争夺地盘的时候，受伤了，断了一条腿……

师：哦，原来是这样，你的恐龙真了不起，你想为它做些什么呢？

问题：在幼儿园艺术创作活动中，面对幼儿独特的想象力和创造力，教师是应该保护和鼓励，还是坚持"想象"（需要建立在科学事实的基础上），及时纠正科学上的错误呢？《指南》原则中提出，儿童的发展是一个整体，要注重领域之间、目标之间的相互渗透和整合，促进幼儿身心全面协调发展。在分科教学中，如何打破各领域之间的壁垒，将艺术与科学整合在一起？整合后的价值与意义是什么？

学习目标

1. 了解幼儿园艺术教育与科学教育的封闭现象及整合趋势。
2. 理解艺术与科学的内在关系及整合价值。
3. 掌握实施科艺整合的两种模式及教学案例设计。

知识结构

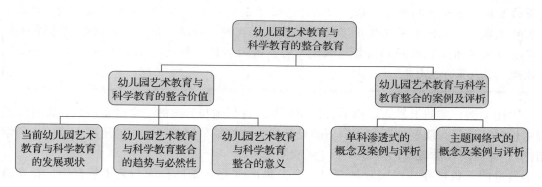

‖‖‖‖　第一节　幼儿园艺术教育与科学教育的整合价值　‖‖‖‖

一、当前幼儿园艺术教育与科学教育的发展现状

　　科学和艺术，是人类创造性把握世界的两种不同方式，是人类文化的"两翼"。从文化角度上看，科学和艺术作为两个不同的学科，逐渐积累并形成了自身特有的一套符号系统、价值观念、知识技能体系和研究范式。这种学科的分化，从一方面来说是人类进步的一种表现，促进了学科的快速发展；但从另一方面来说，却容易导致学科之间不同程度的封闭与分离，严重的还会出现"老死不相往来"的局面。这种状况同样也出现在了幼儿教育中，特别是我国幼儿园分科教育的传统，更加剧了科学教育和艺术教育之间的封闭与分离。从下面这个案例中可见一斑。

案例分析

　　教师为孩子提供了盐、味精各一份，任务是让孩子依次使用盐和味精加入到清水中，探究鸡蛋在水中的沉浮现象。教师问："你们知道鸡蛋在清水里是浮起来的还是沉下去的？"孩子们有的说沉下去，有的说浮上来，究竟谁对呢？大家一起动手实验一下吧。孩子们纷纷把鸡蛋放入水中，"咦，我的鸡蛋沉下去了。"教师："原来，鸡蛋在清水里会沉下去，可以用什么办法能让鸡蛋浮起来呢？"这时小志大声回答道："我在水里放了味精，鸡蛋会浮起来！""怎么可能，只有盐才能让鸡蛋浮起来，你肯定放错了。"小志有些犹豫地说："没错啊，我放的就是味精啊。"教师接着问："你是不是先放了盐，再放了一些味精啊？"小志摸摸脑袋，自言自语地说："为什么味精就不能让鸡蛋浮起来呢,我明明放的就是味精嘛,而且放了很多很多才让鸡蛋浮起来的。"

　　教师此次活动的目的是让孩子通过实验,发现水里加了盐,能使水的密度大于鸡蛋的密度,从而使鸡蛋浮起来。但教师忽略了在水里加入大量的味精也能使鸡蛋浮起来的现象。因此,当小志发现了这个秘密后,教师内心很慌张,因为这个"意外的"实验结果超出了她的知识储备与预设目标,后面的提问就是想把小志的发现"纠正"过来,以免节外生枝。

　　上述案例,实质上暴露了科学教育和艺术教育封闭与分离的一个严重后果,即科学教育中想象被压制,质疑被压制,剩下的只是作为"权威"的教师认可的所谓正确的"科学结论",此时的科学教育已经走入了"死胡同"。

　　黄进博士曾经在一次国际教育研讨会上指出:"在传统的科学与艺术教育中,存在着这样的问题,第一,将科学教育的价值放在首位,忽略艺术教育的价值;第二,将科学教育和艺术教育视为不相干的两个领域,各行其内容和目标;第三,将科学和艺术教育视为知识的灌输和技能的训练,忽略了其中的体验内涵和精神价值。"显然,这种分裂式的教育是很不利于儿童全面发展的。

二、幼儿园艺术教育与科学教育整合的趋势与必然性

(一)《纲要》与《指南》倡导两者间的整合

　　《指南》提出要关注幼儿学习与发展的整体性。各领域之间的整合是幼儿教育的必然趋势,要注重领域之间、目标之间的相互渗透和整合,促进幼儿身心全面协调发展,而不应片面追求某一方面或几方面的发展。

　　1.《纲要》中艺术、科学领域总目标一致

　　《纲要》中艺术领域与科学领域总目标的表述如表4-2-1所示。

表4-2-1　《纲要》中艺术领域与科学领域总目标的表述

艺术	科学
1. 能初步感受并喜爱环境、生活和艺术的美。 2. 喜欢参加艺术活动,并能大胆地表现自己的情感和体验。 3. 能用自己喜欢的方式进行艺术表现活动	1. 对周围的事物、现象感兴趣,有好奇心和求知欲。 2. 能用各种感官,动手、动脑,探究问题。 3. 能用适当的方式表达、交流探索的过程和结果。 4. 能从生活中和游戏中感受事物的数量关系并体验到数学的重要和有趣。 5. 爱护动植物,关心周围环境,亲近大自然,珍惜自然资源,有初步的环保意识

　　从以上目标的表述中可以看出,二者都是为促进幼儿情感、态度、能力、知识、技能等方面的全面发展。幼儿艺术教育与科学教育在情感和态度上的目标都着眼于幼儿对大自然的热爱,对生活的兴趣;在能力的培养上,都重视儿童主动探究和独立大胆地表现;在

知识和技能的掌握上，都强调和幼儿的生活经验、和情感的联系。

2.《纲要》中艺术、科学领域教育内容一致

《纲要》中艺术领域与科学领域教育内容的表述如表4-2-2所示。

表4-2-2　《纲要》中艺术领域与科学领域教育内容的表述

艺术	科学
1.引导幼儿接触周围环境和生活中美好的人、事、物，丰富他们的感性经验和审美情趣，激发他们表现美、创造美的情趣。 2.指导幼儿利用身边的物品或废旧材料制作玩具、手工艺品等来美好自己的生活或开展其他活动	1.引导幼儿对身边常见的事物和现象的特点、变化规律产生兴趣和探究的欲望。 2.从生活或媒体中幼儿熟悉的科技成果入手，引导幼儿感受科学技术对生活的影响，培养他们对科学的兴趣和对科学家的崇敬。 3.在幼儿生活经验的基础上，帮助幼儿了解自然与环境、人类生活的关系

两者教育内容一致，都是对周围生活环境中的事物进行探究和表现。幼儿科学教育通常需要联系幼儿的实际生活进行，将幼儿身边的事物与现象作为科学探索的对象；幼儿艺术教育也是来源于生活，教师引导幼儿接触周围环境和生活中美好的人、事、物，丰富他们的感性经验和审美情趣，激发他们表现美、创造美的情趣。课程内容来源于生活，目的是改变生活。例如，艺术领域中指导幼儿利用身边的物品或废旧材料装饰、美化生活；科学领域探究大自然的奥秘，掌握先进的科学技术改变人类的生活方式等。

3.《指南》中艺术、科学领域教学手段和方法一致

《指南》中艺术领域与科学领域教学手段和方法的表述如表4-2-3所示。

表4-2-3　《指南》中艺术领域与科学领域教学手段和方法的表述

艺术	科学
1.和幼儿一起感受、发现和欣赏自然环境和人文环境中美的事物，发现美的事物特征，感受和欣赏美。 2.提供丰富的便于幼儿取放的材料、工具或物品，支持幼儿进行自主绘画、手工、歌唱、表演等艺术活动。 3.鼓励幼儿在生活中细心观察、体验，为艺术活动积累经验与素材。 4.营造安全的心理氛围，让幼儿敢于并乐于表达表现。 5.尊重幼儿的兴趣和独特感受，理解他们欣赏时的行为	1.带幼儿接触大自然，激发好奇心与探究欲望，在接触自然、生活和事物现象中积累有益的直接经验和感性认识。 2.提供丰富的材料和适宜的工具，支持幼儿在探究的过程中积极动手、动脑，寻找答案或解决问题。 3.鼓励和引导幼儿学习做简单的计划和记录，并与他人交流分享。 4.帮助幼儿回顾自己的探究过程，讨论自己做了什么，怎么做的，结果与计划目标是否一致，分析原因及下一步怎样做等。 5.爱护动植物，关心周围环境，亲近大自然，珍惜自然资源，有初步的环保意识

从上表可以看出，二者在教育手段和方法上，都主张幼儿在大自然中、生活中发现、探索他们感兴趣的事，从而发现美的事物、建构新的经验。同时，在教学方法上均支持幼

儿自由大胆地交流、表现和创造，发展个性与建立自信。两者都主张为幼儿提供丰富的操作材料，使其在观察、体验、动手、动脑等直接感知、亲身体验、实际操作中积累经验，提高解决问题的能力。

通过分析《纲要》与《指南》对艺术领域和科学领域的表述，我们找到了幼儿艺术教育与科学教育融合的基础——从目的、内容、教育手段和方法三方面分析出两者融合的可能性与必然性。这同时也反映了《纲要》和《指南》对两个领域所倡导的核心理念和价值导向——那就是领域之间不是孤立存在的，它们是一个整体，是一个体系中的分支，彼此筋骨相连，它们的融合是一种必然趋势，共同作用于促进幼儿全面和谐发展。

（二）艺术与科学整合存在的必然关系

自科学和艺术成为两个不同的学科以来，其二者之间的关系就一直或隐或现地困扰着许多人，有的人强调它们两者之间的差异，认为"科学探索大自然，而艺术探索人的心灵"（穆斯泰·伽里姆）；有的人却强调它们之间的相通之处，指出"真正的科学和真正的音乐需要同样的思维过程"（爱因斯坦）。然而，在幼儿教育领域，我们更需要的是它们的相通之处。通过找到它的融合点，以指导幼儿教师挖掘其整合后的教育价值，进而更好地开展整合式教学。这里主要从物质层面、心理层面和本质层面，逐层剥离与分析科学和艺术之间相通与互动的关系。

1. 物质层面

艺术与科学物质层面的关系，主要是指科学的新发现、科学方法和知识等对艺术的影响，以及艺术手段、方法等在科学中的应用。例如，说起意大利画家达·芬奇，人们很自然地就会联想到他久负盛名的代表作品《蒙娜丽莎》与《最后的晚餐》。然而，他除了是一名画家外，还集雕塑家、建筑师、音乐家、数学家、工程师、发明家等多重身份于一身。因此达·芬奇是艺术和科学完美结合的杰出代表。也正由于他把人体解剖学和化学颜料实验结果用于油画创作，因此才有了《蒙娜丽莎》"神秘的微笑"和烟雾状"无界渐变着色法"的奇特效果。以上就是从物质层面来探讨达·芬奇身上所体现出的艺术与科学的整合。

知识链接

达·芬奇《蒙娜丽莎》

知识拓展

工艺艺术与科学技术的整合

工艺艺术、建筑艺术不仅仅是科学和技术的载体，更重要的是通过整合的方式将科学与艺术结合起来，即通过艺术的方式将科学技术展示出来，而科学往往是以工艺技术的方式走向与艺术结合之路的。例如，青铜器、陶器、瓷器等工艺艺术（图4-2-1～图4-2-3），通过冶炼技术、高温烧制技术、数学精密测算等科学技术手段进行艺术加工使之成为艺术作品。

图 4-2-1　花瓷瓶

图 4-2-2　铜器《四羊方尊》

图 4-2-3　金字塔

　　在教育教学中，经常可以看到科学和艺术物质层面的融合现象，只是教师没有意识到这是融合的过程。例如，在科学活动中，教师经常会让幼儿把观察到的现象或探究的结论用绘画的方式记录下来；在音乐活动中，教师会把复杂的队形、舞步、节奏型以动作图谱或图形图谱的形式呈现出来，方便幼儿理解与记忆；在科学活动中，当幼儿通过科学探索，了解某一探索对象，如沙子、泥土、电线等物质的特性后，利用这些物质特性开展相应的艺术活动，如用干沙进行沙画创作、用湿沙进行沙雕创作、用泥土进行陶泥创作、用电线进行造型想象，如图 4-2-4 所示。

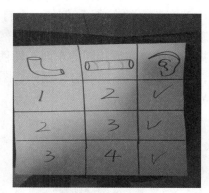

图 4-2-4　科学活动《会说悄悄话的传声筒》

知识链接

《会说悄悄话的传声筒》说课PPT

知识链接

《数青蛙》《鼹鼠和烟花》图谱

知识链接

《数青蛙》

知识链接

《鼹鼠和烟花》

2. 心理层面

亚里士多德认为，物体的运动离不开外力的作用，当推动一个物体运动的外力不再作用于这个物体时，原来运动的物体就会归于静止。这在当时几乎是一个天经地义的真理。但伽利略提出了一个大胆的假设：假想平面和木块绝对光滑，当所有的摩擦力都被我们理想地消除之后，木块就会沿着直线以恒定的速度永远不停地运动下去。从这个想象实验中，伽利略得出了一个极其重要的物理概念，即维持物体的速度并不需要外力，改变物体的速度才需要外力。伽利略这个惊世骇俗的科学论断后来被牛顿采用，并作为他的 3 条运动定律的第一条，即惯性定律，这也就成了经典力学的第一块奠基石。

这个例子至少说明了一点，即科学也需要想象力，想象为科学插上了遨游的翅膀，在一定程度上可以超越现实的规定性，赋予科学理性思维以超越性和灵活性。在艺术活动中，仅有想象、情感、创作也不够，它需要有理性的思维，只有这些要素彼此间相互渗透，情感通过理性的对话才能变得更加深刻。由此可见，科学和艺术内在是能建立心理层面的联系。

3. 本质层面

科学和艺术追求的目标都是真理的普遍性、深刻性、永恒和富有意义。这实质与人们通常所说的真、善、美相通，科学和艺术本质层面的关系主要也是从这个角度而言的。

和谐、节奏、秩序、周期等就是普遍性中的重要内容，这些也是科学和艺术都努力追求与揭示的。例如，在艺术领域中，舞蹈演员的旋转，队列队形的变化，戏剧演员的翻腾，杂技演员的侧旋等，之所以都给人以无穷无尽的美感，是因为他们的运动轨迹是圆或螺旋线。这些运动着的轨迹便形成了千变万化的运动图形，产生一种富有变化和韵律的和谐美。

还有周期美，实质也就是杜威所说的节奏美——"在诗歌、绘画、建筑和音乐存在之前，在自然中就有节奏的存在。"例如，大自然中的潮涨潮落、月圆月缺、四季轮回、春种秋收、冬暖夏凉、脉搏的跳动等，都是自然赋予的浑然天成的节奏美。科学和艺术通过不同的方式揭示与把握实质相同的东西，即秩序、和谐、节奏、周期等，正是在这里，二者殊途同归，最终实现了本质融合。例如，图 4-2-5 所呈现的建筑秩序之美，图 4-2-6 所呈现的自然界的和谐之美。

图 4-2-5　建筑秩序之美

图 4-2-6　自然界的和谐之美

三、幼儿园艺术教育与科学教育整合的意义

（一）有助于丰富幼儿的情感

艺术与科学融合的作者注重幼儿身心的体验过程，能够拓展幼儿的感受力，丰富其内心的情感表达。在整合活动中幼儿不仅发现事物的外在特征，同时对事物产生多重感受。例如，科学活动"我从哪里来"，是儿童对自己生命起源的探索，孩子们都知道"我是从妈妈肚子里来"，那妈妈在生育和养育我们的过程中究竟经历了哪些磨难，付出多少辛苦与汗水呢？这就需要艺术活动注入情感的表达，使得科学活动更加人性化、生动化，我们可以从以下作品中看到孩子们对妈妈"爱"的表达。

3 幅作品是中班孩子用各种废旧纸张撕贴出来的"我的妈妈"。图 4-2-7《生气的妈妈》我们可以看到有眼睛"冒火"的火焰妈妈，在孩子心中，他的妈妈是个爱生气、很凶的妈妈，孩子使用红色的纸装饰妈妈的眼睛、鼻子、嘴巴、衣服和裤子，一位正在生气的妈妈跃然纸上，无比生动形象。当然，妈妈为什么爱生气，是不是自己太调皮了，不听话？应该怎样让妈妈开心起来呢？图 4-2-8《爱臭美的妈妈》，这位妈妈有长长的睫毛、卷卷的头发、微笑迷人的表情、穿着粉红色裤子，可见，在孩子心目中，他的妈妈是一位非常漂亮、温柔的妈妈。图 4-2-9《妈妈长痘痘了》，这幅作品很有意思，妈妈的脸上怎么会有这么多小黑点呢？"我的妈妈不漂亮，脸上有许多小痘痘，妈妈说这是过敏，老师，我想给妈妈买一支美容膏，妈妈用了美容膏，小痘痘就不见了。"瞧，多懂事的孩子啊！

图 4-2-7 生气的妈妈　　　　图 4-2-8 爱臭美的妈妈　　　　图 4-2-9 妈妈长痘痘了

（二）有助于发展幼儿的创造性

在艺术与科学整合的教育中，教师不再用统一的标准和规范的要求束缚儿童，而是鼓励他们用自己独特的方式来表现，这些独特的方式通常携带着儿童自身的情感、经验和个性特征，正是这些多种多样的个性化表现激发了儿童的创造性。当然，儿童的创造力不是先天固有的，它是儿童的先天潜能与后天学习相互碰撞的结果，在艺术化的教育中，儿童的潜能最容易被激发出来，和后天的经验相互碰撞产生新的创造。

例如，小班科学活动《香甜的果树》，孩子们用莲藕拓印出大大小小的圆，变成独一

无二的"莲藕树"，孩子们用撕、贴、搓、揉、粘的方法变出了许多可爱的水果娃娃，仿佛水果娃娃在说话："瞧！我多漂亮，红的、绿的、黄的、紫的，快来尝尝吧，味道酸酸甜甜好极了！"在多样的艺术创作活动中，孩子们发挥各自的想象力与创造力，为理性的科学认知活动注入了情感、创作、表达、交流的元素，不仅丰富了科学的认知，更激发了艺术的情怀，提升了创造能力。图4-2-10和图4-2-11分别是手工作品和美术拓印作品。

图 4-2-10　手工作品"香甜的果树"

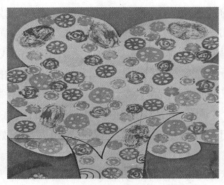
图 4-2-11　美术拓印作品"莲藕树"

（三）有助于发展幼儿的智慧

智慧除了包含智能和智力含义外，还包含一种健全的生活态度、健康的信仰、丰富的情感体验、深刻的思想观念。幼儿虽然尚未具有成熟的智慧，但幼儿期所受的教育和熏陶却直接影响着他们将来能否成为一个智慧的人。

艺术与科学融合教育在注重科学认识的同时，还重视主观感受的价值。艺术是最容易使这两者融合起来的，因而其在幼儿智慧的培养中起着至关重要的作用。艺术与科学融合的教育能促进儿童的感性和理性的平衡，使得他们在认识和把握世界的过程中，不仅有求真的意志，也有求善和求美的追求。

（四）有助于形成幼儿健全的人格

健全的人格是一种"审美型"人格，它追求社会、自然和自我的和谐秩序，追求自我的知、情、意、行的统一。科学性与艺术性相结合，不仅是为了让儿童的行为具有实用性，而且可以让其受到"美"和"善"的调节，进入一个新的境界，从而为他们可持续发展能力的形成打下良好基础。

ⅠⅠⅠ　第二节　幼儿园艺术教育与科学教育的整合案例及评析　ⅠⅠⅠ

幼儿园科学教育和艺术教育之间的整合，没有固定的模式，柳志红老师曾经概括出了幼儿科学教育和艺术教育融合的3种模式，包括单科渗透式、多科并列式和主题网络式。本节围绕单科渗透式及主题网络式，以案例与评析为主要形式展开描述，为广大幼儿教师提供科艺整合实践层面的参考与借鉴。

（一）单科渗透式的概念

单科渗透式整合是指在艺术领域的课程中渗入科学教育的内容，或者在科学领域的课程中渗入艺术教育内容。这种整合模式是在保持单科逻辑结构和知识体系的基础上，充分挖掘它与其他学科领域的核心联系，在完成该领域活动目标基础上，促进艺术思维与科学思维的连接和互动。例如，数学活动中有关分类、排序、形状认知等概念的学习可以和美术结合起来，有关量的概念则可以与诗歌、音乐节奏结合起来。

（二）单科渗透式案例与评析

 案例一

中班美术活动：隐身动物

活动目标

1. 尝试用排水画的艺术形式感知"油水分离"的现象。

2. 初步了解日常生活中"油水分离"的现象。

3. 乐于表达并喜欢探索活动。

活动准备

1. 知识准备：了解几种常见动物的头部特征。

2. 物质准备：森林背景图、水粉颜料（红、绿、蓝）；一次性塑料杯、水粉笔、纸、白色油画棒、白蜡烛、白粉笔每人一份；展板一块、擦手毛巾若干、食用油。

活动过程

一、发现隐身动物

1. 导入活动，引发幼儿的兴趣

师：今天天气真好啊，森林里的小动物们都出来了，它们在玩捉迷藏呢！看看都有谁啊？（幼儿寻找动物，没有发现。）

有一群调皮的动物藏在了这张白纸上，你们想知道它们是谁吗？老师有个好办法，能让它们现身。老师带来了法宝（小刷子和颜料）来让小动物们现身。

2. 刷出小动物的头部，感知小动物的头部特征

（1）小动物们的耳朵刷出来了，圆圆的耳朵会是谁呢？

（分别猜测各种形状的耳朵会是哪种小动物的？）

（2）眼睛又出来了，大大的眼睛是哪个小动物呢？

（分别猜测各种形状的眼睛会是哪种小动物的？）

（3）嘴巴又出来了，弯弯的嘴巴会是谁的呢？

（分别猜测各种形状的嘴巴会是哪种小动物的？）

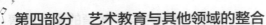

3. 小结

师：小动物们都现身了，你们觉得神奇吗？我选择了这些材料里的一种画了小动物们的头像，再用颜料刷出来的。

二、自主探索，感知"油水分离"的现象

1. 介绍作画材料

师：你们想认识这些神奇的材料吗？我们来看看都有哪些材料？（白色油画棒、白蜡烛、白粉笔）

2. 提出作画要求

师：请你们选其中的一种材料画上你最喜欢的小动物的头像，画好以后再用水粉笔刷上你喜欢的颜色，看看你画的小动物变出来了吗？这里有 3 个标记，表示 3 种不同的材料，你画好以后把你的画贴在你用的这种材料标记的下面。画完以后请小朋友们把材料物归原处。

3. 幼儿作画，教师巡回指导

4. 小结"油水分离"的现象

师：小朋友们刚才尝试的作品，哪些材料能让小动物现身？哪些材料不能让小动物现身？（用白蜡烛、白色油画棒可以让小动物现身、白粉笔不可以现身）因为油画棒、蜡烛含有油分，水粉中含有水分，油水不相溶，所以油水会分离。

三、了解生活中"油水分离"的现象

（1）教师操作"油水分离"实验，幼儿观察感知。

（2）介绍生活中"油水分离"的现象。

活动评析

1. 整合的内容

此案例是通过"排水画"的美术形式让幼儿亲身体验、实际操作，感知生活中常见的"油水分离"的科学现象，属于美术活动渗透科学认知现象的单科渗透式科艺整合教学活动。

2. 整合的目标

三维目标中既有艺术目标的达成又有科学认知目标的达成，而尝试用"排水画"的艺术形式感知"油水分离"的现象是重点目标，体现了艺术创作是该活动的基本形式，不能舍本求末。在情感态度目标中，融合了科艺整合追求的本质层面的关系，就是让孩子有情感的表达，有科学精神的萌发。

3. 整合的关系

整个教学过程是以排水法寻找"隐身动物"为主线，利用"油水分离"的科学知识点作为艺术创作的技术手段，通过幼儿自主作画，探索发现原来使用具有油性的笔画小动物，小动物遇上水就能现身，最后，拓展生活经验，了解生活中油水分离现象。因此，整合的手段是艺术与科学物质层面的融合，但目标 3 所追求的本质层面的融合，并没有很好的达成，缺乏激趣和幼儿的情感表达。

4. 整合的价值

整合的点非常巧妙，"油水分离"的现象如果设计为单纯的科学活动，缺乏趣味性,而且对中班的孩子来说,有些难以理解。以美术活动展现出来,孩子在自由探索、作画的过程中轻松愉悦地感受到"油水分离"的现象,作画期间不乏观察比较、猜测验证,科学素养得到发展,同时又掌握了"排水画"的绘画方法,可谓一举两得。

（南昌市红谷滩红岭幼儿园　活动设计:文蔚漪　活动评析:刘奕）

 案例二

大班音乐欣赏：放风筝

活动目标

1. 感受乐曲的欢快风格,根据 A、B 乐段的变化完整表现放风筝的情景。
2. 观察风筝制作过程的图谱,按照图谱顺序创编放风筝的动作。
3. 体验与同伴合作扮演角色"放风筝"的快乐。

活动准备

1. 音乐《市集》节选、风筝图片,风筝场景布置、扎风筝的步骤图、放风筝的视频。
2. 幼儿有过做风筝和放风筝的经验。

活动过程

一、完整欣赏音乐,感受乐曲的欢快风格

——从前有一位老爷爷特别爱扎风筝,他扎的风筝栩栩如生、造型各异。今天老师带来一段好听的音乐,讲述的就是老爷爷和风筝的故事,请小朋友们仔细听听,说说你听了这段音乐后的感受。

——乐曲前后的音乐都一样吗?哪里不一样了?你觉得欢快的地方老爷爷在做什么?音乐悠扬的时候老爷爷又在干什么呢?最后的音乐声音越来越小、旋律越来越缓慢,又代表什么呢?

二、感受 A 段音乐,根据图谱创编扎风筝的动作

（1）你们都觉得 A 段的音乐是欢快的,随着欢快的音乐我们可以做些什么呢?

（幼儿自由表达）

——哦,原来是我们和老爷爷要一起扎风筝,该怎么扎呢?

（幼儿观察扎风筝的步骤图谱:剪刀×××　扎纸×××　剪刀×××　扎纸×××　蝴蝶风筝×××　小鱼风筝×××　蜈蚣风筝×××　飞龙风筝×××）

——×××代表什么呢?（幼儿寻找规律,表达看法,达成一致意见:代表动作反复了几次。）

（2）幼儿跟着音乐节奏表现扎风筝的过程。

——你还能变出怎样的风筝造型呢?（幼儿创编其他风筝的造型）

三、感受 B 段音乐,初步表现放风筝的情境

（1）回顾已有的放风筝的经验。（教师播放放风筝的视频）

——风筝做好了,老爷爷要准备放风筝了。你们放过风筝吗?你是怎样放的?（风

等线往哪边扯，风筝就往哪边飞。)

（2）倾听音乐，幼儿当风筝，教师当老爷爷，师幼一起坐在座位上随音乐节奏自由模仿风筝向不同方向飞的动态。

四、玩放风筝的游戏，完整表现放风筝的情景

（1）教师当老爷爷，师幼一起玩放风筝游戏。

（2）引导幼儿按节奏飞得有美感，并邀请其示范。

（3）将幼儿分成两组，练习放风筝。

重点练习如何当老爷爷来指挥风筝飞舞。

（4）幼儿两两合作，一人当老爷爷，一人当风筝玩游戏。

师生共同评价：合作得怎样？动作是否优美、是否有节奏、是否看了主人的指挥，如果主人朝前放线，风筝往哪个方向飞？朝后、朝左、朝右呢？幼儿猜想。

五、结束

出示中国龙的图片，引导幼儿如何玩集体合作游戏。

——老爷爷看大家玩得这么开心，又扎了一个风筝，看看是什么风筝（巨龙风筝），你们能把这个大家伙变出来吗？

（1）引导幼儿讨论：如何变成一条龙，如何飞起来。

（2）教师当老爷爷，放飞"中国龙"。

（3）随着音乐声的逐渐消失，收风筝回家。

活动评价

1. 整合的内容

音乐欣赏《放风筝》是在科学活动《潍坊风筝节》之后开展的一个相互关联的单科渗透式科艺整合教学活动。教学设计以音乐《市集》为欣赏对象，通过创设"放风筝"的情景，让幼儿感知音乐的旋律、节奏、乐段、乐句的特点。在感受与欣赏音乐的过程中，教师借用了扎风筝步骤图谱和放风筝的视频，引导幼儿在步骤图和视频中发现与音乐乐句之间存在的某种关系或提示，从而找到创编动作的依据，达到动作与音乐"琴瑟和鸣"的欣赏效果，体现了音乐活动与科学图谱教学形式的融合。

2. 整合的目标

作为音乐欣赏活动重点目标还是要放在对作品音乐元素的把握上，目标1感受乐曲的欢快风格，根据A、B乐段的变化完整表现放风筝的情景，是属于音乐认知和能力目标；目标2观察风筝制作图谱，按照图谱顺序创编放风筝的动作，属于科学学习品质方面的能力目标，包括观察能力、探究能力、解决问题的能力、创造能力等。此目标的整合充分体现了《指南》提倡重视幼儿的学习品质的理念。

3. 整合的关系

学前儿童需要通过更多的直接参与活动来感知音乐、理解音乐和从音乐中获得审美享受。在活动中，教师采用了视听结合、图谱等形式，让幼儿在理解音乐的基础上去创编动作，表达自己的情绪和情感，在愉悦的扎风筝、放风筝、收风筝的情景中感受音乐的美好和欢快的意境。而扎风筝、放风筝、收风筝的情景不仅有美的姿态、美

的享受、美的创造、美的想象，更是遵循了科学的方法和生活实践经验，这就是艺术和科学心理关系层面的融合。

4.整合的意义

廖老师在科学活动《潍坊风筝节》之后设计了音乐欣赏活动《放风筝》，并把在科学活动中建立的扎风筝和放风筝的经验融合在音乐中，帮助幼儿温故而知新，建立新的经验。于是，教师把音乐分为A、B两段，在已有经验的基础上进行艺术再创作、再加工，其中有表演、有创作、有合作、有角色的变化等，多种形式的表现使之富有音乐艺术的想象力与艺术美感。可见，该教师不只在追求单纯的情感发泄，或者停留于音乐作品的元素本身，而是帮助幼儿深刻理解音乐，把情感对象化、客观化、具现化为情景交融的艺术形象，而产生美的艺术。

知识链接

《放风筝》

（南昌市红谷滩红岭幼儿园　活动设计：廖新颖　活动评析：刘奕）

案例三

大班科学活动：我的身体会弯曲

活动目标

1.积极探索人体奥秘，初步了解身体中主要关节的名称及部位。

2.体验舞蹈表现身体弯曲的乐趣，感受舞蹈艺术的美。

3.感受关节的重要性，增强自我保护意识。

活动准备

木偶人音乐、迈克尔·杰克逊的舞蹈视频、保护关节的图片。

活动过程

一、木偶人表演，引发学习兴趣，发现身体会弯曲

（1）师：小朋友们，欢迎来到弯曲大舞台。现在出场的是木偶人，让我们用热烈的掌声有请木偶人闪亮登场。

教师扮演木偶人随音乐弯曲身体进行表演，幼儿观看后，教师提问：刚才木偶人的身体哪里弯曲了？（幼儿回答）现在我们也来学一学木偶人弯曲我们的身体吧。（幼儿做弯曲动作）

（2）师：小朋友们知道它为什么会弯曲吗？

（幼儿集体讨论）

（3）小结：因为在我们的身体中有很多的关节，这些关节可以让我们身体的某些部位弯曲，还可以让身体灵活转动。

（4）刚才我们弯曲了手臂，现在请小朋友们摸一摸刚才弯曲的部位，因为它是在肘的位置所以这个关节就叫肘关节。刚才我们还弯曲了膝盖，那这个关节叫什么呢？（膝关节）

二、音乐游戏，积极探索人体奥秘

（1）师：身体上除了手臂、膝盖会弯曲外，还有哪些部位能弯曲呢？现在请你们随音乐来弯曲你们的身体，当音乐停止时摆出弯曲的造型来。

（2）幼儿随音乐弯曲身体，探索身体中其他会弯曲的部位。

（3）引导幼儿认识颈关节、踝关节、腕关节、指关节等主要关节。

（4）听指令做相应弯曲动作，巩固关节名称及部位。

师：现在老师说口令，小朋友们做相应的关节弯曲动作。

（5）欣赏迈克尔·杰克逊舞蹈视频，感受关节的作用。

师：接下来让我们欣赏一段舞蹈，感受一下关节弯曲带来的精彩表演。

幼儿交流感受，舞者的身体太灵活了，尤其是腕关节和指关节，还有髋关节。这个舞蹈太好看了，我也想跳。（幼儿模仿舞蹈动作）

三、迁移生活经验，寻找生活中出现的弯曲现象

师：请小朋友们想一想我们在生活中做什么事情需要身体的弯曲呢？你能用动作展示一下吗？说说是哪个关节弯曲了。

四、懂得保护关节的方法

（1）师：现在我们玩一个游戏，请你不弯曲身体上的关节和你的好朋友握握手；请你不弯曲身体上的关节跳一跳。（幼：身体好僵硬，做不到。）

（2）师：原来关节对我们来说真的很重要。

（3）懂得保护关节的方法。

师：关节既然这么重要，我们应该怎样保护它呢？

（幼儿讨论并交流）

（4）出示图片，请幼儿观看。

教师小结：我们要很好地保护我们的关节，除了不挑食，营养要全面之外，还要加强身体锻炼，当然在这个过程中注意不要碰撞，避免它受伤。特别是剧烈运动前，要先活动一下关节。

五、结束

师：下面就让我们随音乐一起来活动活动关节，弯曲弯曲身体吧！

活动评析

1. 整合的内容

《我的身体会弯曲》是一节科学活动，为了让孩子们能够学得更有趣味性，通过身体关节的活动体验了解关节的作用与重要性，教师在其中渗透了舞蹈艺术的形式，使其舞蹈贯穿于整个教学活动，孩子们在木偶舞蹈和迈克尔·杰克逊的舞蹈之间进行比较、发现关节能让身体灵活起来。这又是一个创新形式的单科渗透式科艺整合活动。

2. 整合的目标

本次活动重点目标是积极探索人体奥秘，初步了解身体中主要关节的名称及部位，如颈关节、腕关节、肘关节、指关节、膝关节、踝关节等。在达成科学目标的同时，

教师渗透舞蹈艺术的体验，使孩子在轻松愉悦的体验过程中感受到舞蹈艺术的美，懂得只有身体关节灵活了，就能跳很好看的舞蹈。二者相辅相成，融合自然。

3. 整合的关系

活动的开始是情境导入，以木偶人的表演开场，引起幼儿对活动的极大兴趣，并让幼儿通过自身参与的形式认识到身体的各个关节及名称，达到活动的第一个目标，在这种游戏中，孩子们学习得非常愉快，不会觉得枯燥，积极性和参与性都很强。接下来在孩子们对关节有了初步认知后，请幼儿欣赏迈克尔·杰克逊的舞蹈视频，孩子们尽情表达对迈克尔·杰克逊的崇拜，对灵活的舞蹈感到赞叹，孩子们模仿迈克尔·杰克逊的舞蹈动作，伙伴们相互欣赏舞姿，分享快乐的情绪，活动达到了高潮。与此同时，孩子们真正感受到关节对人的重要性，在生活中我们要珍惜自己的身体，爱护和保护关节，做一个健康快乐的人。这种感受与欣赏、表现与创造的活动过程就是我们提倡的科学与艺术本质层面的关系融合。

4. 整合的意义

谈到整合的意义，从目标 3 感受关节的重要性，增强自我保护意义角度分析。任何一个教学活动，我们都希望孩子能把知识应用于生活中，提高生活独立能力及解决问题的能力。幼儿科学教育和艺术教育融合的基础与核心在于幼儿的亲身体验。孩子们通过舞蹈艺术的体验，可以了解到身体的弯曲现象，由此感受到关节的重要性并懂得如何保护关节。

知识链接

迈克尔·杰克逊太空舞步

（南昌市红谷滩红岭幼儿园　活动设计：胡芸凤　活动评析：刘奕）

二、主题网络式的概念及案例与评析

（一）主题网络式的概念

主题网络式整合适用于综合教育中的核心课程，指围绕一个幼儿感兴趣的主题，对主题所涉及的内容，从不同角度、不同侧面展开一系列相互关联的活动。

（二）主题网络的选择、设计及案例与评析

1. 主题的选择

我们要选择来源于幼儿生活，喜闻乐见的主题，这样的主题应该具有科学探索的空间及艺术审美特征。具有较为丰富的审美内涵，如"声音""光影""太空""泥土""沙石""雨雪""风""力量""沉浮""动植物"等。

确定主题之后，命名要贴近幼儿的听觉审美，有趣味性、有神秘感、有亲和力的主题名称，如"有趣的声音""风娃娃""好玩的水""亲亲泥土"等，让幼儿感觉到这个主题是和自己有关系的，是自己熟悉和感兴趣的事情。

2. 主题网络的设计

主题网络是主题课程的结构，体现着主题活动的综合性。主题网络设计是指围绕某个

主题运用多种方法、途径，整合各领域活动，它是主题与各个具体内容的关联图。突出包括好奇心、科学方法、科学态度等在内的科学素养，以及对艺术的感受、体验、创造性地艺术表达等，从结果取向转变为以过程为主的过程与结果内在统一的价值取向。

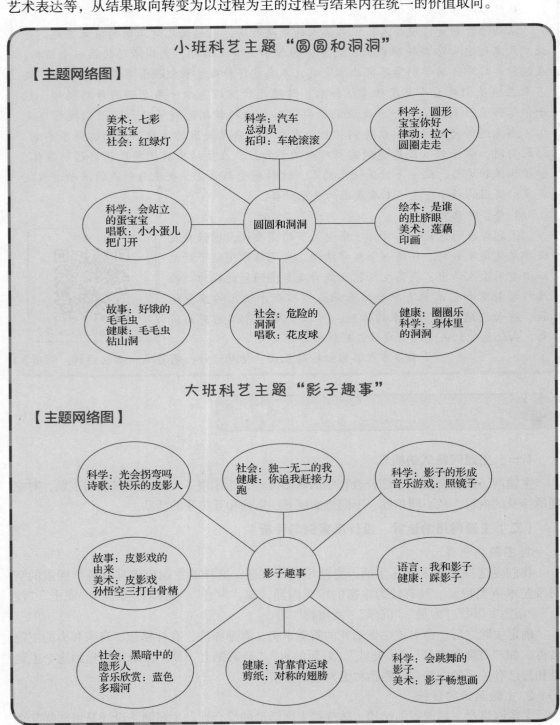

中班科艺主题"好听的声音"

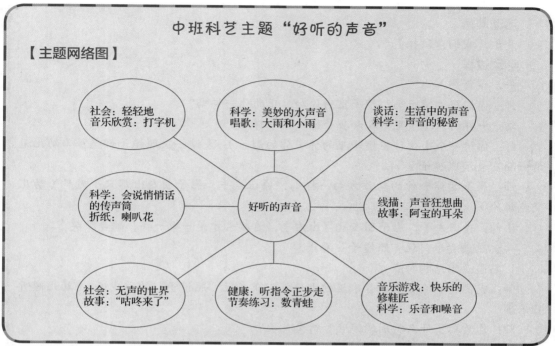

【主题网络图】

社会：轻轻地
音乐欣赏：打字机

科学：美妙的水声音
唱歌：大雨和小雨

谈话：生活中的声音
科学：声音的秘密

科学：会说悄悄话
的传声筒
折纸：喇叭花

好听的声音

线描：声音狂想曲
故事：阿宝的耳朵

社会：无声的世界
故事："咕咚来了"

健康：听指令正步走
节奏练习：数青蛙

音乐游戏：快乐的
修鞋匠
科学：乐音和噪音

技 能 实 践

以《好玩的沙》为主题，设计主题网络图，并制定主题目标、主题环境、家园共育。

3. 案例与评析

主题背景下的集体教学活动是实施主题活动的重要途径，不同于单科渗透式的教学活动，主题背景下的科艺教学活动单个看是专门的某个领域活动；联系起来看，是有前后知识储备或者经验衔接的大课程、大活动，也可以称为围绕一个主题进行的深入学习。我们以大班科艺主题"影子趣事"为例，选取两个教学案例进行评析。

 案例一

音乐游戏：照镜子

活动目标

1. 熟悉音乐旋律和结构，即兴创编动作，能与同伴合作。
2. 学习镜面模仿，用夸张表情表现放大镜、哈哈镜的影像。
3. 尝试主动与被动的游戏形式。

活动准备

音乐《我们来做操》。

活动过程

一、谈话导入

师：你们照过镜子吗？镜子里的你和真正的你一样吗？

幼：一样的，镜子里的人和我长得一模一样。

师：你请一个小伙伴当镜子里的你（你的影子），表演一次照镜子好吗？（幼儿邀请好朋友表演照镜子）

师：影子伙伴和你的动作方向一样吗，你出左手，影子朋友出哪只手呢？（幼儿交流讨论）

小结：我出左手，影子朋友就得出右手，看起来才是一模一样，配合默契。

二、熟悉音乐，玩"照镜子"游戏

1.熟悉音乐结构特点

师：我们听一段音乐，音乐里的小伙伴们正在玩"照镜子"的游戏呢。（幼儿倾听音乐）

师：你听到了什么特别的声音？听见几次？

幼：听到了口哨声、拍手声，几次没听清楚。（第二次倾听音乐，幼儿数口哨声、拍手声，发现循环重复了5遍。）

2.创编动作，两人合作玩游戏

师：请你们找好伙伴，分好角色，一起跟着音乐玩照镜子的游戏吧。（幼儿自行找伙伴，两两合作。）

师：5遍重复的音乐，你们都做了哪些动作呢？

幼1：我表演了起床穿衣服、梳头发、刷牙、洗脸、吃早饭的动作。

幼2：我喜欢跳舞，左手转、右手转、身体转、点点脚、跳一跳。

……

师：影子朋友模仿的好不好，有什么困难吗？

幼3：照镜子的小朋友动作太快了，我跟不上。

幼4：我总是比他慢一些。

师：我们要跟着音乐的节奏慢一些做动作，否则影子朋友与你不同步了。

3.再次合作玩游戏，交换角色

三、放大镜和哈哈镜游戏

1.模仿放大镜和哈哈镜影子的动作

师：你们照过放大镜和哈哈镜吗？你和影子朋友长得一样吗？（幼儿自由表达，放大镜里的影子会比自己大很多，哈哈镜里的影子长得很奇怪。）

师：我们玩照哈哈镜和放大镜的游戏，当影子的小朋友你们敢于接受挑战吗，你们会做哪些夸张的动作与表情呢？（幼儿纷纷表演动作，大的身体、弯弯的身体、很矮小的身体、很瘦的脸、很长的腿……）

2.听口令,合作表演音乐游戏

师:前奏与间奏老师会发出镜子口令,根据口令,你们做相应镜子的动作。口哨声响起的时候你们拍手,间奏的时候你们互换角色。

幼儿游戏过程中,提示幼儿用夸张的表情表现哈哈镜里的影子,瞪眼睛、嘟嘴巴、踮脚变高、缩成一团变小等。鼓励创新动作的小朋友当影子。

师:我的口令很清楚,变哈哈镜或者变放大镜,可是你们的动作没有区分两种镜子的特点。我们再玩一遍吧。

四、结束

(1)我们把普通的镜子、哈哈镜、放大镜放在一起完整地玩音乐游戏,能怎么玩呢?(幼儿讨论,达成一致意见。)

(2)幼儿自由结伴游戏。

知识链接

《照镜子》

（南昌市红谷滩红岭幼儿园　活动设计:刘奕　万媛）

案例二

科学活动:会跳舞的影子

活动目标

1.在探索中了解光与影子变化的关系。

2.尝试用各种不同的形状图片进行影子的组合造型。

3.欣赏作品,体验成功的喜悦。

活动准备

1.各种形状硬纸片若干,KT板若干,已做好的走马灯范例。

2.《匈牙利影子舞》表演视频。

3.手电筒若干。

活动过程

一、播放《匈牙利影子舞》春晚视频,激发幼儿学习兴趣

今天老师要请小朋友们看表演,请你们仔细地看,你们看到了什么?它们是怎样形成的?(影子的重叠与组合)

你们觉得他们美吗?美在哪里?

教师小结:原来不光单个物体会产生影子,很多个物体的影子重合或者组合就会产生新的图案。刚才的影子舞蹈,是一群匈牙利舞蹈演员通过长时间合作练习所得到的效果。

二、带领幼儿现场观看走马灯,发现纸片组合所呈现的影子

你在走马灯上看到了什么造型(小兔,小朋友),当光源从不同方向射过来的时候,造型发生了怎样的改变?(小朋友好像一会儿在哭,一会儿头发竖起来,甩动手

电筒，影子会来回扭动，就像是在跳舞。）

幼儿打开手电筒自由探索，观察。

小结：原来光从不同的方向照射，影子的方向、大小和长短都会发生变化。

三、幼儿在 KT 板上操作插纸片，并观察影子变化

1. 教师介绍材料

小朋友们愿意来试一试吗？看看我们需要使用一些什么材料。（割了若干线的 KT 板，各种图形纸片、手电筒）

2. 幼儿尝试进行图片组合

（1）教师交代注意事项。

每个小朋友有一袋材料，可以插在你的 KT 板上。小朋友们要注意，KT 板很容易断，纸片很容易损坏，你们要保护好自己的材料，插纸片时不要太用力。你们还可以随时用手电筒照照看自己插的这些形状图片的影子像什么。

（2）幼儿尝试插纸片进行组合，教师指导。

四、集体交流

引导幼儿从不同的角度观察影子，了解光与影子的变化关系。

你能说说光从不同的地方照射，影子有什么变化吗？（请幼儿讲述表达）

五、活动延伸

今天我们了解了光从不同的角度照射，影子所发生的变化。回去后我们将材料放进区角，小朋友们区域活动时可以尝试一下，看看图形影子的组合或是重叠，能变出哪些有趣的图案。

图 4-2-12 所示的是会跳舞的影子的活动图。

知识链接

美术活动《影子畅想画》

图 4-2-12　会跳舞的影子

（南昌市红谷滩红岭幼儿园　活动设计：胡娜）

活动评析

1. 内容全面，注重各领域的整合

大班科艺主题"影子趣事"，共有 16 个教学活动，涵盖五大领域，5 个艺术活动、3 个科学活动、3 个语言活动、3 个健康活动、两个社会活动。可以看出内容全面，又不失重点。"影子"能与许多艺术形式结合，因此艺术活动多不足为奇，再者，围绕一

个"趣"字，在艺术活动中更能实现"趣"的体验。例如，音乐游戏《照镜子》，一个做动作，一个跟着模仿，反应要快、动作准确，照镜子的一方看着对面的"自己"滑稽夸张的表情，觉得十分有趣，忍俊不禁。

2. 结构合理，关注经验前后的衔接

每一个教学活动的设计都应承上启下，在已知经验的基础上建立新经验。案例一和案例二是在科学活动《影子的形成》之后开展的（见主题网络图），没有明显的知识链接关系，但它们能起到激趣启下的作用，原来影子这么好玩，激发幼儿进一步探究影子的兴趣。《影子畅想画》是对前期活动的一个巩固、再现，并有超越理性认知的情感表达与想象创造，幼儿用画笔描绘自己向往的影子世界或反映自己对影子的认知，意义非凡。绘画过程中除了颜色的和谐搭配外，影子大小合理布局、虚线实线交错呈现、情境故事新奇丰富，幼儿在构图、线条、作画方式中滋养了心灵世界，丰富了艺术感受，加深了对影子事物的科学认知与审美感受。

3. 情境贯穿，尊重幼儿学习的方式

所有活动设计均可看到"情境"的渲染，"情境"的体验。例如，案例一音乐游戏《照镜子》，是反映幼儿的生活经验，生活中照镜子很普遍，这个活动更多的是让幼儿感知几种镜子的成像特点，在音乐游戏中创设"照镜子"的情境体验，幼儿在合作游戏中感受到照镜子原来是这么有趣的事情，幼儿成为游戏的主角。

科学活动《会跳舞的影子》引导幼儿探索"为什么舞者的影子能有这么多的变化？"随着走马灯的观察与自制插片体验，发现影子变化的秘密，是光源的距离变化与角度变化产生的。3个情境相互贯通，层层递进，科学变得如此好玩，如此富有艺术情趣，我们只能用"润物细无声"来形容此次的科艺融合之旅。

4. 手段多样，培养幼儿的学习品质

科艺主题内容丰富、形式多样，教学方法和手段也是求新、求变，目的就是贯彻落实《指南》精神，多途径培养幼儿的学习品质。

在以上教学案例中，教学手段包含了视听结合、艺术表现、艺术创作、情境体验、合作游戏、小组探究、故事叙述等。艺术创作培养幼儿乐于想象力、创造力学习品质；小组探究培养幼儿敢于探究和尝试、克服困难的学习品质；合作游戏、情境体验能保护幼儿的好奇心和学习兴趣，养成积极主动、认真专注的学习品质。

根据幼儿园科学和艺术领域的发展目标，科艺整合课程重点培养幼儿八大学习品质，分别为好奇与兴趣、主动性、坚持与注意、想象与创造、审美能力、反思能力、解决问题的能力、合作能力。同时，依据幼儿不同年龄段，学习品质的养成具有各自的侧重点。例如，小班重在培养好奇与兴趣、主动性；中班重在培养想象与创造、审美能力；大班重在培养反思能力、解决问题的能力及合作能力。

4. 科艺环境的创设

科艺主题背景下的环境创设包括室内环境的创设（科艺主题墙、科探区、美工区、表演区、角色区、建构区、阅读区、益智区）、大厅走廊的环境创设（天花板、墙面、公共区角)、户外环境的创设(种植区、饲养区、生态游戏区)、功能用房的创设(探索室、音乐体验室、美工创意室)。围绕某一个科艺主题,创设统一协调的大环境,有利于幼儿对该主题的深入学习,在多元互动的环境下,激发幼儿的探究欲望和审美感知。

5.科艺区角的有效互动

科艺整合的体现是多渠道、多形式的,不仅是教学活动中的整合,还可以在区域活动中进行整合,也就是科学区与艺术区做到积极互动,有效整合主题的科学认知目标、探究能力目标、艺术表现、艺术创作目标等。科艺区角的开展,可以在教学活动之前,也可以在教学活动之后,为集体教学活动做好知识经验的准备或是之后起到扩充知识、拓展经验、进一步深入学习的作用。它包括材料的积极互动、活动过程的积极互动、小组合作的积极互动、室内外空间的积极互动。

6.科艺舞台秀的开展

科艺整合的形式是多样的,提倡凸显幼儿学习的主体地位,在整合中建立幼儿的自信心、提升科艺素养。科艺舞台秀就是把科艺主题的内容以艺术形式在舞台上呈现。例如,大班科艺主题"神秘的太空之旅",孩子们创编舞蹈情景剧"太空家庭"作为科艺舞台秀的作品进行演绎,角色包括月亮姐姐、九大行星、太阳哥哥、星星弟弟等,这是一个大家庭,这个家庭会发生什么事情呢?舞蹈与语言的艺术化,将为我们讲述一个神奇的科学故事;小班科艺主题"好玩的水",孩子们是一滴滴可爱的水宝宝,在大海妈妈的呵护下汇聚成小溪、河流、江河,最后与大海妈妈团聚。服装色彩唯美,大海妈妈的蓝色纱巾波浪起伏,小水滴稚嫩的声音感动着台下的每一位观众,科艺舞台美轮美奂,蕴含的深刻道理无不体现孩子们、家长们创意的智慧、科艺的素养。

知识链接

科学区"好玩的水"

思考与实训

一、思考题

1.幼儿园科艺整合教育的培养目标是什么?它能促进幼儿哪些方面的发展?

2.如何运用科艺3个层面的关系开展教学活动?

3.如何创新科艺主题网络式整合的形式?

二、章节实训

成立3个学习小组。

(1)分别设计小、中、大班主题网络图各一个。

(2)围绕主题网络各设计五大领域教案各一篇。

(3)围绕主题网络设计环境创设、区角活动、园本节日等方案。

参考文献

［1］刘昕. 学前儿童艺术教育与活动指导［M］. 北京：教育科学出版社，2016.

［2］李季湄，冯晓霞. 3~6岁儿童学习与发展指南解读［M］. 北京：人民教育出版社，2013.

［3］程英. 学前儿童艺术教育与活动指导［M］. 上海：华东师范大学出版社，2015.

［4］教育部基础司组织编写. 幼儿园教育指导纲要（试行）解读［M］. 南京：江苏教育出版社，2002.

［5］孔起英. 理解儿童的艺术，实施支持性的教育策略——《指南》艺术领域解读［J］. 幼儿教育，2013（10）：7-9.

［6］王懿颖. 学前儿童音乐教育的理论与实践［M］. 北京：北京师范大学出版社，2004.

［7］黄瑾. 学前儿童音乐教育［M］. 上海：华东师范大学出版社，2010.

［8］张志华. 幼儿园音乐教学法［M］. 北京：北京师范大学出版社，1991.

［9］许丽萍. 幼儿园音乐欣赏教学流程探析——以民族音乐欣赏教学为例［J］. 今日教育（幼教金刊），2016（6）：18-21.

［10］［美］洛伊斯·乔克西著. 柯达伊教学法［M］. 赵亮，刘沛，译. 北京：中央音乐学院出版社，2008.

［11］李琳. 儿童艺术的游戏本质及其教育启示［J］. 学前教育研究，2013（8）：45-49.

［12］［美］卡洛琳·爱德华兹等著. 儿童的一百种语言［M］. 罗雅芬，等，译. 南京：南京师范大学出版社，2006.

［13］龙莺英. 幼儿音乐教学活动中的常见问题及其解决策略［J］. 学前教育研究，2012（1）：60-62.

［14］缪仁贤，赵银凤. 幼儿教育技艺：280个适宜与不宜案例评析［M］. 上海：上海科学技术文献出版社，2004.

［15］张淑琼. 浅谈在音乐欣赏中提高幼儿的音乐感受力与表现力［J］. 湖北广播电视大学学报，2008（2）：137-138.

［16］许卓娅. 幼儿园音乐教育［M］. 北京：人民教育出版社，2003.

［17］李晋瑷. 幼儿音乐教育［M］. 北京：北京师范大学出版社，1998.

［18］柴月芳. 如何引导幼儿感受音乐表达音乐［J］. 宁夏教育，2003（z1）：50-50.

［19］张汉萍．音乐活动中如何培养和发展幼儿的审美能力［J］．基础教育研究，2008（4）：46-47.

［20］王惠然．学前儿童艺术教育［M］．北京：北京师范大学出版社，2014.

［21］边霞．幼儿园美术教育与活动设计［M］．2版．北京：高等教育出版社，2016.

［22］郭奕勤．学前儿童艺术教育活动指导［M］．上海：复旦大学出版社，2012.

［23］许卓娅．韵律活动［M］．南京：南京师范大学出版社，2014.

［24］李桂英．学前儿童艺术教育（音乐分册）［M］．北京：高等教育出版社，2014.

［25］郭亦勤，王麒．学前儿童艺术教育活动［M］．上海：高等教育出版社，2016.

［26］许卓娅．打击乐器演奏活动［M］．南京：南京师范大学出版社，2015.

［27］马成．幼儿打击乐活动［M］．北京：首都师范大学出版社，2010.

［28］许卓娅．学前儿童艺术教育［M］．2版．上海：华东师大出版社，2015.

［29］李桂英，许晓春．学前儿童艺术教育（音乐分册）［M］．2版．北京：高等教育出版社，2014.

［30］李娜．学前儿童艺术教育活动指导［M］．江西：江西高校出版社，2013.

［31］沙莎．大班幼儿音乐节奏感培养的行动研究——基于语言与音乐领域整合的视角［D］．西南大学硕士学位论文．

［32］李亚培．幼儿节奏感培养及其能力发展［D］．福建师范大学硕士学位论文，2011.

［33］马韶华．幼儿园音乐教学中打击乐活动的组织［J］．宁夏教育，2016（z1）.

［34］林珍．演奏活动中教师有效的"教"与幼儿自主的"学"［J］．福建教育，2013（50）：47-49.

［35］胡瑾．幼儿园音乐图谱的运用研究［D］．山东师范大学硕士学位论文，2015.

［36］高蕾．探索幼儿打击乐的发展特点有效组织幼儿园打击乐活动［DB/OL］．http://www.yejs.com.cn/yjll/article/id/48701.htm.

［37］汪爱丽．幼儿音乐教学法［M］．北京：北京师范大学出版社，1995.

［38］中国上杭教师研修网．幼儿园音乐游戏及其种类［DB/OL］．http://jsjxxx.shanghang.gov.cn/jxcs/xqjy/zjzx/201212/t20121217_148809.htm#．2012-12-17.

［39］丁海东．学前游戏论［M］．大连：辽宁师范大学出版社，2003.

［40］王卉．例谈幼儿音乐游戏教学策略［J］．亚太教育，2016（12）：7-7.

［41］刘焱．幼儿园游戏教学论［M］．北京：中国社会出版社，2000.

［42］邱学青．学前幼儿游戏［M］．南京：江苏教育出版社，2002.

［43］李翡翠．浅谈音乐游戏与幼儿能力的发展［J］．音乐时空，2015（15）：124-125.

［44］翟理红．学前儿童游戏教程［M］．上海：复旦大学出版社，2010.

［45］许政涛，陈宪．幼儿游戏观察指导［M］．上海：上海社会科学院出版社，1998.

［46］伊丽莎白·琼斯，格雷琴·瑞诺兹．小游戏大学问——教师在幼儿游戏中的作用［M］．陶英琪，译．南京：南京师范大学出版社，2006.

［47］华爱华．幼儿游戏理论［M］．上海：上海教育出版社，1998.

［48］刘焱．儿童游戏通论［M］．北京：北京师范大学出版社，2004.

［49］张馨月．幼儿园音乐游戏中教师指导策略研究［D］．西北师范大学，2015.

［50］吕波. 在幼儿游戏化音乐教育中渗透艺术整合理念［J］. 大众文艺，2010（12）：235–236.

［51］边霞. 幼儿园生态式艺术教育：理论与实践［M］. 长春：北方妇女儿童出版社，2004.

［52］孔起英. 幼儿园美术领域教育精要——关键经验与活动指导［M］. 北京：教育科学出版社，2015.

［53］加登纳. 艺术与人的发展［M］. 兰金泽，译. 北京：光明日报出版社，1988.

［54］林琳，朱家雄. 学前儿童美术教育与活动指导［M］. 上海：华东师范大学出版社，2014.

［55］吕耀坚，孙科京. 幼儿艺术教育与活动指导［M］. 北京：北京师范大学出版社，2012.

［56］沈逾白. 幼儿美术欣赏能力的调查与研究［D］. 上海师范大学硕士学位论文，2012.

［57］边霞. 幼儿美术素养养成教育的基本理念与组织实施［J］. 教育导刊月刊，2013（2）：44–46.

［58］陈鹤琴. 从一个儿童的图画发展看儿童心理之发展［M］. 南京：江苏教育出版社，1987.

［59］孔起英. 皮亚杰儿童发展理论与学前儿童绘画的发展和教育［J］. 学前教育研究，1994（4）：18–21.

［60］孔起英. 幼儿园美术领域教育精要——关键经验与活动指导［M］. 北京：教育科学出版社，2015.

［61］罗恩菲尔德. 创造与心智的成长［M］. 王德育，译. 长沙：湖南美术出版社，1993.

［62］屠美如. 学前儿童美术教育［M］. 南京. 江苏教育出版社，1991.

［63］杨景芝. 中国当代儿童绘画解析与教程［M］. 北京：科学普及出版社，1998.

［64］王春燕，秦元东，黎安林. 幼儿园科学教育理论与实践［M］. 南京：南京师范大学出版社，2010.

［65］滕守尧. 文化的边缘［M］. 北京：作家出版社，1997.

［66］滕守尧. 艺术与创生——生态式艺术教育概论［M］. 西安：陕西师范大学出版社，2002.

［67］刘占兰. 幼儿科学教育［M］. 北京：北京师范大学出版社，2000.

［68］罗伯特·E·洛克威尔. 科学发现——幼儿的探究活动之一［M］. 北京：北京师范大学出版社，2005.